JN300227

最新 工業化学

革新技術の創出と製品化

阿部隆夫 監修　深瀬康司 編

TDU 東京電機大学出版局

本書に登場する製品名やシステム名などは一般に各社の商標または登録商標である。
®やTMは省いた。

まえがき

　国の国際競争力アップの源泉にイノベーションが非常に重要であることが，第3期科学技術基本計画などで強調されている。また，企業における研究については，かつてのフォローアップをめざす研究ではなく，フロンティア型の研究が重要視されている。斬新なアイデアに基づく研究を行ない，世界初の独占的技術を生み出すことができるイノベーションを担う人材が，いまや強く求められているのである。

　そのために，学生にとっては基礎学力をつけることが最重要の課題として挙げられる。学部で体系的な学習を通して基礎学力の向上を図り，修士課程で基礎学力の向上に加えてそれを応用し，課題を明らかにしたうえでその解決を図る能力の強化を行なう。博士課程では，さらに強く課題設定能力を養成することが期待される。イノベーションに向かって自己の研究を方向づけるために，修士課程または博士課程に学ぶ大学院生にとって，学術ばかりでなく社会についての知識を得ると同時に体験することが重要である。

　必要な知識として，たとえば知的財産，各種法令，社会情勢，マーケットなどに関するものが挙げられるが，企業の製品開発に関する事例にはこれらに関する多くの知的情報が含まれている。そこで，学生が専門的な学術的知識を増やしていくときに，あわせて企業における研究やイノベーションについての具体的事例を知っておくことは，視野を広げる意味においてきわめて有用である。

　私たちは，大学院の学生を指導する現場において，次に記す人材像をめざしている。

①化学を基盤とするものづくり，イノベーションに魅力を感じ，社会からの期待とニーズを把握し，自らものづくり・イノベーションに携わる意欲にあふれた人材。

②幅広い知識をもった専門人を育成し，基礎学力はもちろん応用力，問題設定能力，問題解決能力，実践力などの学力・能力を涵養し，さらにコミュニケーション能力，リーダーシップ，アントレプレナーマインドなどの人

間力をあわせもった，社会に通用する人材。
③単なる高度な教養と実験技能をもつ人材ではなく，イノベーションの発想ができ，起業精神をもつ人材。

　本書は，以上の考えのもとに企画された。したがって，基礎的な知見に基づく化学書でしばしばとられる分類，すなわち有機化学，無機化学，物理化学，分析化学，高分子化学などのように章立てして論じるのではなく，日常の生活に関係する製品を意識した軸に沿ってまとめることにした。しかし，この軸は多様であり，また複雑に絡み合っているので，どのような軸を選択するべきかについて意見は種々に分かれる。

　本書では，今日の生活のなかで大きなニーズがある技術課題であること，学術的知見がある程度明確にされており教科書のなかで取り上げるものとしてふさわしい課題であること，基礎的な解明段階にとどまることなく製品化に成功した課題であることなどを考慮して，構成の軸を選択した。

　本書の内容については，基礎・学術的知見，材料開発，製品化へのプロセスの側面を意識して，次のように構成した。

　第1章「化学産業とものづくり」では，化学産業の現状を紹介しながら工業化学の全体像について述べる。

　第2章「エネルギー・環境と化学」では，国の施策としても今日重要な位置づけにある太陽電池，リチウムイオン電池，燃料電池について述べる。まず，章の初めの部分でそれらの技術の基礎となる電気化学について理論的観点から説明し，それに引きつづく形で具体的な電池開発の事例を取り上げる。

　第3章「生活と化学」では，私たちの日々の生活に直結する事例のなかから，繊維工業と化粧品の2つを取り上げて述べる。ここで取り上げた2つの技術は，今日の私たちの生活を支える重要な産業の基盤となっているものである。

　第4章「情報と化学」では，機能性色素のなかから，有機ELとメモリー材料について取り上げる。20世紀末から今世紀にかけて情報技術の発達はきわめて顕著であって，その進展は現在も継続中である。急激な技術の進歩を支えるためには，新しい化合物の合成開発が不可欠である。そこで，章の初めにおいて新素材の合成に関する基礎的な知見を整理し，次いで表示機能，データ保存機能，画像プリント機能に直結する技術について，技術進展の流れとあわせ

て説明する。

　第5章「医療（バイオ）と化学」では，われわれの健康，再生医療などと関連する遺伝子工学の現状の解説とともに，DNAチップと医療材料について解説する。この分野の今日の進展はきわめて顕著であり，化学的知見の必要性はいうまでもなく，また新規材料の開発がつねに求められている。

　第6章「化学工学の活用」では，化学製品の製造技術の基本となる分離や混合などの基礎的なことがらを説明する。プリンタ用のトナーは第4章に直接関係する材料であるが，近年実用化されたケミカルトナーの性能はとくに製造方法に強く依存する。そこで，化学工学の側面から電子写真方式のプリンタ用ケミカルトナーを取り上げて詳しく述べることにした。

　第7章「工業化学の発展と生活の向上」では，化学分野の研究者・技術者として化学物質の取り扱いについて知っておかなければならないことが多くあるが，それらの一端を説明する。また，今後の化学産業の発展していく方向について，府省から発表されているロードマップを参考にして考察し，本書で述べたことの総括を行なう。

　修士課程および博士課程の大学院生はいうまでもなく，企業で研究開発や生産技術部門で業務に従事する研究者・技術者の皆さんにとっても，本書が役に立つことを切に願う。

　最後に，本書をまとめるにあたって協力していただいた執筆者の皆さん，大学および企業の関係者の皆さんに感謝申し上げる。とくに森川英明氏，藤本哲也氏，高橋伸英氏（いずれも信州大学）には中核にあって本書作成のために奔走していただいた。お名前を記して感謝申し上げたい。

　　2012年2月10日

阿部隆夫
深瀬康司

目 次

第 1 章　ものづくりと化学産業 ———————————————— 1
1.1　イノベーションとものづくり　1
　1.1.1　インベンションからイノベーションへ　1
　1.1.2　フォローアップ研究からフロンティア研究へ　3
　1.1.3　イノベーションとものづくり　4
1.2　コア技術展開によるイノベーション　4
1.3　化学産業の現状と将来　8
　1.3.1　化学産業の特徴　8
　1.3.2　石油化学の現状と将来　10
　1.3.3　機能性化学品の現状と将来　12
1.4　資源エネルギー環境問題に対する化学の貢献の期待　14

第 2 章　エネルギー・環境と化学 ———————————————— 17
2.1　電気化学の基礎　17
　2.1.1　電気化学システム　17
　2.1.2　電池の起電力と電極電位　18
　2.1.3　電気二重層　23
　2.1.4　電極反応の速度　25
　2.1.5　プールベイダイヤグラム（電位-pH 図）　31
　2.1.6　半導体電極　32
　2.1.7　回転ディスク電極，回転リングディスク電極　36
2.2　有機薄膜太陽電池　39
　2.2.1　有機薄膜太陽電池　42
　2.2.2　塗布変換型有機薄膜太陽電池　44
　2.2.3　有機薄膜太陽電池に求められることと期待　48
2.3　リチウムイオン二次電池　51

2.3.1 リチウムイオン二次電池とは 51
2.3.2 高容量型新型二次電池開発の流れ 54
2.3.3 ポリアセチレン負極／$LiCoO_2$ 正極という新型二次電池の登場とLIBの誕生 60
2.3.4 LIBの構成材料と製造方法 62
2.4 燃料電池 68
2.4.1 燃料電池と使用される触媒の概要 68
2.4.2 燃料電池用PtRu触媒の概要 71
2.4.3 PtRu触媒の微粒子化による高活性化 74
2.4.4 PtRuP触媒の微細構造とメタノール酸化活性 83

第3章 生活と化学 ——87

3.1 繊維化学の基礎 87
3.1.1 繊維の特長と利用 87
3.1.2 いろいろな繊維 93
3.1.3 繊維をつくる 96
3.1.4 合成繊維の構造と性質 101
3.2 炭素繊維 105
3.2.1 炭素繊維とは 105
3.2.2 炭素繊維の歴史 106
3.2.3 炭素繊維（CF）の製造法 108
3.2.4 炭素繊維（CF）の基本特性およびその発現原理 113
3.2.5 CFRPの成形法 117
3.2.6 CFRPの用途 119
3.3 機能性繊維 123
3.3.1 有機系高強度・高弾性率繊維の特徴 125
3.3.2 高強度繊維の製造方法 126
3.3.2 ものづくりとしての高強度繊維の進化 129
3.3.4 超高分子量ポリエチレン繊維の構造と物性 130
3.3.5 シシケバブ構造の形成メカニズム 138
3.4 機能性化粧品 142
3.4.1 化粧品エマルションの基礎 142
3.4.2 皮膚について 154

3.4.3 アンチエイジング　156
3.4.4 機能性化粧品エマルションの例　160
3.4.5 化粧品エマルションの進歩　161

第4章　情報と化学　164

4.1 化学ものづくりにおける有機化学　164
 4.1.1 ものづくりのなかの有機化学　164
 4.1.2 有機分子を構成する原子，結合，官能基　165
 4.1.3 有機材料創出のための有機化学　172
 4.1.4 まとめ　179
4.2 有機EL　181
 4.2.1 光と有機分子　181
 4.2.2 電子と有機分子　186
 4.2.3 ディスプレイへの応用　190
4.3 機能性色素と応用　198
 4.3.1 色素とは　198
 4.3.2 機能性色素とは　200

第5章　医療（バイオ）と化学　214

5.1 生物化学・遺伝子　214
 5.1.1 核酸と遺伝子　215
 5.1.2 生物の成分と代謝解析　231
 5.1.3 現在注目されている分野　231
5.2 DNAチップ　233
 5.2.1 遺伝子の解析　233
 5.2.2 DNAチップの作製法　235
 5.2.3 DNAチップの使用原理と使用法　240
 5.2.4 DNAチップの実用化　245
 5.2.5 高感度DNAチップの開発　246
5.3 再生医療材料　252
 5.3.1 医療の現場で用いられる材料　253
 5.3.2 再生医療と生体材料　256
 5.3.3 材料の立体的な加工技術　260

5.3.4 ラピッドプロトタイプ 265
 5.3.5 医療への応用と課題 267

第6章 化学工学の活用 —— 269
 6.1 化学工学基礎 269
  6.1.1 化学工学の歴史と使命 269
  6.1.2 ものづくりにおける基礎知識 270
  6.1.3 化学工学基礎 272
 6.2 ケミカルトナー 288
  6.2.1 電子写真とは 288
  6.2.2 電子写真のプロセスとトナー 288
  6.2.3 トナーの製造方法 291
  6.2.4 乳化重合会合法トナー 293
  6.2.5 ケミカルトナーの電子写真特性 303

第7章 工業化学の発展と生活の向上 —— 306
 7.1 工業化学発展の道程 306
  7.1.1 化学工業の興り 306
  7.1.2 今日の身近な化学工業製品 308
  7.1.3 産業の盛衰と化学工業 308
 7.2 化学の研究者・技術者の責任 311
  7.2.1 公害問題 311
  7.2.2 化学物質の管理 313
  7.2.3 化学物質廃棄の管理 316
 7.3 化学工業の将来展望 316
 7.4 本書のまとめ 318

索 引 319

第1章

ものづくりと化学産業

1.1 イノベーションとものづくり

1.1.1 インベンションからイノベーションへ

インベンション（invention；発明・発見）から，社会に役立ち大きな価値を生み社会を動かす，いわゆるイノベーション（innovation；革新）が生まれる。たとえば，移動手段でいうと，鉄道，自動車，飛行機，新幹線の開発は大きなイノベーションであった。人々の移動を画期的に短縮し便利にし，産業活動を活性化し，世の中を大きく変えてきた。最近のIT（information technology；情報技術）の発展には目を見張るものがあるが，これもイノベーションの顕著な例のひとつである。

"innovate"の語源は「中から新しくする」を意味する。従来の技術や社会のしくみを壊して新たな体系をつくることであって，「創造的破壊」とでもよぶべきものである。現在あるものを否定するくらいのものでなければ，大きなインパクトはない。一例を表1.1.1に示す。

大型コンピュータ（メインフレーム），ブラウン管テレビ，フィルムカメラ，いずれも全盛時代があった。しかし，それらは思いがけず，とても足元にも及ばないと思われた新参者に敗れて主役の座を失った。全盛時代に自己の技術に満足し，保守的になっていると危うい。新参者（表1.1.1の右側）は，市場に登場しはじめたときは欠点だらけで（性能が劣る，値段が高いなど），これが既存のものと太刀打ちできるとはとても思えなかった。しかし，特定のマーケットで価値を認められて参入し，そのうち欠点を克服していつのまにかマーケット全体を置き換えてしまった[1]。

表 1.1.1　イノベーションによる既存の技術やシステムの転換例

分　野	既存技術	新規技術（イノベーション）
コンピュータ	大型コンピュータ（メインフレーム）	→パソコン
TV	ブラウン管 TV（CRT ディスプレイ）	→液晶 TV，プラズマ TV（フラットパネルディスプレイ）
自動車	ガソリンエンジン車	→ハイブリッド車，電気自動車，燃料電池車
発電	火力発電	→太陽光発電，風力発電，地熱発電
運輸	郵便小包	→宅配便
鉄道	切符	→PASMO，Suica
照明	電球，蛍光灯	→LED 照明，有機 EL 照明
二次電池	Ni-Cd 電池，鉛電池	→リチウムイオン二次電池
カメラ	フィルムカメラ	→デジタルカメラ
電話	固定電話（有線）	→携帯電話（無線）
小売店	食料品店，雑貨屋	→スーパーマーケット，コンビニエンスストア
文書送付	郵便	→ Fax，e-mail

　化学は，製品が直接イノベーションを起こす場合もあるし，幅広い産業の基盤技術であるので，材料・部材を通して川下の製品（たとえば，電気・電子機器や自動車）のイノベーションに貢献する場合がある．

　ここで，合成化合物や材料が製品の場合，たとえば石油化学は，安価に大量の合成繊維，合成樹脂，合成ゴムを製造し，生活を豊かにした．不斉合成などの精密有機化学合成技術による医薬の開発は，人類の健康に大きな貢献をした．また，化学創成材料を使用した川下製品の場合，たとえばフラットパネルディスプレイや半導体の発展は，それに使われる多くの機能性化学材料の技術開発があって初めて実現した．次世代の自動車（ハイブリッド車，電気自動車，燃料電池車）にも，二次電池，電極材料などでは化学技術が基本となっている．

　イノベーションを起こすためには，将来を読む力が必要である．とくに，後者の化学創成材料を使用した川下製品の場合，ユーザーのエレクトロニクスや自動車の動向をウォッチして将来を見通すことが必要となる．たいへん難しいことだが，常日頃アンテナを高くしておくことが重要である．

　米国は，IT をイノベーション戦略の中心に据えて世界展開し大成功を収めた．グローバル時代，世界に通用するイノベーションこそが国を豊かにする源

泉であるとの認識が広まった。各国は積極的なイノベーション政策を6年ほど前からとってきた（米国イノベートアメリカ2004年12月など）。

一方，わが国は資源の乏しい国であり，もともと技術立国で発展してきた。イノベーションが国際競争力の源であり，生命線である。政府は2007年にイノベーション25計画（2025年を見据えたイノベーション計画）を策定した。

イノベーションはどうしたら強化できるかという問に対する各国の結論は，「人材育成」である。そこで，世界各国は理系人材の高度育成に力を入れ，互いに競争になった。わが国も「モノから人へ」のキャッチフレーズで国を挙げて人材育成に力を入れている。

1.1.2　フォローアップ研究からフロンティア研究へ

わが国の1960年代は欧米からの技術導入時代であり，その後はそれの改良研究か，デュポン（DuPont）社など先行トップメーカーをお手本にした時代であった。わが国の大手化学メーカー，たとえば旭化成では，ポリアセタール（エンジニアリングプラスチックの一種），スパンデックス（弾性繊維），DFR（dry film resist；プリント配線板用ドライフィルムレジスト）などの製品がデュポン社を手本としてつくられた。その当時，特許制度のなかに現在の物質特許に相当するものはなく，新しい製法を見つければ工業化できる時代であった。そして，技術を手本にするばかりでなく，先行するその製品の欧米市場も手本にすることができたのである。

ところが，その後は物質特許制度が導入され，世界で最初に開発したものでなければ製造・販売できない時代になった。イノベーションを起こすには，欧米のフォローアップ（後追い）研究ではなく，フロンティア（先進）研究が必須の要件となった。

そして研究内容も，従来の"How"（新製法）中心の研究から，新しい市場を拓く"What"（新製品）の研究に重点を移さなければならなくなった。旭化成の製品について見たとき，Howの例として非ホスゲン法ポリカーボネートの製造法（環境保全の観点から好ましいコストダウンプロセス）の例を，またWhatの例としてリチウムイオン二次電池や人工腎臓用透析膜などの例を挙げることができる。

1.1.3 イノベーションとものづくり

インベンションがすぐさまイノベーションに結びつけばよいのだが，実際なかなかそうはいかない．まず，インベンションを工業技術に仕上げる必要がある．これには，工学（engineering）の力がいる．出来上がった工業技術がイノベーションを起こすためには，社会で受け入れられ価値を生み世界に普及することが必要で，マーケティング，技術の標準化，関連インフラの整備，制度や法規制を含む社会のしくみの変更などがあって初めて実現するのである．

インベンションから工業化技術と製品をつくるのが，かつてのものづくりであったとしたら，現在求められるものづくりは，インベンションをイノベーションにまで発展させるためのものであるということができる．

また，ものづくりはインベンションを基に安定して工業生産し，安全・安心が担保された製品を顧客に提供するものでなければならない．

1.2 コア技術展開によるイノベーション

ここでは旭化成の機能膜を例に取り上げて，コア技術展開によるイノベーションを説明する．

ポリマーを高速で紡糸・延伸してファイバー（繊維）をつくる技術は，きわめて高度な加工技術である．ナイロンやポリエステルは，加熱溶融して円形オリフィスから押し出し，高速で延伸する溶融紡糸法がとられていて，スマートである．一方，加熱しても溶融しないポリマー，たとえばベンベルグは銅アンモニア溶液に溶解し，紡口から硫酸浴中に押し出して凝固させてファイバーをつくる．また，アクリルポリマーは濃硝酸に溶解し，水溶中で凝固させる．凝固により緻密な構造の繊維ができる．

これら湿式紡糸は，溶融紡糸に比べて薬品をたくさん使うめんどうなプロセスである．このめんどうなプロセスから分離膜が生まれた．凝固のスピードをコントロールすることにより，糸の表面に小さな孔径をもつ多孔体をつくることができる（非溶剤誘起相分離技術）．そして，リング状の紡口を使うと，中空糸をつくることができる．中空糸の内部に凝固液を流すと，内部表面からも凝固が起こる．表面分離部の微小な孔径を変えると，いろいろのサイズの物質

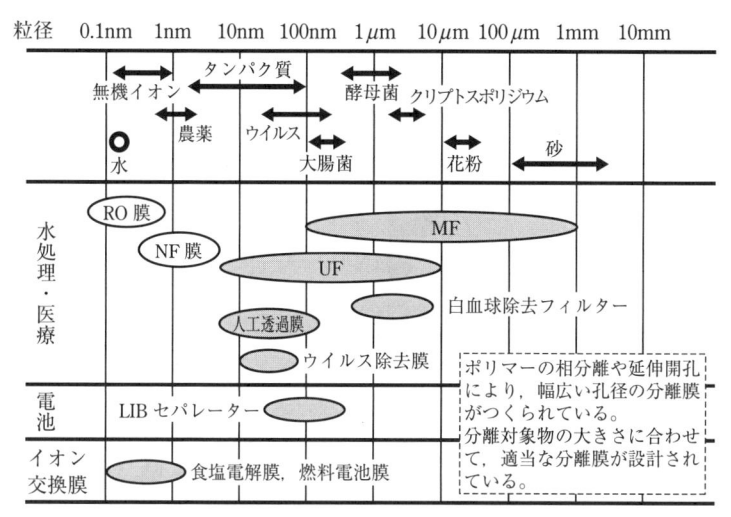

図 1.2.1　分離膜：分離対象物と分離膜孔径の関係
旭化成のホームページ（http://www.asahi-kasei.co.jp/）の図を基に作成した。

をろ過や透析によって分離することができる（図 1.2.1）。

中空糸の材料は，セルロース，アクリル，ポリスルホンなど数多くのポリマーが使用され，半導体向け超純水用の限外ろ過膜（UF；図 1.2.2），人工腎臓透析膜（図 1.2.3），ウイルス除去フィルターなどが製品化されている。

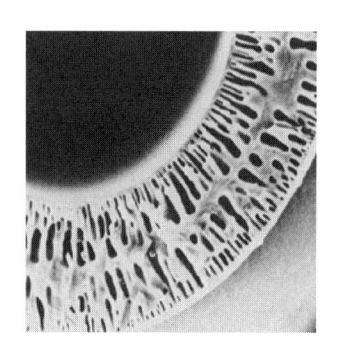

図 1.2.2　限外ろ過膜（UF）
中空糸の断面写真。種々の溶液中の不純物を効率よく除くためには，ストロー状の糸である中空糸が使用される。その壁面は，分離する分子にあわせて設計されたミクロな構造をもっている（提供：旭化成）。

透析器

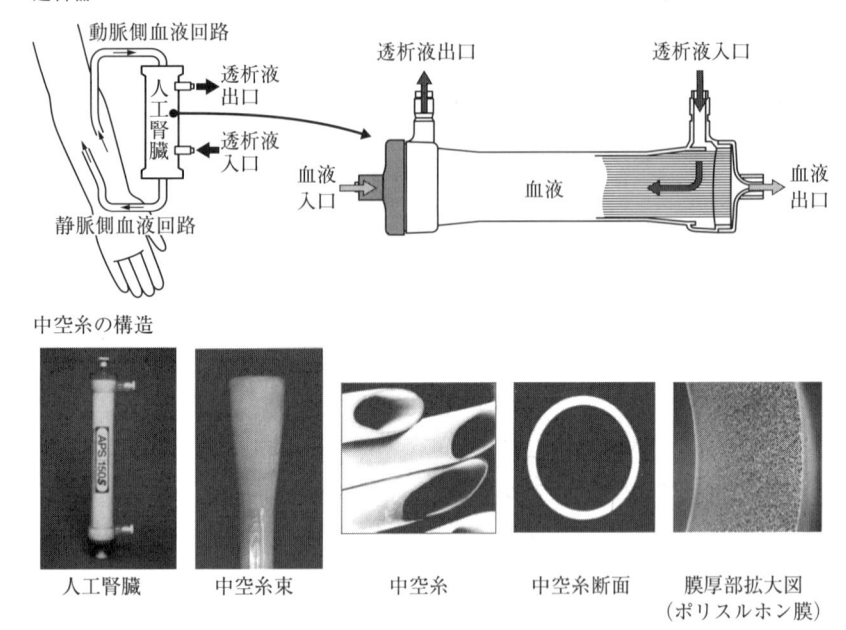

図 1.2.3　人工腎臓（写真提供：旭化成）

　一方，非溶媒誘起相分離のほかに熱誘起相分離法を使う方法もある。室温では混合しないポリマーと可塑剤を混ぜ，加熱して均一溶液にしたのち冷却して相分離させ，可塑剤を溶媒で溶解して除くと，均一な孔径の分離膜ができる。この方法によりポリエチレン製の微多孔膜が製造され，リチウムイオン二次電池のセパレーターに使用されている。また，同様な方法でポリフッ化ビニリデン製の中空糸が製造され，ミクロフィルター（MF）に使用されている。

　また，ポリエステルのフラッシュ紡糸によってつくられた極細繊維の不織布は，輸血用の白血球除去フィルターに使用されている（図 1.2.4）。輸血の際に，全血から副作用の多い白血球を除去し，赤血球製剤をつくるフィルターである。

　数多くのポリマー材料を利用して，繊維の紡糸技術や相分離技術によって孔径がコントロールされた各種中空糸（または平膜）の製造技術が長年にわたり開発されてきた。ここに，知的財産（特許）とノウハウが蓄積し，コア技術が確立された。膜材料の選択はもとより膜表面の化学修飾により，親水性と疎水

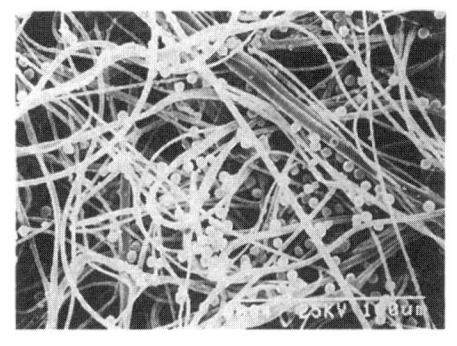

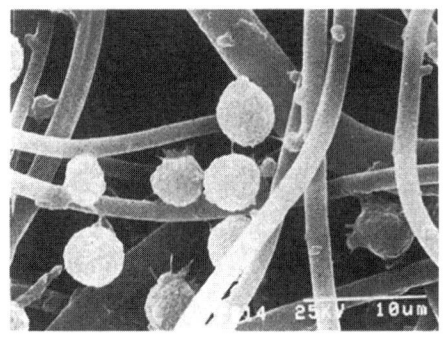

図 1.2.4　赤血球製剤用白血球除去フィルター

極細繊維不織布に補足された白血球。(上) 弱拡大図，(下) 強拡大図。極細繊維の交絡部で立体的な捕捉をする。不織布化で血液のショートパスを防止する。通常，献血された全血より白血球を除去し，成分輸血する。白血球は 99.99 ％ 除去される。［出典］西村隆雄「極細繊維不織布による高性能白血球除去フィルターの開発」高分子，**53**(10)，790 (2004)

性のコントロールや血液などに対する生体適合性向上を図っている。

　一方，官能基をもつ膜としてイオン交換膜がある。そのひとつは，ポリスチレンの架橋膜にスルホン酸基を導入したもので，海水から食塩を分離する膜として工業的に使用されている。だが，このポリスチレン膜を食塩の電気分解 (塩素と苛性ソーダ，つまり水酸化ナトリウムの製造) のイオン交換膜として使おうとすると，反応性の高い塩素や苛性ソーダによって侵されて工業的には使用できない。そこで，この用途としてフッ素系イオン交換膜が開発された。これにより，食塩電解法は水銀法からイオン交換膜法に転換された。また，このフッ素系イオン交換膜は，高分子型燃料電池の電極部分にも使用されている。

大量の水処理，医療，リチウムイオン二次電池，燃料電池は社会のニーズが高く，これから成長する分野である。機能膜のコア技術は，単なる分離膜（中空糸，平膜）だけでなく，膜のモジュール化，評価技術，市場開拓までを含む「ものづくりの集積」というべきものである。

1.3　化学産業の現状と将来

1.3.1　化学産業の特徴
(1)　化学製品と用途
　化学産業は，天然の各種原料を用いて中間製品を製造し，これから各種製品を体系的に製造している（図1.3.1）。代表的製品の形としては，有機・無機の化学品（染料，顔料，医薬，農薬など），高分子製品（合成樹脂，合成ゴム，合成繊維とそれらの成形品など），高分子の配合品（インク，塗料，接着剤など），高分子加工品・部材（各種電子材料や表示材料，電池材料，分離膜など）がある。

　これら製品は，昔から衣・食・住（住まいと暮らし）になくてはならないも

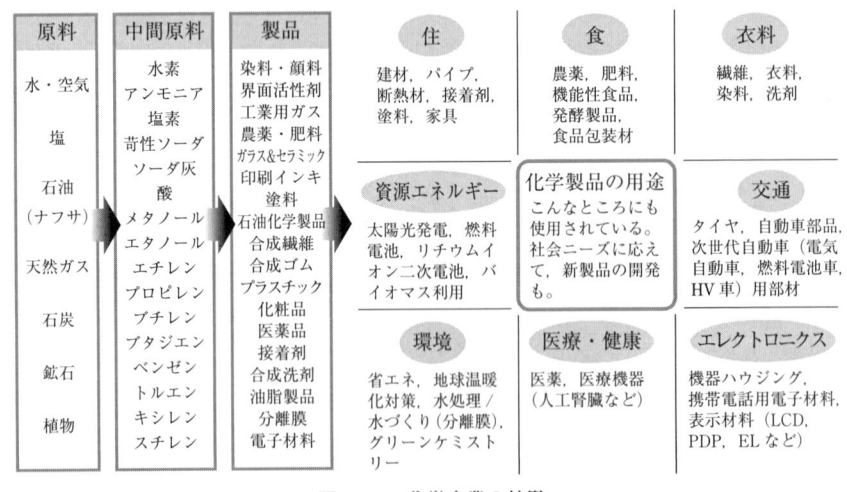

図 1.3.1　化学産業の特徴
経済産業省資料，(社)日本化学工業協会資料を基に作成．

のであり，さらに交通（自動車），通信・エレクトロニクス，医療・健康，環境，資源エネルギーなどの先端分野でも使用されており，ほぼ全産業に貢献している。すなわち，化学産業は各種合成技術，分離精製技術，配合・加工技術を駆使して多様な製品を体系的に製造し，直接われわれの生活に役立つ製品を提供しているばかりでなく，幅広い先端分野に重要な材料や部材を提供してその分野を支えていることが特徴である。後者については製品が目に見えないことが多いが，重要な役割を果たしている。そして，社会のニーズ，とくに先端分野のニーズに応え，日々新たな製品の開発を進めている。

(2) 化学工業の金額規模

2007年における化学工業の出荷額は44兆円で，製造業全体の13％にあたる。輸送機器製造業に次いで，製造業全体の第2位である。付加価値額は約17兆円で，製造業全体の約16％，これも製造業第2位である。研究開発費は2.2兆円で，第2位と肩を並べて第3位である。化学産業は，日本において重要な産業ということができる。

なお，ここでいう化学工業は広義の化学工業で，プラスチック製品とゴム製品を含む。上記出荷額44兆円の内訳は，狭義の化学工業28.3兆円，プラスチック製品12.3兆円，ゴム製品3.5兆円である。狭義の化学工業のうち，大きいものは，石油化学12.1兆円，医薬7.1兆円，塗料1.2兆円，接着剤0.3兆円，その他7.6兆円である。

日本の化学産業は，出荷額で米国，中国，ドイツに次いで第4位であるが，日本の化学会社の規模は世界的には小さい。

(3) 石油化学品と機能性化学品

化学製品は，大きく石油化学品と機能性化学品の2つに分けることができる。石油化学産業は，石油コンビナートにおいてナフサを原料にしてエチレン，プロピレンなどの中間体を経て，有機化学品，合成樹脂（プラスチック），合成ゴム，合成繊維などの石油化学製品を製造するものである（図1.3.1参照）。大量に安価に製造することが特徴で，たとえば日本の合成樹脂の年生産量は約1400万トンである。これらは成形されてプラスチック製品として販売される。

日本の石油化学産業は，原油価格の高騰，安い原料をもつ産油国の石油化学への本格参入，中国・韓国・台湾の新鋭プラントの建設などにより厳しい競争

にさらされており，相対的に国際的地位は低下している。

一方，機能性化学品は医薬，農薬，塗料・接着剤，電子材料，表示材料，電池材料，分離膜など量は少ないが高付加価値の製品群である。日本の機能性化学品のなかで特筆すべきことは，電子材料，表示材料，電池材料，分離膜の分野がめざましい発展をとげ，世界的に圧倒的なシェアを占めていることである。付加価値が高く企業の収益に大きく貢献しており，日本の化学産業の将来を支えるものとして期待されている。

以下，石油化学と機能性化学品（とくに材料・部材分野）について現状と将来を述べる。

1.3.2　石油化学の現状と将来

石油化学品の国内需要は頭打ち状態にあり，将来も少子高齢化により需要増は期待できない。従来は輸出にかなりのぶんを依存してきたが，中国，韓国，台湾，サウジアラビアなどで新鋭の大型石油化学コンビナートが建設され，競争が激しくなっている（図 1.3.2）。

中国，サウジアラビアのエチレン生産能力の増加はめざましい。将来の日本の石油化学を考えるうえでは，①得意技術による海外展開と，②石油化学原料の多様化がポイントとなろう。

①については，日本の石油化学はもともと欧米からの技術導入で始まったが，その技術をブレイクスルーして独自の製品やプロセスを生み出してきた。アジ

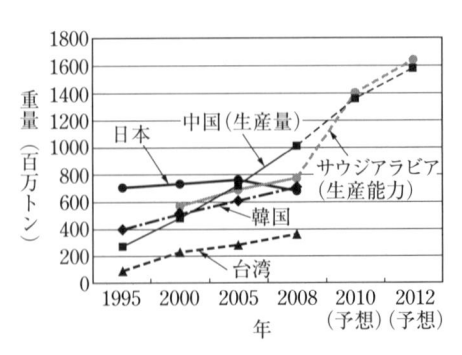

図 1.3.2　エチレンの生産量（百万トン）

アを中心とする需要化拡大に対応し，そのすぐれた技術を武器に海外進出（中国，インド，サウジアラビアなどの海外石油化学コンビナートへの参画）のテンポをさらに速めることになろう。

②については，将来の石油資源枯渇の問題に対して石油化学原料の多様化の準備が必要である。現在，日本の石油の20％が石油化学原料に使用されている。石油化学原料が燃料よりも価値のある使い道として優先的に確保されればよいが，その保障はない。石油採掘時の随伴メタン，エタンや石油よりも埋蔵量（可採年数）が多いと推定される天然ガスを利用した化学コンビナートが増えると考えられるし，石炭のガス化や液化も検討されるであろう。

具体的には，石油資源確保と原油価格の高騰への対応から，石油化学コンビ

感光材料	半導体フォトレジスト・保護膜（脂環式ラクトン樹脂・ポリイミド系） プリント配線基板用・印刷版用（アクリル系，ポリエステル系配合物）
分離材料	[水処理用] RO膜（海水淡水化） UF膜（水ろ過ポリスルホン系中空糸） MF膜（水ろ過フッ化ビニリデン系中空糸） [医療用] 人工腎臓（ポリスルホン系中空糸） ウイルス除去膜（セルロース中空糸） 白血球除去フィルター（ポリエステル不織布） [エネルギー用] 燃料電池（スルホン化フッ素系樹脂膜） リチウムイオン二次電池（ポリエチレン多孔膜（平膜）） ガス分離膜
光学材料	液晶偏光フィルム（TAC/PVA/TAC） 液晶導光板（アクリルシート） 偏光板 カラーフィルター 精密レンズ（環状ポリオレフィン） CD&DVD基板（ポリカーボネート） 光ファイバー（アクリル系，フッ素系）
高性能材料	ポリイミドフィルム（耐熱・絶縁） カーボンファイバー・アラミドファイバー（高強度・高弾性率） ノメックス（耐熱不織布） 高吸収性ポリマー（アクリル酸系）

図1.3.3　機能性高分子と高性能高分子の例

ナートを産油国と連携して建設するプロジェクトがいくつか計画され，2009年にはSABIC（サウジアラビア）と住友化学共同のペトロ・ラービグの大規模プラントが完成した。原料は石油採掘時の随伴ガス（エタン）であり，これからエチレンをつくっている（エタンクラッキング法）。

また，再生可能なバイオマスの活用の検討も進んでいる。トウモロコシやサトウキビを発酵させてバイオエタノールを合成することが，北米やブラジルで大規模に行なわれている。今は自動車燃料として使用されているが，将来は化学原料としてエチレンやプロピレンの合成に利用されるようになるであろう。発酵用原料としては，食料ではない木質系セルロースに転換することが重要な技術開発課題になっている。また，再生可能原料からポリ乳酸やPHBなどのバイオプラスチックも大規模に生産されはじめた。

1.3.3 機能性化学品の現状と将来

わが国の強みは，高付加価値の機能性化学品である。半導体材料など電子材料，表示（ディスプレイ）材料，リチウムイオン二次電池などの電池材料，分離膜（海水の淡水化用，大量水処理用，医療用），炭素繊維（カーボンファイバー）などの高機能・高性能材料である（図 1.3.3）。高分子，有機，無機，金

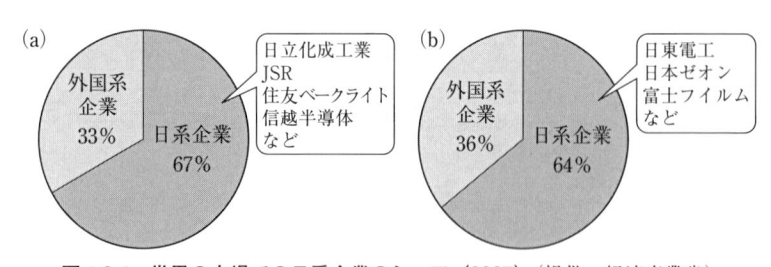

図 1.3.4 世界の市場での日系企業のシェア（2007）（提供：経済産業省）

(a) 半導体用主要材料のシェア（2007年）。市場規模：3.9兆円（2007年）→ 4.5兆円（2010年予測）［出典］2008 半導体材料データブック（（株）電子ジャーナル）（日系企業シェアの計算では，経済産業省機能性化学品室での推計を含む）。

(b) 液晶用主要材料のシェア（2007年）。市場規模：4.4兆円（2007年）→ 5.6兆円（2010年予測）。［出典］2008 液晶関連市場の現状と将来展望（富士キメラ総研）（日系企業シェアの計算では，一部，経済産業省機能性化学品室での推計を含む）。

属からなるこれらの材料・部材は，世界的に高いシェアをもっている．

例として，半導体材料と液晶表示材料の高いシェアを**図 1.3.4** に示す．わが国の高度材料・部材産業の位置づけは，売り上げ規模は自動車や電機製品と比べてはるかに小さいが，世界的シェアは高くかつ利益率も高い（**図 1.3.5**）．

図 1.3.5 に示される機能性化学品（高度部材）は，わが国の電機メーカーに供給されるばかりでなく，韓国・台湾・中国を中心に世界に供給されており，わが国は世界の供給基地となっている．その他，精密有機合成技術を駆使し，医薬をはじめ染料・顔料，香料，化粧品，電子材料などの精密化学品（ファインケミカル）が製造されている．

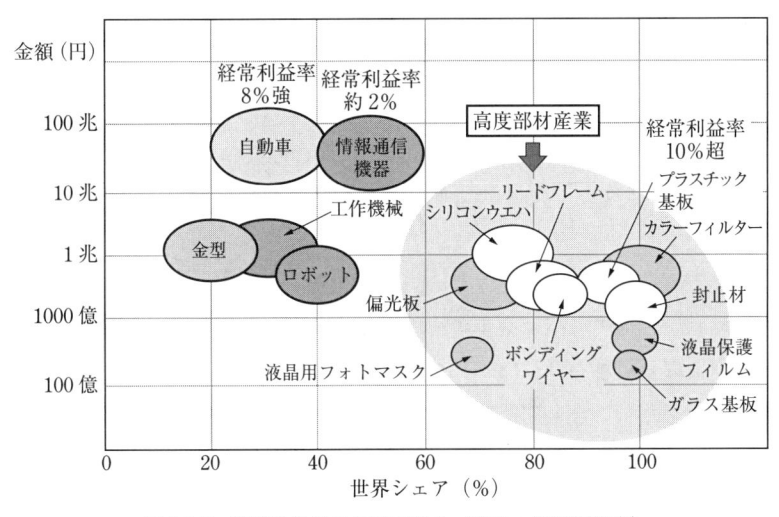

図 1.3.5　機能性化学品分野の強み（提供：経済産業省）

自動車：売上高 54.2 兆円，世界シェア 31.1％．情報通信機器：売上高 40.3 兆円，世界シェア 53.6％．金型：生産高 1.5 兆円，世界シェア 20％．工作機械：販売高 1.3 兆円，世界シェア 29.1％．ロボット：出荷額 6776 億円，世界シェア 40％．シリコンウエハ：世界市場 9407 億円，世界シェア 74％．リードフレーム：世界市場 2292 億円，世界シェア 81％．プラスチック基板：世界市場 2180 億円，世界シェア 92％．偏光板：売上高 3410 億円，世界シェア 73％．液晶用フォトマスク：売上高 460 億円，世界シェア 70％．ボンディングワイヤー：世界市場 1984 億円，世界シェア 83％．カラーフィルター：売上高 3410 億円，世界シェア 100％．封止材：世界市場 1145 億円，世界シェア 100％．液晶板保護フィルム：売上高 579 億円，世界シェア 100％．ガラス基板：売上高 184 億円，世界シェア 98％．

将来についていえば，わが国はものづくり力を磨き，最終製品業界（電機メーカーや自動車メーカー）との緊密な共同開発により，機能性化学品の高いシェアと高付加価値を維持・拡大するであろう。将来は，とくに地球的課題である資源・エネルギー・環境問題を解決するためのニーズに対応した開発が最も重要になるものと思われる。

1.4　資源エネルギー環境問題に対する化学の貢献の期待

　将来においても，化学は化学産業ばかりでなく幅広い産業のなかで重要な役割をもつことになろう。とくに，今世紀の最大の地球的課題である資源・エネルギー，環境問題に化学が重要な役割を演ずると期待されている。

　世界的な人口増加や中国やインドをはじめとするアジアの発展は，情報家電，自動車ともに，化学製品の需要を急激に高めるであろう。図 1.3.2 に示したように，中国やサウジアラビアのエチレンの生産量は急増している。しかし，地球温暖化問題をはじめとする環境問題と，化石燃料の枯渇をはじめとする資源・エネルギー問題という2つの制約のなかで，継続的成長を実現するのは容易でない。

　省エネルギー技術の開発をはじめ，石油化学工業の原料多様化，エネルギーの化石燃料から再生可能エネルギー（太陽光発電，風力発電，バイオマス）への大転換に取り組まなければいけない。大きな変革の時である。化学が地球を救う役割を果たすことを期待したい。

　図 1.4.1 に，資源・エネルギー・環境を中心に化学の将来の貢献をまとめた。地球温暖化問題，化石燃料・希少金属の枯渇問題，水資源の枯渇問題を解決するために多くの対策が提案され，技術開発が進められている。

　エネルギー・環境については，まず再生可能エネルギー（太陽光発電・風力発電・地熱発電，バイオマス）の開発促進が喫緊の重要な課題である。太陽光発電についてはシリコン系太陽電池が主流であり，そこにはガラスと半導体を固定する有機シール材が重要な材料となっている。また将来は，有機材料を発光部位に使う色素太陽電池（有機錯体色素を使用），有機薄膜太陽電池（有機半導体を使用）の実現が期待される。これらはまさに化学技術の太陽電池であ

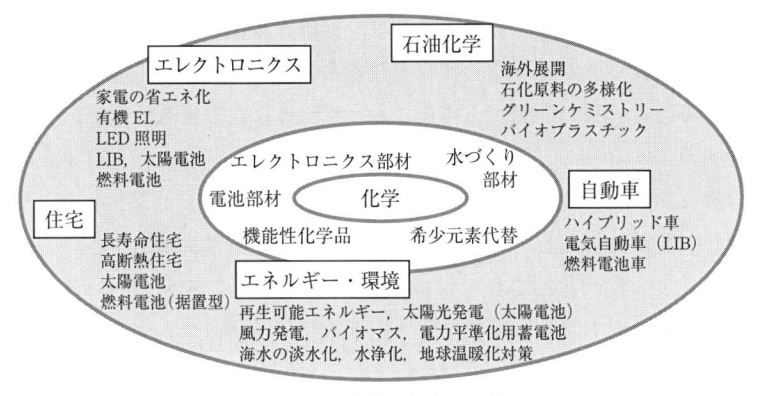

図 1.4.1　化学の将来の貢献
資源・エネルギー・環境を中心にまとめた。LIB：リチウムイオン二次電池。

る。その他，電力需給バランスをとるための電力平準化用蓄電池，水資源確保のための海水の淡水化や大量水処理用の高性能分離膜の開発が重要である。

　自動車については，電気自動車，プラグインハイブリッド車が注目されている。そのためのリチウムイオン二次電池（LIB）の開発が，自動車メーカーや電機メーカーによって精力的に行なわれており，世界的競争になっている。LIBはわが国で電気機器用に開発され，世界的シェアは高い。電池を構成する正極，負極，セパレーター，電解液などはすべて化学の材料・部材であり，これのシェアも高い。自動車用LIBとその材料・部材においても，わが国が世界を主導することが期待される。一方，長年開発されてきた燃料電池車の実用化は少し先になりそうである。ただ，家庭用の据置き型燃料電池システム（電力と温水を併給）は発売が開始された。いずれも高分子型燃料電池であり，白金触媒を担持したフッ素系イオン交換膜がコアの材料である。

　エレクトロニクスについていえば，家電の省エネルギー化と，LED照明，有機EL照明による照明の省エネルギー化が重要な課題となる。LEDや有機ELの発光材料やシール部はいずれも化学材料である。また，電機メーカーにとってはLIB，太陽電池，燃料電池の高性能化と大量生産が重要な課題である。

　住宅はエネルギーのかなりのぶんを消費しており，省エネルギー化と住宅の長寿命化が求められている。高性能断熱材や樹脂製サッシによる断熱性能の向

上とともに，太陽電池による自前の発電，据置き型燃料電池の使用による省エネルギー化が提案されている。住宅の長寿命化には，耐久性のある材料やメンテナンス可能な材料の開発が求められる。光触媒を含む耐久性塗料はそのよい一例である。

全分野において，金属に代わるカーボンファイバーコンポジットのような高性能軽量材料が注目されている。カーボンファイバーコンポジットによる航空機の軽量化が大幅に進んでおり，また自動車外板にも将来使用されるものと期待されている。風力発電の羽根にもカーボンファイバーコンポジットが使用されている。

以上のように，資源・エネルギー・環境問題の解決にはいずれも化学技術とそれによってつくられた高度な材料・部材が重要になることは明らかである。化学の活躍を期待したい。

[参考文献]
1) クレイトン・クリステンセン：『イノベーションのジレンマ』，翔泳社（2001）

第2章

エネルギー・環境と化学

2.1 電気化学の基礎

　私たちの身のまわりには電気化学と関係する製品が多い。携帯電話を例にとると，リチウムイオン電池，キャパシタ，IC用リードフレームの金めっき，合成樹脂表面の無電解めっき，アルミニウムや各種高純度金属などをまず挙げることができよう。さらに，各部品の製造過程では水酸化ナトリウム，塩素，フッ素など，電気化学プロセスで製造された薬品類が使われている。

　電気化学は，電気エネルギーの発生（電池），電気エネルギーの貯蔵（蓄電池），電気による材料の酸化・還元（電解），材料表面の機能化と劣化抑制（めっき），計測（化学センサー）などの機能を有し，それらがものづくりに利用されている。さらに，電気化学は物理化学，有機化学，分析化学など基礎科学の分野で重要な役割を担ってきたし，新たな発展がめざましい生物学の分野でも電気化学の寄与は少なくない。本節では，電気化学がかかわる分野で活躍しようとする研究者・技術者が知っておくべき事項を厳選して解説する。

2.1.1 電気化学システム

　化学反応に電子が関与するのは電気化学反応に限らないことは，有機電子論における電子の動きを挙げるまでもないであろう。

　電気化学の概念は，図2.1.1 に示した電気化学システム（electrochemical system）で説明すると理解しやすい。電気化学システムとは，電極（electrode）を含む電子伝導体（electronic conductor）と電解質（electrolyte）すなわちイオン伝導体（ionic conductor）が結ばれ，一方の電極・電解質界面

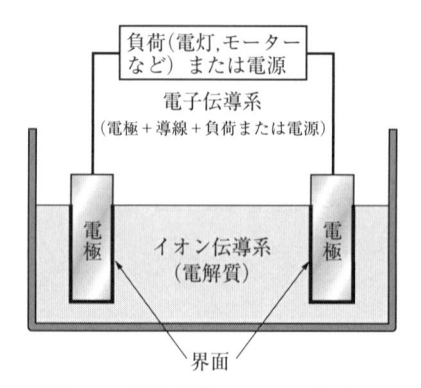

図 2.1.1 電気化学システムの概念図

（electrode-electrolyte interface）では電子が電子伝導体側からイオン伝導体側に，もう一方の電極・電解質界面では電子がイオン伝導体側から電子伝導体側に移動する系である。

電気化学は，イオン伝導体の物性に関する学問（イオン論；Ionics）とイオン伝導体と電子伝導体の界面，すなわち電極および電極表面反応の学問（電極論；Electrodics）とに大別される。本項では電極論についてのみ述べる。

2.1.2 電池の起電力と電極電位
（1） アノードとカソード

電池や電気分解を学ぶ場合，アノードとカソードを正しく理解しておくことが重要である。電気分解を例にとると，硫酸水溶液中に白金電極を設置し，電子伝導系内に置いた直流電源で両極間にある値以上の電圧を印加する（図 2.1.2）と，電源のマイナス側につないだ左の電極から水素，右の電極から酸素が発生する。各電極での反応と全反応は次式で示される。

$$2H^+ + 2e \longrightarrow H_2 \tag{1}$$

$$H_2O \longrightarrow 2H^+ + 2e + \frac{1}{2}O_2 \tag{2}$$

$$全反応\ H_2O \longrightarrow H_2 + \frac{1}{2}O_2 \tag{3}$$

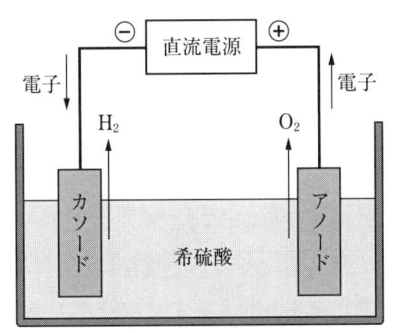

図 2.1.2 電気分解の概念図

　硫酸イオン SO_4^{2-} は安定なので右側の電極上では分解せず，相対的に不安定な水が分解する。図において，還元反応が起こる電極（左側），すなわち電子が電子伝導系側からイオン伝導系側に向かって流れる側の電極をカソード（cathode），酸化反応が起こる電極（右側），すなわち電子がイオン伝導系側から電子伝導系側に向かって流れる側の電極をアノード（anode）とよぶ。

　一方，水素・酸素燃料電池（図 2.1.3）の各電極での反応と全反応は次式で示される。

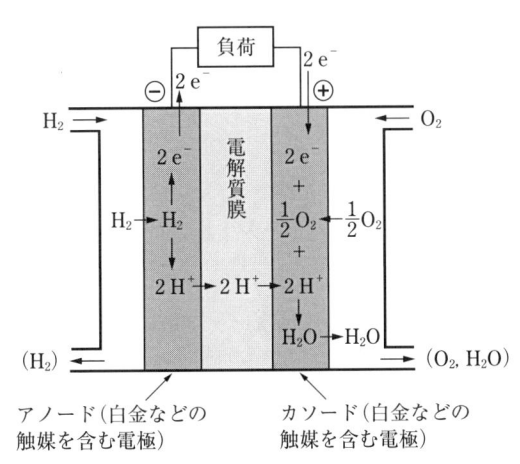

図 2.1.3　水素・酸素燃料電池の概念図

2.1　電気化学の基礎

$$H_2 \longrightarrow 2H^+ + 2e \tag{4}$$

$$\frac{1}{2}O_2 + 2H^+ + 2e \longrightarrow H_2O \tag{5}$$

$$全反応\ H_2 + \frac{1}{2}O_2 \longrightarrow H_2O \tag{6}$$

ここで，左側の電極では酸化反応が起こるのでアノードであり，反応で生じた電子は電子伝導系の負荷を通って右側の電極に達する。右側の電極ではその水素イオンと電子とで酸素を還元するのでカソードである。水素イオンは電解質膜の中を移動する。

上述のように，電気分解（electrolysis）では陰極がカソード，ガルバニ電池（galvanic cell；外部電源なしに自発的な酸化還元反応の結果として電気エネルギーを生じる電池のこと。化学電池ともいい，ボルタ電池，燃料電池，ダニエル電池，リチウム電池などがある）では正極がカソードとなる。

(2) ファラデー定数

化学では通常，物質の量の単位をモルで表わす。式(1)の反応の場合，水素1分子を生じさせるには電子2個，電気量でいえば$2e$（eは電気素量で，電子1個がもつ電気量。1.6022×10^{-19} C）でよいが，水素1モルをつくるには2モルの電子が必要である。その電気量は，アボガドロ定数（Avogadro constant）N_Aと電気素量eを用いると，$2\,\text{mol} \times N_A \times e = 2 \times 6.0221 \times 10^{23} \times 1.6022 \times 10^{-19}$ Cとなる。ここで，$N_A e$はファラデー定数（Faraday constant）F（96485 C/mol）と同等である。なお，以前は1モルの電子がもつ電気量（96485 C）を$1\,F_D$（faraday）として活用していたが，国際単位系（SI）ではF_Dを使用しない。

(3) 電極電位と起電力

任意の電極系，「電極｜溶液」における電極電位（electrode potential）は次式で定義される。

$$電極電位\ E = （電極の内部電位） - （溶液層の内部電位） \tag{7}$$

ここで，内部電位（inner potential）とは，「真空中で無限遠のところから，ある相の内部（表面の影響が及ばないようなところ）まで点電荷を運び込むのに要する仕事」と定義され，以後は特別な場合を除いて「電位」と表記する。

電池の起電力（electromotive force；emf と略することが多い）E は，「平衡状態にある電池の放電回路を開いたとき，電池を表わす式の右側にある電極の電位から左側にある電極の電位を差し引いた電位差」と定義される。電池の起電力は，内部抵抗に基づく電位降下のぶんを除くため，電流が流れない状態で測定されなければならない。起電力の測定には電位差計が使用されてきたが，最近は内部抵抗が十分に大きなエレクトロメーターを用いて測定されることが多い。

　電気化学では，標準状態（25℃，化学種の活量がすべて 1）にある水素電極（図 2.1.4）の電極電位を 0 V と定めて，他の電極の電極電位を決めている。

$$\text{H}^+(a_\pm = 1) \,|\, \text{H}_2(1\,\text{atm}) \,|\, \text{Pt} \tag{8}$$

$$2\,\text{H}^+ + 2\,\text{e} \rightleftharpoons \text{H}_2 \tag{9}$$

すなわち，上式で示される標準水素電極（standard hydrogen electrode；SHE）を左側に，対象とする標準状態の電極を右側に置いて電池を構成して起電力を測定すれば，その電極の標準電極電位（standard electrode potential）が定まることになる。なお，水素電極よりも使用が簡便で標準水素電極に対する電位が既知の参照電極（reference electrode）を用いることが多い（図 2.1.5）。

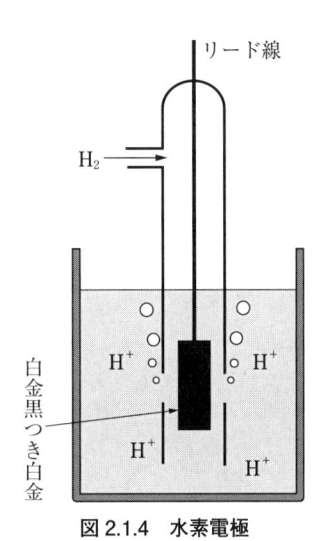

図 2.1.4　水素電極
25℃で化学種の活量がすべて 1 に設定された水素電極を標準水素電極（SHE）という。

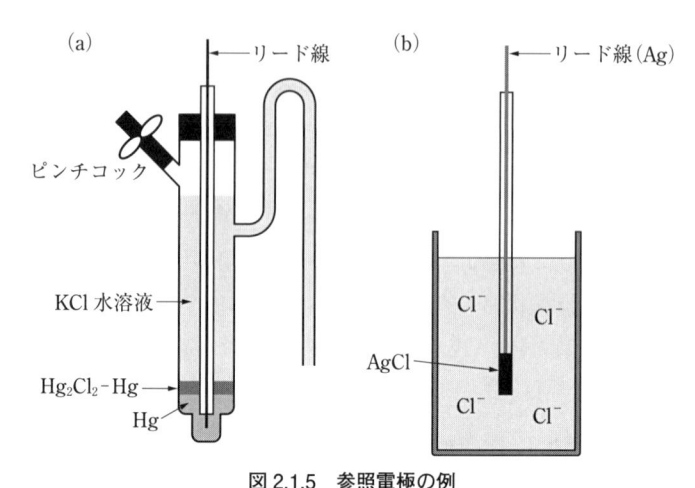

図 2.1.5　参照電極の例
(a)カロメル電極，(b)銀・塩化銀電極。

(4) 電池の起電力とギブズエネルギー

いま，1電子反応からなり，その起電力が E V である定温・定圧下での可逆電池を考える。この電池に 96485 C の電気量が外部負荷（モーターや電灯など）を流れた場合に，外部に取り出される電気エネルギーは，電気量に EV を掛けたもの，すなわち $E×96485$ Ws となり，このエネルギーはこの電池のギブズエネルギー（Gibbs energy）の減少量（$-\varDelta G$）に対応する。

一般に，電池反応が n 電子反応である場合には次式が成立する。式(10)は化学エネルギーと電気エネルギーとを結びつける重要な式である。

$$-\varDelta G = nFE \tag{10}$$

(5) ネルンスト式

化学種 i の 1 モルあたりのギブズエネルギー G は，活量と次式の関係がある。

$$G = G° + RT \ln a_i \tag{11}$$

ここで，$G°$ は標準状態におけるギブズエネルギーである。いま，電池反応が次式，

$$a\mathrm{A} + b\mathrm{B} \rightleftharpoons x\mathrm{X} + y\mathrm{Y} \tag{12}$$

で表わされるものとし，化学種 A，B，X，Y に式(11)を適用すると，次式が得られる。

$$\varDelta G = \varDelta G° + RT \ln \frac{a_X{}^x a_Y{}^y}{a_A{}^a a_B{}^b} \tag{13}$$

この式に式(10)を適用すると次式となる。

$$E = E° - \frac{RT}{nF} \ln \frac{a_X{}^x a_Y{}^y}{a_A{}^a a_B{}^b} \tag{14}$$

この式は，ネルンスト式（Nernst equation）とよばれ，温度や活量が電極電位に与える効果を定量的に知ることができる重要な関係式である。

式(13)において，$\varDelta G = 0$ の場合には次式となり，

$$G° = -RT \ln \frac{a_X{}^x a_Y{}^y}{a_A{}^a a_B{}^b} = -RT \ln K \tag{15}$$

さらに，$-\varDelta G° = nFE°$ の関係を用いると，標準起電力と電池反応の平衡定数との次式で示される関係式を得る。

$$E° = -\frac{RT}{nF} \ln K \tag{16}$$

2.1.3 電気二重層

(1) 電気二重層のモデル

定常状態で電解している電解セル中の電位分布の概念図を**図 2.1.6** に示す。電気二重層と描かれてある領域の典型的な距離は約 1 nm 程度であるので，この図に示された幅の約 1000 万分の 1 程度である。

電解液の大部分の領域では電位の差は無視できるほど少なく，ほとんどの電位差は電気二重層で生じる。換言すれば，電界の強さは距離に反比例するので，

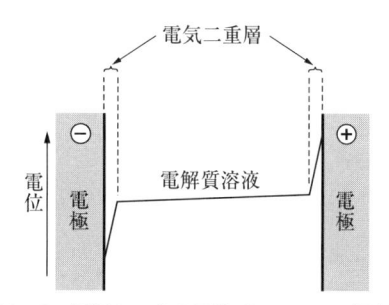

図 2.1.6 電解セル内の電位プロファイルの概念図
電解液抵抗による電位勾配は，電気二重層領域の電位勾配よりも圧倒的に小さい。

電気二重層の領域では非常に強い電界が生じていることを意味している。水を熱によって酸素と水素に分解しようとすれば非常に高い温度を必要とするのに、乾電池で簡単に水を電気分解できるのは、この電気二重層が形成されるからである。

電気二重層の正確な構造はわかっていないが、提案されているいくつかのモデルを図 2.1.7 に掲げた。ヘルムホルツ（Helmholtz）のモデルは、溶媒和したイオンが電極表面に蓄積された電子と平行に対峙するというものであるが、あまりにも単純である。グイ・チャップマン（Gouy-Chapman）のモデルは、イオンを点電荷と考え、電荷のポアソン分布と熱運動によるボルツマン分布を考慮してモデルを構築した。しかし、このモデルで計算した静電容量は実際のものよりはるかに大きく、ヘルムホルツのモデルのほうが実測値に近かった。

そこで、シュテルン（Stern）は両者を組み合わせたモデルを提唱した。すなわち、ヘルムホルツ二重層とその外側（溶液側）の拡散二重層で構成するモデルである。さらに、グレアム（Grahame）は、電極表面には水が吸着しており、吸着しやすいイオン種がある場合には、陰イオンであるにもかかわらず水の層を分け入って負極に吸着するという考えを導入した。このような吸着を特異吸着（specific adsorption）という。

金属の腐食反応においては、この特異吸着種の影響が非常に大きい。特異吸着アニオンの中心を通り、電極と平行な面を内部ヘルムホルツ面、溶媒和した陽イオンが電極と最も近くで電極と平行に配列している面を外部ヘルムホルツ面という。電気二重層とは、負極では電極表面に配列した電子と、それに対峙した溶液側のイオン（ヘルムホルツ層と拡散二重層の両方を含む）が構成する

| Helmholtz | Gouy-Chapman | Stern |

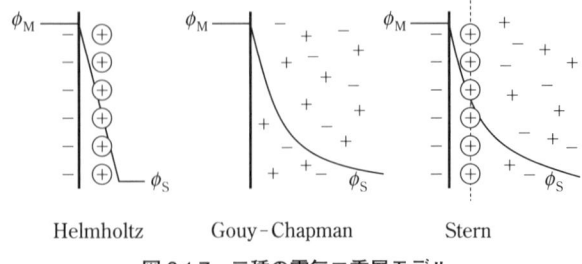

図 2.1.7　三種の電気二重層モデル

二重層を意味している。

(2) 電気二重層の静電容量

シュテルンのモデルに基づいて静電容量を考える。ヘルムホルツ二重層の容量を C_H, 拡散二重層の容量を C_D とした場合, 全二重層容量 C は次式の関係になる。

$$\frac{1}{C} = \frac{1}{C_H} + \frac{1}{C_D} \tag{17}$$

すなわち, C は次式で与えられる。

$$C = \frac{C_H C_D}{C_H + C_D} \tag{18}$$

ヘルムホルツ二重層に蓄積された電荷密度を σ, 真空の誘電率を ε_0, 電気二重層内の誘電率を ε_r, 電極とヘルムホルツ面の間隔を d とすると次式となり,

$$\sigma = \varepsilon_0 \varepsilon_r \frac{V}{d} \tag{19}$$

上式を微分すると次式を得る。

$$C_H = \frac{d\sigma}{dV} = \frac{\varepsilon_0 \varepsilon_r}{d} \tag{20}$$

2.1.4 電極反応の速度

(1) 電極反応速度と電流

酸化体 Ox, 還元体 Red からなる次式の電極反応（たとえば, $Cu^{2+} + 2e \rightleftharpoons Cu$）がある場合（ここで, v は電極反応の速度で単位は mol/s, k は速度定数とする），

$$Ox + ne \underset{v_b, k_b}{\overset{v_f, k_f}{\rightleftharpoons}} Red \tag{21}$$

微少時間 dt の間に変化する物質量の絶対値をそれぞれ $|dn_{Ox}|$, $|dn_{Red}|$, $|dn_e|$ とすると, 次式の化学量論的関係が満たされる。

$$|dn_{Ox}| = \frac{1}{n}|dn_e| = |dn_{Red}| \tag{22}$$

電極反応式(21)の速度 v の絶対値は次式で表わされる。

$$|v| = \frac{|dn_{Ox}|}{dt} = \frac{1}{n}\frac{|dn_e|}{dt} = \frac{|dn_{Red}|}{dt} \tag{23}$$

1モルの電子が有する電気量は $N_A e$ であるので，微少時間 dt 内に移動する電気量の絶対値 $|dQ|$ は次式で与えられる。

$$|dQ| = N_A e|dn_e| = F|dn_e| \tag{24}$$

したがって，次式も成立する。

$$|dQ| = nF|dn_{Ox}| = nF|dn_{Red}| \tag{25}$$

ここで，電流の絶対値 $|I|$ を導入すると次式となる。

$$|I| = \frac{|dQ|}{dt} = F\frac{|dn_e|}{dt} = nF|v| \tag{26}$$

このように，電極反応によって流れる電流は電極反応の速度に比例する。ここで，還元方向および酸化方向の反応速度を v_f および v_b とすると，式(26)により次式となる。

$$|I_f| = nFv_f \tag{27}$$
$$|I_b| = nFv_b \tag{28}$$
$$I = |I_b| - |I_f| \tag{29}$$

ここで，I_b は部分アノード電流（partial anodic current），I_f は部分カソード電流（partial cathodic current）とよばれる。

酸化体 Ox の還元速度 v_f は，電極表面積 S と電極面における Ox の濃度 [Ox] に比例し，Red についても同様であるので，速度定数 k を用いると次式が成り立つ。

$$|v_f| = Sk_f[Ox] \tag{30}$$
$$|v_b| = Sk_b[Red] \tag{31}$$

式(30)と式(31)を式(27)～(29)に代入して，酸化方向に流れる電流をプラスにとると次式を得る。j は電流密度である。

$$I = nFS(k_b[Red] - k_f[Ox]) \tag{32}$$
$$j = \frac{I}{S} = nF(k_b[Red] - k_f[Ox]) \tag{33}$$

(2) バトラー・フォルマー式

化学反応の速度定数（rate constant）k の温度依存性は，次のアレニウス式

(Arrhenius equation) に従うことが多い。式(34)において，A は前指数因子，E_a は見かけの活性化エネルギー（apparent activation energy），R は気体定数，T は熱力学温度である。

$$k = A \cdot \exp\left(-\frac{E_a}{RT}\right) \tag{34}$$

バトラーは，電極反応の見かけの活性化エネルギーに対して，次式を提出した。

$$E_{a,f} = E_{a,f}^\circ + \alpha_f nFE \tag{35}$$

$$E_{a,b} = E_{a,b}^\circ - \alpha_b nFE \tag{36}$$

上式で，$E_{a,f}$，$E_{a,b}$ はそれぞれ還元方向および酸化方向に対する見かけの活性化エネルギー，$E_{a,f}^\circ$，$E_{a,b}^\circ$ は電極電位が平衡状態にあるときの $E_{a,f}$，$E_{a,b}$ の値であり，α_f は還元方向，α_b は酸化方向の移動係数（transfer coefficient）とよばれ，下記の値をもつ。

$$\alpha_f + \alpha_b = 1 \quad (0 < \alpha_f, \alpha_b < 1) \tag{37}$$

式(34)〜(37)より次式を得る。

$$k_f = k_f^\circ \cdot \exp\left(-\frac{\alpha_f nFE}{RT}\right) \tag{38}$$

$$k_b = k_b^\circ \cdot \exp\left(\frac{\alpha_b nFE}{RT}\right) \tag{39}$$

$$k_f^\circ = A_f \cdot \exp\left(-\frac{E_{a,f}^\circ}{RT}\right) \tag{40}$$

$$k_b^\circ = A_b \cdot \exp\left(-\frac{E_{a,b}^\circ}{RT}\right) \tag{41}$$

上式で，k_f°，k_b° は電極電位が平衡のときの還元方向および酸化方向の速度定数，A_f，A_b は前指数因子である。式(38)，式(39)は，電極電位 E を正にする（プラス方向に変化させる）につれて酸化の速度定数は指数関数的に増大し，還元の速度定数は指数関数的に減少することを意味している。式(38)〜(41)はバトラー・フォルマー式（Butler-Volmer equation）とよばれ，電極反応の解析にしばしば用いられる。

式(21)，式(29)，式(38)〜(41)から，電流と電極電位との関係は**図 2.1.8** のように表現される。すなわち，平衡状態にある電極電位を平衡電極電位 E_{eq} と

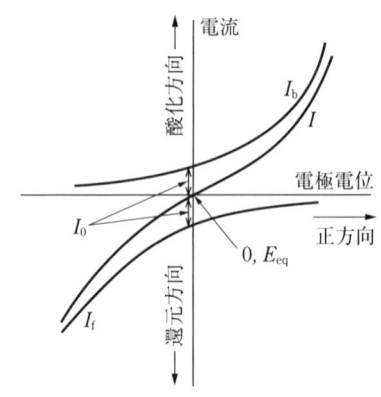

図 2.1.8　正味の電流 I と，部分アノード電流 I_a, 部分カソード電流 I_c の関係

すると，E_{eq} では還元電流（$I_f°$）と酸化電流（$I_b°$）の絶対値は等しく，次式の関係がある。ここで，I_0 を交換電流（exchange current）とよぶ。

$$I_0 = -I_f = I_b \tag{42}$$

すなわち，E_{eq} よりも負の電位領域でも部分アノード電流 I_b が流れ，E_{eq} よりも正の電位領域でも部分カソード電流 I_f が流れる。なお，式(32)と式(40)〜(42)より，I_0 は次式となる。ここで，[Red]° と [Ox]° は平衡状態の各反応種の電極表面における濃度であり，平衡状態であるため溶液相内部における濃度に等しい。

$$\begin{aligned} I_0 &= nFS\left\{k_f° \cdot \exp\left(-\frac{\alpha_f nFE_{eq}}{RT}\right)\right\}[\text{Ox}]° \\ &= nFS\left\{k_b° \cdot \exp\left(\frac{\alpha_b nFE_{eq}}{RT}\right)\right\}[\text{Red}]° \end{aligned} \tag{43}$$

ある電極系の電極電位 E と，その電極系の平衡電位 E_{eq} との差は，過電圧（overpotential）η とよばれ，

$$\eta = E - E_{eq} \tag{44}$$

その電位 E における電流 I は次式で示され，この式もバトラー・フォルマー式とよばれる。

$$I = I_0\left\{\exp\left(\frac{\alpha_b nF\eta}{RT}\right) - \exp\left(-\frac{\alpha_f nF\eta}{RT}\right)\right\} \tag{45}$$

(3) 物質移動過程律速

電荷移動反応が進むと,外部ヘルムホルツ面に存在する反応物質の濃度が減少する。電荷移動過程が十分に速く,電極近傍への反応種の移動や沖合への生成物の移動過程が全体の反応速度を決めている反応を,物質移動律速反応という。

電解液中での物質移動過程(mass transport process)は,拡散(diffusion),電気泳動(electrophoresis),対流(convection)によって起こる。溶液を撹拌したり発生ガスによって対流が起こっても,電極近傍における物質移動には一般に拡散と電気泳動が主要に寄与する。物質の拡散にはフィックの第一法則(Fick's first law)で表現される。J はフラックス,D は拡散係数である。

$$J = D\frac{dc}{dx} \tag{46}$$

電極表面近傍における反応物質の濃度勾配を図 2.1.9 に示す。この図のように,濃度勾配がある領域を拡散層(diffusion layer)といい,電極を高速度で回転させて撹拌を行なうと数 μm ほどになり,静止すると 1 mm 程度にもなるといわれている。

いま,拡散層の厚さを δ,溶液内部の反応物質の濃度を c_{bulk},電極表面濃度を c_0 とすると,式(46)より次式を得る。

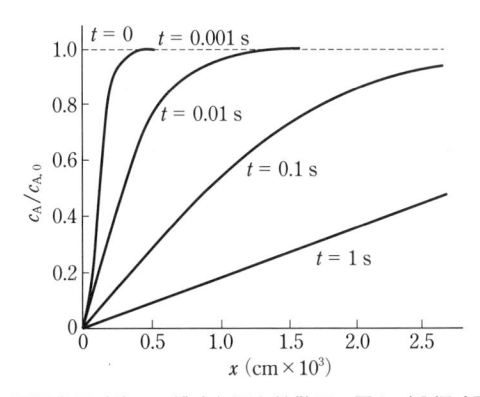

図 2.1.9 電極表面近傍での濃度勾配と拡散層の厚さ (分極時間依存性)
c_A:A 種の濃度,x:電極表面からの距離。

$$J = -\frac{dQ}{dt} = D\left(\frac{c_{\text{bulk}} - c_0}{\delta}\right) \tag{47}$$

電流 I と流速 J のあいだには次式の関係があるので,
$$I = nF \tag{48}$$
最大電流 I_{lim} は次式で表わされ,これを限界電流(limiting current)という。
$$I_{\text{lim}} = nFJ_{\text{lim}} = nFD\frac{c_{\text{bulk}}}{\delta} \tag{49}$$

このように,反応に関与する物質の拡散過程が電極反応の速度を律する現象を濃度分極(concentration polarization)といい,その電場の大きさを濃度過電圧 η_c(concentration overpotential)という。濃度過電圧 η_c は,ネルンスト式に基づいて次式で表現される。

$$\eta_c = \frac{RT}{nF} \ln \frac{c_0}{c_{\text{bulk}}} \tag{50}$$
$$= \frac{RT}{nF} \ln \left(\frac{I_{\text{lim}} - I}{I_{\text{lim}}}\right) \tag{51}$$

図 2.1.10 に拡散過程が律速の場合の電流と電位との関係を示す。

(4) 電極触媒作用

食塩水を電気分解する場合を例にとれば,電極は電気抵抗が低く,溶解や質的変化が起きず,しかもカソードでの水素発生やアノードでの塩素発生をスムースに進行させる電極でなければならない。固体高分子形燃料電池の場合には,

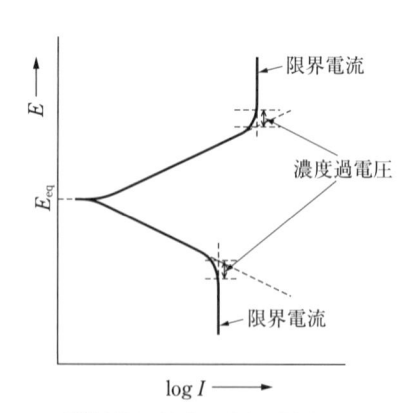

図 2.1.10 拡散過程が律速の場合の電流と電位との関係

アノードで水素を酸化し，カソードで酸素を還元する。電極は単に電荷移動にかかわるだけでなく，電極反応速度に大きく影響する。このように，電極には電極自体が触媒である場合が多く，このような電極を触媒電極（catalyst electrode），このような働きを電極触媒作用（electrocatalysis）という。

多くの研究者が電極によって触媒特性が異なる原因を解明する研究に挑戦し，その概要が明らかにされつつあるが，いまだに明確にはなっていない。ともあれ，触媒反応には，触媒と反応物質，反応中間種，生成物との結合強度が関係しており，それを支配するのは触媒の電子構造や原子配列などであると考えられている。

2.1.5 プールベイダイヤグラム（電位-pH 図）

金属の腐食挙動は，腐食・防食の化学に限らず，触媒研究などにおいても重要な情報である。電気化学では材料の安定性・劣化の問題を避けて通れない場合が多い。**図 2.1.11** は，平衡状態における水溶液中での鉄の安定領域・不安定領域を示すものであり，発案者の名を冠してプールベイダイヤグラム（Pourbaix diagram；電位-pH 図）とよばれ，各金属について実験と計算から求められている。この図では，各 pH において金属イオンの平衡濃度が 25℃ で 10^{-6} mol/dm^3 になる場合の境界を表現している。たとえば，次式について

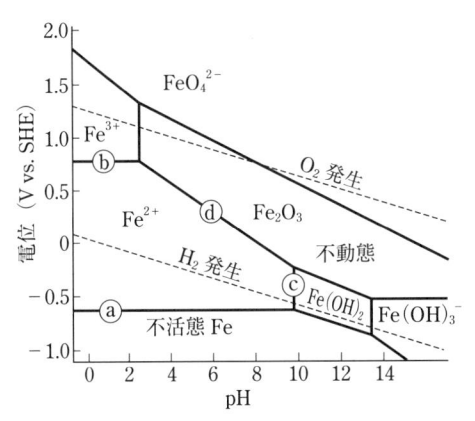

図 2.1.11 Fe-H$_2$O 系の電位-pH 図（プールベイダイヤグラム）

計算すると，下記のようになる．

$$Fe^{2+} + 2e = Fe \tag{52}$$

この反応にネルンスト式を利用すると，

$$E = E°(Fe^{2+}|Fe) + \frac{RT}{2F} \ln [Fe^{2+}] = -0.440 + 0.0296 \log 10^{-6}$$
$$= -0.618 \text{ V} \tag{53}$$

このように，pH が約 10 より小さい領域では Fe が -0.618 V よりも負の電位に保たれると安定であり，それより正の電位では溶解して Fe^{2+} になることがわかる（図の直線ⓐ）．$Fe^{3+} + e = Fe^{2+}$ の境界も同様にネルンスト式を利用して求めることができる（直線ⓑ）．直線ⓒは酸化還元反応ではないので，溶解度積 $K_{Fe(OH)_2}$ を用いて計算される．

$$Fe(OH)_2 = Fe^{2+} + 2OH^- \tag{54}$$
$$K_{Fe(OH)_2} = [Fe^{2+}][OH^-]^2 = 10^{-14.71}$$
$$\log [Fe^{2+}] = -14.71 - 2\log [OH^-] = -14.71 - 2(pH - 14)$$
$$= 13.29 - 2\,pH \tag{55}$$

この式に $[Fe^{2+}] = 10^{-6}$ mol/dm^3 を代入すると，pH = 9.65 を得る．

2.1.6 半導体電極

単一原子中の電子軌道の位置エネルギーは飛び飛びの決まった値を有するが，多くの原子が集まって固体を構成すると電子軌道のエネルギーは幅をもつようになる．**図 2.1.12** に，絶縁体，真正半導体，金属の各バンドモデルを示した．

価電子帯（valence band）と伝導帯（conduction band）には電子が存在しうるが，禁制帯（forbidden band）には電子が存在しえない．金属は価電子が存在するバンドに十分な空き準位があるので電子はそのバンドの中を自由に動けるのに対し，真正半導体と絶縁体の価電子帯は電子で充満しており，その中を電子は動けない（満員電車の中では身動きがとれないのと類似）．

しかし，真正半導体の禁制帯の幅（バンドギャップ）はせまいため，価電子帯の電子の一部は絶縁体よりも容易に伝導体に移って伝導体中を動き，しかもその過程で価電子帯に生じた正孔（hole）は価電子帯中を動くので電気伝導性を示すようになる．

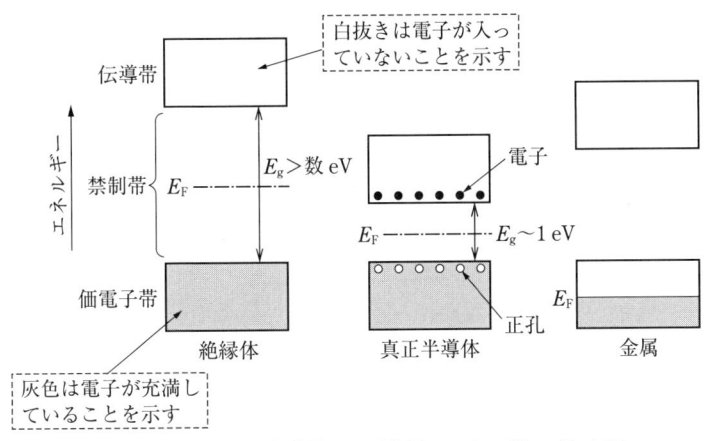

図中ラベル：
- 伝導帯
- 禁制帯
- 価電子帯
- エネルギー
- $E_g > $ 数 eV
- E_F
- 白抜きは電子が入っていないことを示す
- 電子
- E_F
- $E_g \sim 1$ eV
- 正孔
- E_F
- 絶縁体
- 真正半導体
- 金属
- 灰色は電子が充満していることを示す

図 2.1.12　絶縁体，半導体および金属のエネルギーバンド図
E_F はフェルミ準位。

　正の電荷（positive charge）をもった正孔のみがキャリアとなっている半導体を p 型半導体といい，負の電荷（negative charge）をもつ電子のみがキャリアとなっている半導体を n 型半導体という。E_F はフェルミ準位（Fermi level）といい，電子が存在する最も高いエネルギー準位（電子が存在する場所での電子の位置エネルギー）を意味し，金属の場合には価電子帯の上端にある。

　図 2.1.13 (a) に示すように半導体の E_F が金属の E_F よりも高いとき，金属と n 型半導体を接合させると E_F が等しくなるまで伝導帯の電子が金属側に移動し，金属は負に，半導体は正に帯電する。金属の電子は金属内を自由に動けるが，半導体内では電子の移動が制約され，半導体表面近傍に空間電荷層（space charge layer）が生じる。

　その領域はドーパント（リンなど意識的に添加する不純物のこと）の量に依存し，通常は接合面から数 μm にも及ぶ。このような接合をショットキー接合（Schottky junction）という。一方，半導体の E_F が金属の E_F よりも低い場合には空間電荷層は生じない。そのような接合をオーミック接合（ohmic junction）という。

　金属と n 型半導体をショットキー接合を有するように結合した系（図

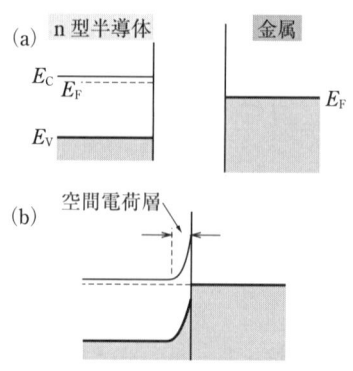

図 2.1.13　n 型半導体と金属との接触

半導体のフェルミ準位の位置が金属のそれより高い場合の例を示す。n 型半導体と金属を接合すると E_F が一致し，かつ空間電荷層が生じる。

2.1.14）において，(a)のように左側に＋，右側に－電圧を印加すると，半導体中のキャリア電子がますます減少するため，右の金属側から半導体側への電子移動の障壁が高くなるが，一定以上の逆の電圧を印加すると空間電荷層が消失し（そのときの半導体の E_F はフラットバンド電位；flat band potential, E_{fb} とよばれる），半導体側から右の金属側に電子が流れるようになる。この現象が整流作用（rectification）であり，このような作用を示す素子をダイオード（diode）という。

次に，n 型半導体を，熱力学的酸化還元電位（正しくは式量電位 E_{fp}）

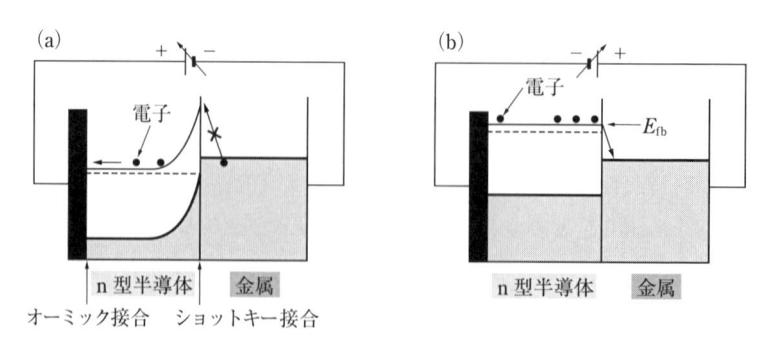

図 2.1.14　オーミック接合，ショットキー接合および整流作用

E_Redox のレドックス種（Ox/Red）が存在する溶液に浸した場合，図 2.1.15 のように E_F と E_fb が同じ準位になり，空間電荷層が生じる（半導体の E_F が E_fb より負で高い場合）。

このような系では，半導体の電位を E_fb より正にしても電流は流れないが，もしここにバンドギャップよりも高いエネルギーの光を照射すると価電子帯中の電子は伝導体に移り，価電子帯に正孔が生じる。この正孔はレドックス系から電子を取り込んでレドックス種を酸化する。この酸化反応は E_Redox よりも負側の電位で起こるので，光増感電解酸化（photosensitized electrolytic oxidation または photoassisted electrooxidation）とよばれる。

光照射により同数の正孔と励起電子が生じるが，一部の電子と正孔は再結合（recombination）し，それは光電流としては観測されない。電気化学的に利用できる電子や正孔の割合は量子収率（quantum efficiency; ϕ）とよばれ，次式で定義される。

$$\phi(\%) = 100 \times \frac{\text{光電流の電子数}}{\text{入射光の光子数}} \tag{56}$$

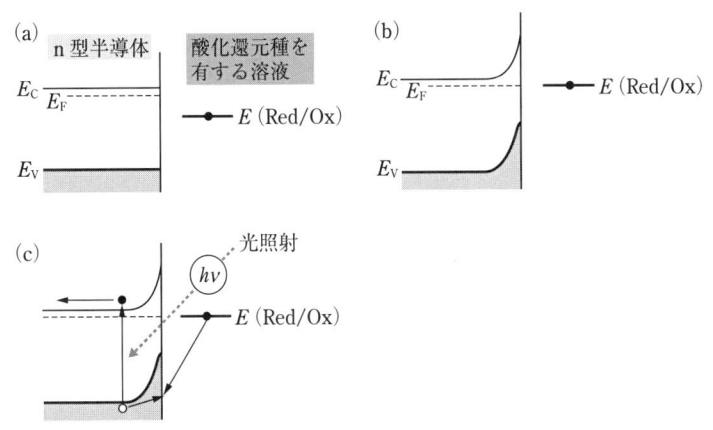

図 2.1.15 レドックス種（Red/Ox）が存在する溶液に n 型半導体を浸した場合のバンドモデル

(a)(b) n 型半導体を溶液に浸すと半導体の E_F と溶液側酸化還元種の電位が等しくなり，かつ空間電荷層が生じる。(c) 光照射により価電子帯の電子の一部は伝導帯に移動する。価電子帯に生じた正孔は溶液側酸化還元種の電子と結合して消滅する。

半導体に波長 λ m,強度 W_ph W の単波長の光を照射したときに,光電流 I_ph A が得られたとすると,ϕ は次式で与えられる。ただし,e は電気素量,h はプランク定数,c は真空中での光の速度である。

$$\phi(\%) = 100 \times \frac{\dfrac{I_\mathrm{ph}}{e}}{\left(\dfrac{W_\mathrm{ph}}{\dfrac{hc}{\lambda}}\right)} \tag{57}$$

2.1.7 回転ディスク電極,回転リングディスク電極

物質移動律速の電気化学反応の反応速度定数を決定する方法のひとつに,回転ディスク電極(rotating disk electrode)を用いる対流ボルタンメトリー(hydrodynamic voltammetry)がある。例として,酸性水溶液中に浸した白金触媒電極(Pt/C)による酸素還元反応を取り上げる。

図 2.1.16 に示したような平滑な円盤状の電極(Pt/C 触媒をグラッシーカーボンでできたディスク電極基板に塗布して固定)を回転させると,図のような電解液の流れが起こる。拡散層の厚さ δ は,回転角速度 ω,動粘性係数 ν(水の場合,$0.01 \text{ cm}^2/\text{s}$)と次式の関係にある。

$$\delta = 1.61 D^{1/3} \nu^{1/6} \omega^{-1/2} \tag{58}$$

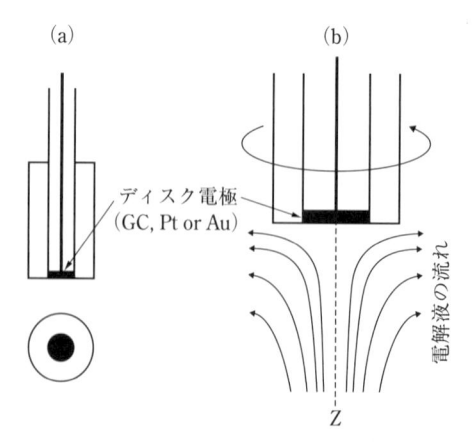

図 2.1.16 回転ディスク電極と電解液の流れ

式(58)のδを,先に示した限界拡散電流I_limを与える式(49)に代入し,かつ電極面積をSとすると,レービッチ式(Levich equation)とよばれる次式を得る。

$$I_\text{lim} = 0.620\, nFSD^{2/3}\nu^{-1/6}\omega^{1/2}c_\text{b} \tag{59}$$

一方,電極を回転させた場合に観測される電流Iは,電極の反応活性を示す活性支配電流I_kおよびI_limと次式の関係にあるので,

$$I^{-1} = I_\text{k}^{-1} + I_\text{lim}^{-1} \tag{60}$$

一定の電位における電流値Iの逆数I^{-1}を$\omega^{-1/2}$に対してプロットすると,直線関係が得られる。このプロットはコウテツキー・レービッチプロット(Koutecky-Levich plot)とよばれ,ωを無限大に外挿して得られるI^{-1}軸切片の値の逆数がI_kを示す。

回転リングディスク電極(rotating ring disk electrode)法は,上記のディスク電極のまわりに同心円状に配置したリング電極で,ディスク電極上での生成物や反応中間体を検出する場合に有効である(**図2.1.17**)。

たとえば,酸性水溶液中での酸素の還元反応は次の2つの反応があり,電極材料の触媒特性の違いによってその割合が異なる。

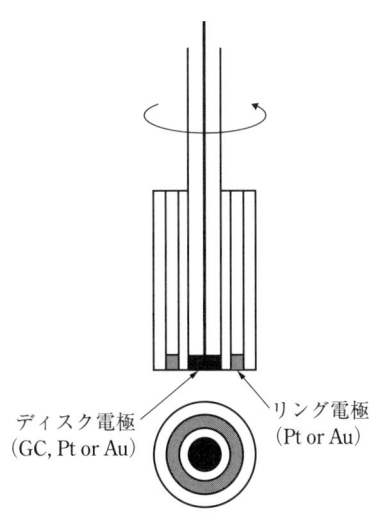

図2.1.17 回転リングディスク電極

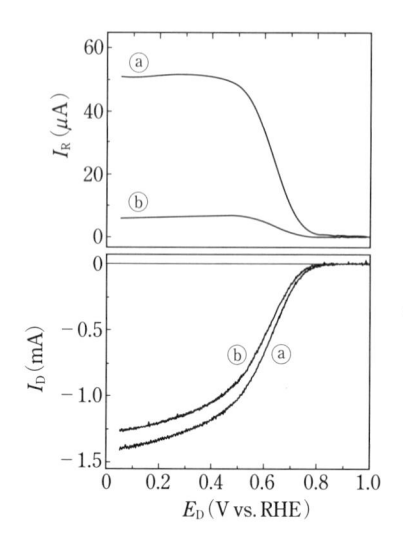

図 2.1.18 回転リングディスク電極法で得られたディスク電流とリング電流
過塩素酸水溶液中における活性炭触媒ⓐと活性炭触媒ⓑによる酸素還元反応の例を示す。

$$O_2 + 4H^+ + 4e^- \rightleftharpoons 2H_2O \quad (4電子還元反応) \tag{61}$$

$$O_2 + 2H^+ + 2e^- \rightleftharpoons H_2O_2 \quad (2電子還元反応) \tag{62}$$

図 2.1.18 に示すように，ディスク電極の電位を負の電位方向に掃引すると，酸素還元電流（ディスク電流 I_D）が観察される。酸素還元電流には上記の2つの異なった反応が含まれている可能性があるが，リング電極の電位を 1.2 V (vs. RHE) にしておくと，H_2O_2 が式(62)の反応の左方向の反応（酸化反応）が起こり，その量がリング電流 I_R として観測される。

ディスク電極上で生成した H_2O_2 をリング電極で 100 % 検出できるわけではないので，あらかじめ反応速度が速い $[Fe(CN)_6]^{3-} + e \rightleftharpoons [Fe(CN)_6]^{4-}$ 反応などを利用して検出割合（捕捉率 N）を求めておく。図 2.1.18 の反応の場合，平均反応電子数 n は次式で表わされる。

$$n = \frac{4 I_D}{I_D + \dfrac{I_R}{N}} \tag{63}$$

[参考文献]
1) 玉虫伶太・高橋勝緒:『エッセンシャル電気化学』,東京化学同人 (2000)
2) 大堺利行・加納健司・桑畑進:『ベーシック電気化学』,化学同人 (2009)
3) 泉生一郎・石川正司・片倉勝巳・青井芳史・長尾恭孝:『基礎からわかる電気化学』,森北出版 (2009)
4) 渡辺正・中林誠一郎:『電子移動の化学―電気化学入門』,朝倉書店 (1996)
5) 渡辺正・金村聖志・益田秀樹・渡辺正義:『電気化学』,丸善 (2001)
6) 松田好晴・岩倉千秋:『電気化学概論』,丸善 (1994)
7) 玉虫伶太:『電気化学』,東京化学同人 (1967)
8) 石原顕光・太田健一郎:『原理からとらえる電気化学』,裳華房 (2006)
9) 電気化学会編:『新しい電気化学』,培風館 (1984)

2.2 有機薄膜太陽電池

太陽電池 (solar cell) は,外部から受け取った光エネルギーを直接,電気エネルギーに変換し,電力として外部に出力する光電変換のデバイスである。太陽電池は,光電変換のための基本材料や構造に基づいて,無機系/有機系,シリコン系/非シリコン系,溶液系/固体系などのような区分けで分類される。種々の太陽電池について,分類の一例を図 2.2.1 に示す。

研究開発されている太陽電池には,図にも見られるように種々ある。これらのなかではシリコン系太陽電池が実用化に関して先行しており,家庭用の発電システムが市販されている。

光電変換の基本材料としてのシリコンとしては,結晶(単結晶,多結晶)シリコンと非晶質シリコン (amorphous silicon;アモルファスシリコン) の両者が用いられている。アモルファスシリコンは,シランガスを用いて CVD (chemical vapor deposition;化学気相成長) 法で製造することができ,エネルギーギャップが 1.75~1.8 eV と結晶シリコンの 1.12 eV よりも大きく,高温時での起電力低下が小さいという強みをもつ。また,光吸収係数が大きいので薄膜でも使用可能で,コスト的にも有利である。

シリコン系太陽電池は形状構成から,薄膜型,多接合型,ハイブリッド型などに分類される。薄膜型は,従来数百 μm の厚みであったシリコン層が 100 μm 以下になったもの,とりわけ 10 μm 以下といった薄いものを指す。多接合

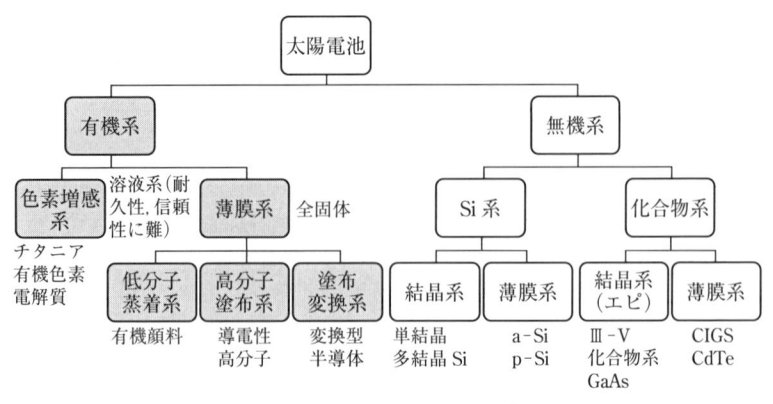

図 2.2.1　おもな太陽電池の種類

型では，アモルファスシリコン，結晶シリコン，組成に変化をもたせたシリコン（SiC や SiGe など）を組み合わせて，吸収波長が異なる複数のシリコン層を積層する。ハイブリッド型は，結晶シリコン層とアモルファスシリコン層からなるハイブリッド構造をもつ。一般に，太陽電池に用いられるシリコン材料の純度についての基準は，集積回路に用いられるシリコン材料ほど厳しくはない。

「シリコン系」に対する「非シリコン系」という見方をするとき，そのなかには化合物系に分類されるタイプと有機系に分類されるタイプがある。化合物系太陽電池は一般に高い光電変換効率を示す。宇宙用途などの太陽電池で実用化されている GaAs や InGaAs は，高効率の化合物系材料としてよく知られているが，As を含有する化合物は安全性の観点から，日常の生活圏で大量かつ広範に製造・使用されるためには問題がある。そこで，最近は CIS 系太陽電池の開発が精力的に行なわれ，わが国でも量産化が始まっている。この系では Cu, In, Ga, Al, Se, S などからなる化合物半導体が光電変換材料として用いられる。代表的な材料として，$Cu(In, Ga)Se_2$, $Cu(In, Ga)(Se, S)_2$, $CuInS_2$ がある。

非シリコン系太陽電池のもうひとつのタイプである有機系には，色素増感太陽電池と有機薄膜太陽電池がある。色素増感太陽電池は，ハロゲン化銀写真感光材料で用いられていた増感技術を応用した湿式の太陽電池であり，TiO_2 な

どの結晶に増感色素を吸着させた光電変換材料を使用する。光酸化還元反応にかかわった色素分子を元の色素分子に再生するために，電解液にはI^{3-}/I^-などの酸化還元系を組み込んでおく。低コストで電池を製造することができると試算されている。

有機薄膜太陽電池は，導電性の有機化合物からなる光電変換材料を用いるもので，高分子化合物と低分子化合物を用いるものがある。通常，高分子化合物を使用して太陽電池を構成する場合は塗布方式で製造し，低分子化合物を使用するときは蒸着法で製造することが多い。また，溶媒可溶性の化合物の層を塗布方式で基板上に設け，後続工程でその化合物を最終の半導体材料に変換するというものもある（図2.2.1に記載されている塗布変換系）。有機薄膜太陽電池は電解液を用いないので，色素増感太陽電池より構造にからむ問題が少ないと考えられ，製造コストはさらに低くなり，工業生産の観点から有利である。

表2.2.1に有機薄膜太陽電池の特徴をまとめておく。比較のため，Si系ガラス基板，CIS系ガラス基板の太陽電池についても記しておいたが，有機薄膜太陽電池は軽量・柔軟でフィルム化も可能であり，広範な用途展開が期待される。

このように，有機薄膜太陽電池は開発段階であるが，性能面では効率・耐久性の改良の余地は大きく，用途・工業生産の各面において軽量・フレキシブル印刷特性など有機の特徴を活かし，新たなアプリケーション展開が見込まれる。なかでも塗布変換型有機薄膜太陽電池は，使用する材料と製造プロセスにおい

表2.2.1　有機薄膜太陽電池の特徴

	用途	価格面	製造面
既存製品（Si系，CIS系…）	・設置場所を選ぶ ・重い ・曲がらない （ガラス基板）	・高い（一般家庭3kWシステムで約200万円）	・設備投資型（液晶パネルと類似） ・原料Siがボトルネック
有機薄膜系	・軽量 ・フレキシブルを活かしたさまざまな場所，用途が可能	・安い（既存の数分の1も可能）	・連続塗布プロセスにより，設備，ランニングコストの大幅低下 ・原料のボトルネックなし

て特徴を有しており，今後の展開がおおいに期待される。そこで次項以下では，有機薄膜太陽電池に焦点をしぼり，とくに塗布変換型の有機薄膜太陽電池について詳しく述べることにしよう。

2.2.1 有機薄膜太陽電池

有機薄膜太陽電池は図2.2.2に示すようなプロセスで動作する。ドナー（またはアクセプター）の有機分子が光を吸収して励起子となり，励起子が拡散によりドナー／アクセプター界面へ移動し，そこで励起子の解離が生じ，電子とホールの電荷分離が起こり，電子とホールが電極から外部回路へ取り出される。

光電変換効率を高くするためには，このプロセスを考慮して図2.2.3に整理しておいたように，光吸収，励起子拡散，励起子解離，電荷拡散，電化捕集の各素過程に注目し，それらの向上を図ることになる。有機薄膜電池は，工業化の将来性に対する期待が大きいので，多くの企業が研究開発に取り組んでいる。基本的な材料と構造については，次のようにさまざまなものがある。

① 有機半導体の整流機能を用いた有機薄膜太陽電池

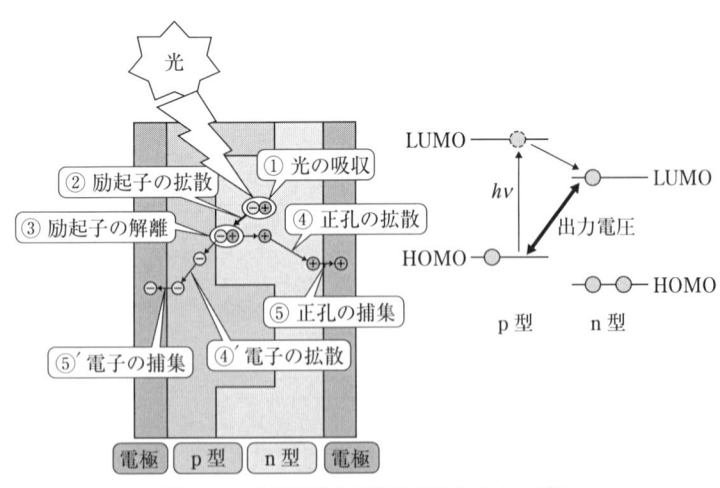

図2.2.2 有機薄膜太陽電池の動作メカニズム

LUMO：最低空軌道（lowest unoccupied molecular orbital），HOMO：最高被占軌道（highest occupied molecular orbital）。

光吸収(励起子生成) → 励起子拡散 → 励起子解離 → 電荷の拡散 → 電荷の捕集
吸収スペクトル　　　　拡散効率　　　　準位　　　　　移動度　　　　電極-有機界面
　　　　　　　　　　励起状態寿命　　pn 界面　　　　トラップ

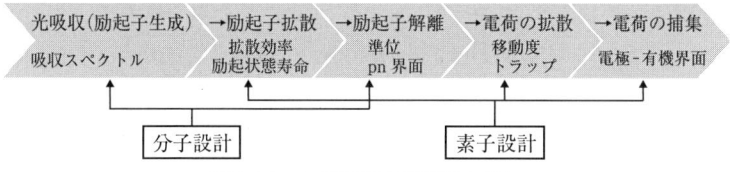

　　　　　　　　分子設計　　　　　　　　　　素子設計

図 2.2.3　有機薄膜太陽電池の効率

効率＝$V_{oc} \times J_{sc} \times FF$。$V_{oc}$：開放端電圧，$J_{sc}$：短絡電流，$FF$：曲線因子（フィルファクター）。材料 ⇔ 構造素過程 ⇔ 太陽電池特性は，ひとつでも悪いと効率は 0。

銅フタロシアニン（CuPc）とペリレン誘導体（PV）を用いて真空蒸着法によりつくる[1),2)]。

② p 型/n 型有機半導体の共蒸着によるバルクヘテロ型接合の有機薄膜太陽電池

ドナーである銅フタロシアニン（CuPc）とアクセプターであるペリレン誘導体（PV）を共蒸着してバルクヘテロ接合形成させる[3),4)]。

③ バルクヘテロ接合を用いた低分子有機太陽電池

共蒸着層を i（intrinsic）層に導入する。光電変換効率 5％ を達成した[5)]。

④ 高純度化フラーレンとフタロシアニンを用いた有機太陽電池

セブンナインまで高純度化したフラーレンとフタロシアニンからなる 1 μm 厚の共蒸着 i 層を形成する。変換効率 5.3％，短絡光電流 J_{sc} 19 mA/cm² を達成した[6)]。

⑤ バルクヘテロ接合薄膜を用いた有機太陽電池

ペンタセンとフラーレンを数分子ずつ交互に積層させ，バルクヘテロ接合薄膜を形成する[7)]。

⑥ p 型半導体として高分子を用いた有機太陽電池

ポリパラフェニレンビニレン〔poly（p-phenylene vinylene）；PPV〕などの導電性高分子と，フラーレン誘導体を代表とする n 型低分子半導体の組合せによるバルクヘテロ型を構成する[8)]。

⑦ 素子構造を制御して効率向上を図った有機太陽電池

ボトムセルにシクロペンタジチオフェンとベンゾチアゾールを骨格に有する PCPDTBT（シクロペンタジチオフェン誘導体）と PCBM（[6,6]-phenyl-C61-butyric acid methyl ester）の混合層を用い，トップセルとして PC70BM

(C70 誘導体）と P3HT〔poly (3-hexylthiophen)〕の混合層を用いる。中間層にはゾル・ゲル法で作成した TiO_x（酸化チタン材料）と PEDOT〔poly (3,4-ethylene dioxythiophen)〕を用いる。変換効率 6.5 % を達成した[9]。

⑧ナノ構造素子の制御

P3HT/PCBM セルに，電子輸送層（ETL）として TiO_x 層を導入する。変換効率 4.1 % を達成した。TiO_x 層の導入により，キャリア寿命の延長（TiO_x 層がない場合の約 2 倍）を確認した[10],[11]。

太陽電池の製造にスクリーン印刷やインクジェットプリント技術を応用することができる。前者については，高分子型ポリパラフェニレンビニレン誘導体 MDMO-PPV〔poly (2-methoxy-5-(3′,7′-dimethyloctyloxy)-poly (*p*-phenylene vinylene)〕とフラーレン C60 誘導体 PCBM からなるバルクヘテロ接合型有機太陽電池をスクリーン印刷法で検討した例がある[12]。インクジェットプリント技術の応用例としては，P3HT と PCBM の系で試みたものがある。スピンコートと同等の性能が得られたというが，製造コストの低減化につながる[13]。

2.2.2　塗布変換型有機薄膜太陽電池

以下で説明する太陽電池は，テトラベンゾポルフィリン（tetrabenzoporphyrin；BP）〔p 型有機半導体〕とフラーレン（fullerene）誘導体〔n 型半導体〕を組み合わせて構成したものである。BP の前駆体は溶媒に可溶であるため，太陽電池を製造するとき塗布方式をとることが可能である。BP 前駆体は 4 つのベンゼン環がビシクロ構造をとっているが，この化合物を 150℃ 以上で加熱すると逆 Diels-Alder 反応によりエチレン部が解離して，最終的に高い結晶性の BP が生成する。BP は p 型の半導体特性を有している（**図 2.2.4**）。

BP 前駆体から BP が得られるとき，4 個のエチレン分子が脱離するが，この反応プロセスについて熱分析の実験結果に基づいて考察してみよう。このプロセスでは，18 % の分子量減が起こると見込まれるが，**図 2.2.5** に熱分析 TG-DTA（thermogravimetry-differential thermal analysis；示差熱熱重量同時測定）の結果からも 18 % の重量減が観測された。このことから，前駆体から BP への変換は定量的に起こっていたということができる。

また，図では化学構造が変化（重量減少）したあとで発熱がみられるが，こ

半導体：テトラベンゾポルフィリン（BP）

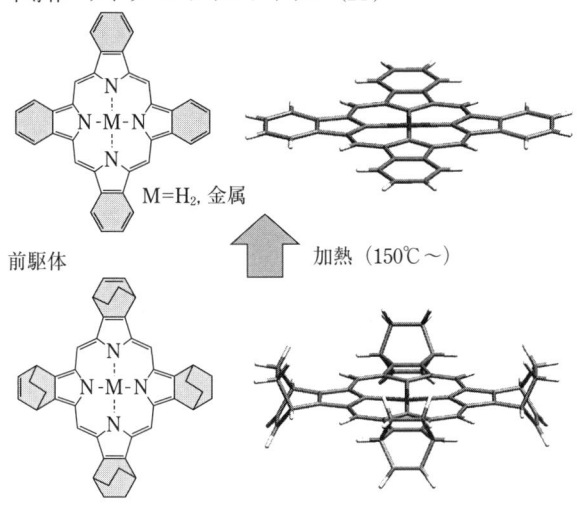

M=H₂, 金属

前駆体

加熱（150℃〜）

図2.2.4　変換型半導体

［特徴］半導体：高結晶性，不溶，良好な半導体。前駆体：可溶，非晶質，半導体特性なし。

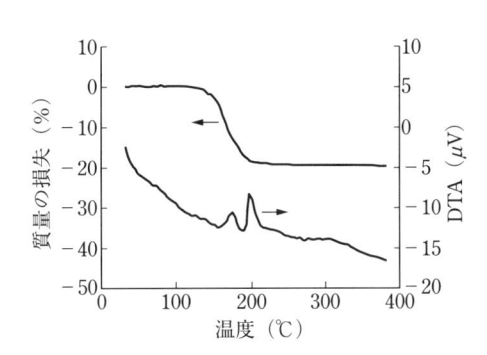

図2.2.5　テトラベンゾポルフィリン前駆体の熱分析（TG-DTA）

れは結晶化に伴うものと考えられる。この脱離反応速度は，アレニウス型の温度依存性を示すことが観察されている。すなわち，脱離に要する反応時間は温度に依存し，高温になるほど短時間で反応が終了する。通常，200℃程度では数分程度で反応および結晶化が完了する。また，BPの電荷移動度は0.92 cm^2/Vs（BPの中心に金属を導入した場合，最大で1.8 cm^2/Vsの移動度発現）

が得られている[15]。

このような性質をもつ BP 前駆体を用いて，実際に作製した塗布変換型有機太陽電池の構成例を図 2.2.6 に示す。発電（活性）層として BP とフラーレン誘導体を用いている。p/i/n 層構成で，p 層として BP，i 層として BP とフラーレン誘導体バルクヘテロ混合層，n 層としてフラーレン誘導体の薄膜層を用い，いずれの層も塗布（スピンコート）で製膜を行なった。i 層は BP 前駆体とフラーレン誘導体を共通の有機溶媒を用いてインク化し，塗布後 180℃に加熱して BP 前駆体を BP に変換させた。i 層の厚みは 70〜100 nm である。

バッファー層として，BCP（2,9-dimethyl-4,7-diphenyl-1,10-phenanthroline），PEDOT：PSS〔poly (3,4-ethylenedioxythiophene)：poly (styrene sulfonate)〕をそれぞれ用いている。PEDOT：PSS 層は塗布（スピンコート）により形成した。PEDOT：PSS 層は，ホールの選択的輸送という役割をもっているが，ほかに ITO の表面粗さを平滑化する働きもあると考えられる。もう一方のバッファー層として用いる BCP 層は蒸着で形成しており，励起子ブ

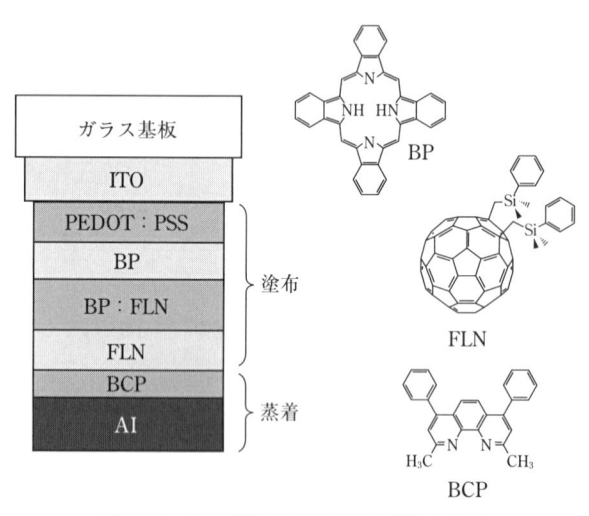

図 2.2.6　塗布変換型太陽電池の構造と特性

太陽電池特性：η_p=5.9%(MA1.5G 100 mW/cm^2), V_{oc}=0.79 V, I_{sc}=10.1 mA/cm^2, FF=0.68。ITO：indium tin oxide, BP：FLN：tetrabenzoporphyrine：fullerene, BCP：bathocuproine。

ロッキングと電子の選択的輸送の役割を担っていると考えられる。最近，BPと新規フラーレンの誘導体を使った素子構成で変換効率として5.9％が得られている。p/i/n 層構成により高性能が発現するのは，i 層で光を吸収して電荷が発生し，その電荷を p 層，n 層およびバッファー層で電極に輸送している結果であると考えられる。

 有機薄膜太陽電池の膜構造のモルフォロジーは，電子顕微鏡（SEM）の解析から明らかになってきた。i 層の構造を明らかにするために i 層を塗布したのち加熱し，BP 前駆体を BP に構造変換したあと，トルエンで i 層中のフラーレン誘導体層を抽出し，残った BP 層を SEM で観察した。図 2.2.7 に SEM 写真を示す。BP は数十 nm 程度での柱状結晶として構造制御されている。柱状結晶のあいだにはフラーレン誘導体が入り込んでいる。数十 nm 程度で制御された界面で励起子が効率よく正孔と電子に電荷分離が行なわれ，分離した正孔と電子が再結合することなく，p 層（BP 層）と n 層（フラーレン誘導体層）を通って移動する[14]。

 これまで開発されてきた有機薄膜太陽電池では，高分子塗布，低分子蒸着系の開発がおもに行なわれてきた。高分子系は塗布可能であり，製造コストの低下にはすぐれているが，高分子系の場合，塗布による積層化は上層と下層の形

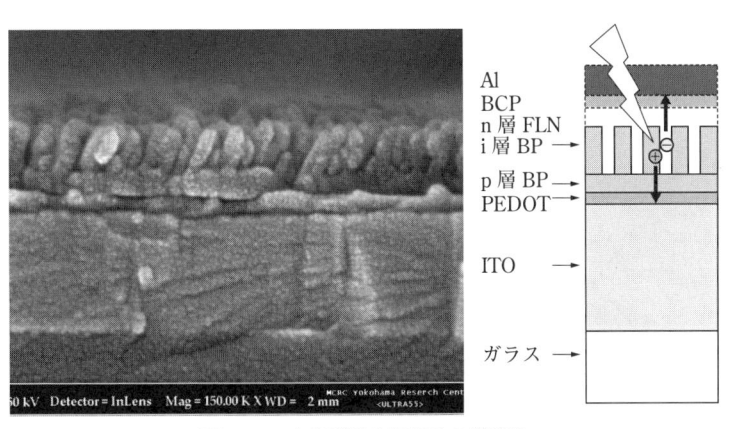

図 2.2.7　有機薄膜太陽電池の膜構造
有機太陽電池 BP 結晶のモルフォロジー（断面 SEM）。i 層（BP 前駆体＋フラーレン誘導体）積層・熱処理後にフラーレン誘導体をトルエンで溶出した。

成の際,層どうしが混ざってしまい多層形成が難しいという欠点がある。また,半導体特性も高分子型有機薄膜太陽電池のp型半導体として最も広く用いられているP3HTでも,0.2 cm^2/Vs程度の移動度である[14]。また,高分子に由来する光劣化の問題も有している。低分子蒸着型は蒸着による多層化は可能であるが,蒸着プロセスで製造するためにコスト面での改良が求められる。

これに対して,塗布変換型は前駆体を用いて塗布が可能であり,加熱後,変換されたBPは高結晶性顔料であり,アモルファスシリコン(a-Si)と同等の半導体特性を有し,耐久性にもすぐれている。また,通常の高分子塗布系では積層構造を形成することは困難だが,塗布変換系では溶媒に可溶な前駆体を用い,塗布後加熱により溶媒に不溶な高結晶性BPに変換することで多層化が容易になっており,タンデム型セルの製造も可能である。

図2.2.8と図2.2.9に,塗布変換型有機半導体を連続塗布(roll-to-roll)プロセスにより製造する工程の模式図を示した。

2.2.3 有機薄膜太陽電池に求められることと期待

図2.1.10に,有機薄膜太陽電池の高性能化へのマイルストーンを示す。現在,テトラベンゾポルフィリンとフラーレン誘導体を用いた系で変換効率5.9%が得られているが,光変換効率の改良課題として,光吸収スペクトルと太陽光とのマッチングの最適化,励起子移動および電荷分離機能の向上(界面の制御による電荷発生機会の増大),電荷分離後のキャリア輸送効率向上,再結

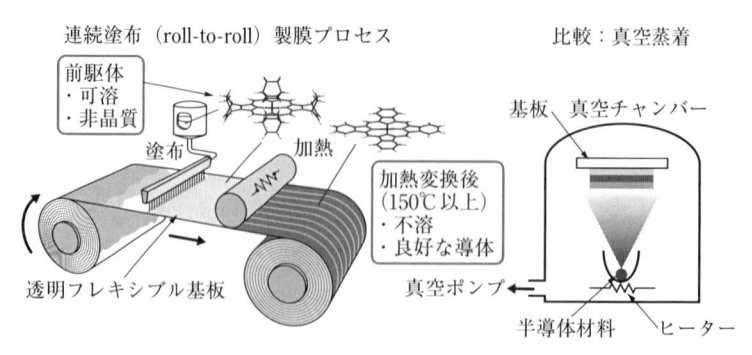

図2.2.8 連続塗布製膜プロセス

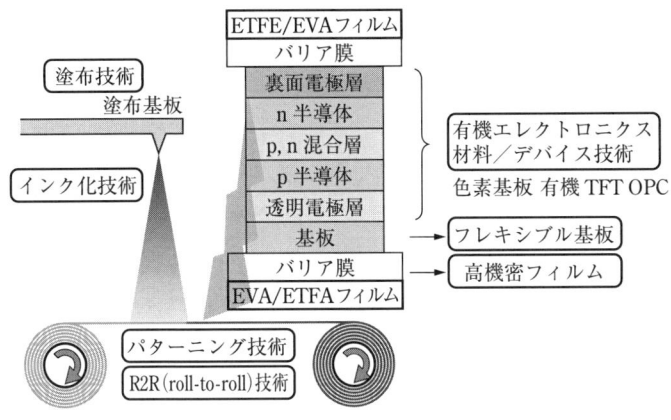

図 2.2.9　有機薄膜太陽電池の層構成例とプロセスイメージ

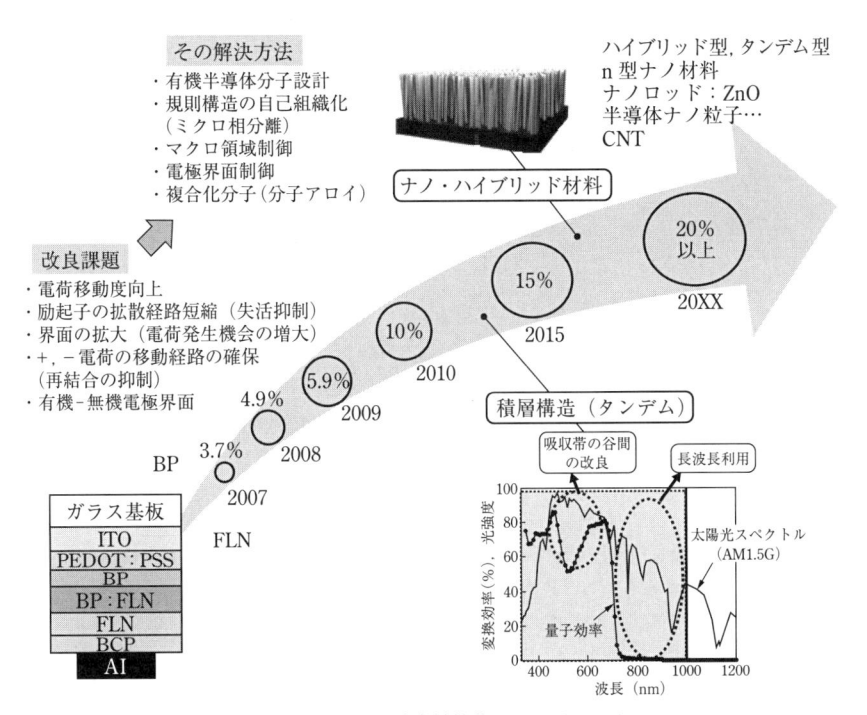

図 2.2.10　有機太陽電池高性能化へのマイルストーン

合の抑制などがあり，材料設計・素子設計により改良を図っていく必要がある。実用化を考えると，セル効率として 10％ が目標である。また，効率 15％ 以上を達成するにはタンデム型の開発が必要になってくる。

また，寿命の向上に関して，用いる有機半導体の耐久性向上のほか，バリア材・封止材の性能向上も重要な要素である。

製品として有機薄膜太陽電池を市場に出すためには，特長である低コスト，フレキシビリティ，軽量，デザインの多様性などを活かすことが重要になってくる。たとえば，軽量性，フレキシビリティを特徴とした BIPV（building integrated PV；建材一体型太陽電池）分野における展開や自動車分野では軽量薄膜の太陽電池を採用することにより，デザイン性を損うことなく，HEV（ハイブリッド）や PHEV（プラグインハイブリッド）自動車の屋根に搭載することが可能となり，駐車中に充電を行なうことにより補助電源としての活用も可能となる。また，系統連係電源のない野外で有機薄膜太陽電池の軽量・フレキシブルの特徴を活かし，携帯電話や携帯端末を充電できる装置やテントなどの災害対策用品での活用も期待されている。

また，太陽電池と LED の組合せで，完全無農薬，安心・安全・省エネルギー，クリーンエネルギーを特徴とする植物工場の展開も考えられる。LED による赤や青の光を用いて植物成長を促進させることができる。また，太陽電池と LED を組み合わせることにより，商用電源と蛍光灯の組合せよりもエネルギーコストの面で有利であり，かつ CO_2 の発生も抑えることが可能である。有機薄膜太陽電池の実現により，これまでの主流の Si 結晶系太陽電池が展開できなかった軽量，フレキシビリティ，デザイン性に特徴を有する新規用途への展開がますます広がっていくと考えられる。

［参考文献］
1) C. W. Tang：*Appl. Phys. Lett.*, **48**, 183（1986）
2) C. W. Tang, S. A. Van Slyke：*Appl. Phys. Lett.*, **51**, 913（1987）
3) M. Hiramoto, H. Fujiwara, M. Yokoyama：*Appl. Phys. Lett.*, **58**, 1062（1991）
4) M. Hiramoto, H. Fujiwara, M. Yokoyama：*J. Appl. Phys.*, **72**, 3781（1992）
5) J. Xue, B. P. Rand, S. Uchida, S. R. Forest：*Adv. Mater.*, **17**, 66（2005）
6) 平本昌宏：機能材料, **28**, 25（2008）
7) J. Sakai, T. Taima, K. Saito：Development of pentacene-C60 superlattice bulk

heterojunction organic photovoltaic cells, MRS 2006, Fall Meeting, S6, 47
8) N. S. Sariciftci, D. Braun, C. Zhang, V. I. Srdanov, A. J. Heeger, G. Stucky, F. Wudl : *Appl. Phys. Lett.*, **62**, 585 (1993)
9) J. Y. Kim, K. Lee, N. E. Coates, D. Moses, T. Q. Nguyen, M. Dante, A. J. Heeger : *Science*, **317**, 222 (2007)
10) A. Hayakawa, O. Yoshikawa, T. Fujieda, K. Uehara, S. Yoshikawa : *Appl. Phys. Lett.*, **90**, 163517 (2007)
11) 吉川暹・佐川尚：機能材料，**28**, 17（2008）
12) 阪井淳・安達淳治：有機薄膜太陽電池の最新技術，p.105，シーエムシー出版（2005）
13) C. N. Hoth, S. A. Choulis, P. Schilinsky, C. J. Brabec : *Adv. Mater.*, **19**, 3973 (2007)
14) Y. Matsuo, Y. Sato, T. Niinomi, I. Soga, H. Tanaka, E. Nakamura : *J. Am. Chem. Soc.*, **131**, 16048-16050 (2009)
15) S. Aramaki, Y. Sakai, N. Ono : *Applied Physics Letters*, **84**, 2085 (2004)

2.3 リチウムイオン二次電池

2.3.1 リチウムイオン二次電池とは

リチウムイオン二次電池（lithium ion battery；LIB）は，1991年に商品化された新型二次電池である。IT変革が起こった1995年から急速に世の中に浸透して，現在では携帯電話，ノートパソコンなどのIT機器の電源として，私たちの身のまわりであたりまえのものとなった。さらに，今後は電気自動車（electric vehicle；EV）や電気エネルギー貯蔵（energy storage system；ESS）など，地球環境問題という社会的な課題の解決手段のひとつとして重要な任務を担っている。

本節では，LIBがどういう経緯で開発され，どのような構成材料からなり，どのようにつくられているのかなどについて述べる。

(1) LIBの電池反応式と作動原理

LIBとは，狭義の定義でいうと「カーボン材料を負極活物質とし，リチウムイオン含有金属酸化物（$LiCoO_2$）を正極とする非水系二次電池」のことである。その電池反応式は図2.3.1に示すとおりである。

充電で正極材料$LiCoO_2$からLiイオンが脱離し，負極材料カーボン（C）にLiイオンが吸蔵され，この電気化学的反応で電子が正極から負極に流れ込む。

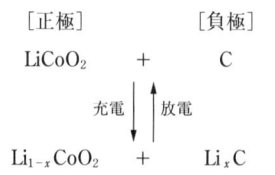

$$[正極] \qquad [負極]$$
$$LiCoO_2 \quad + \quad C$$
$$\updownarrow \text{充電} \mid \text{放電}$$
$$Li_{1-x}CoO_2 \quad + \quad Li_xC$$

図 2.3.1　リチウムイオン二次電池の電池反応式

放電は，この逆反応となる。従来の二次電池とは基本的に異なり，化学反応はいっさい伴わずイオンと電子のみが関与する新しい概念の二次電池である。

また，LIB の基本構成と電池作動原理を図 2.3.2 に示す。

(2) LIB の特徴

LIB は以下の特徴を有する。

- 高起電力（4.2 V）
- 小型・軽量
- 大電流放電が可能
- 低自己放電率
- 100 % に近い充放電効率
- 有害物質を含まない

これらの特徴はいずれも非水系有機電解液を用いている点に基づくものであ

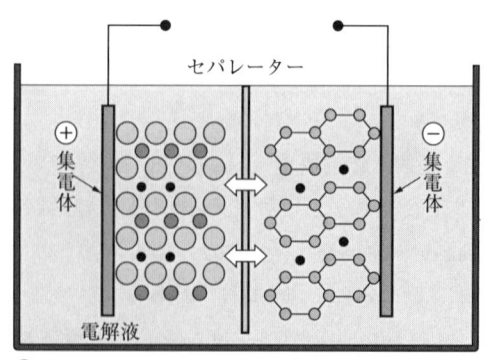

図 2.3.2　リチウムイオン二次電池の作動原理図

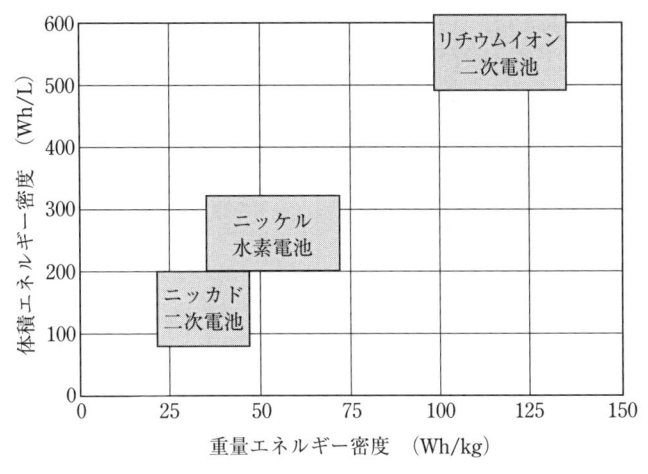

図 2.3.3 リチウムイオン二次電池のエネルギー密度

り，図 2.3.3 に示すように水系電解液を用いたニッケルカドミウム二次電池，ニッケル水素二次電池に比べると，圧倒的に高いエネルギー密度を有している。ここで，エネルギー密度とは，単位重量（kg）または単位体積（L）あたりに蓄えることができる電力量（Wh）のことである。

(3) LIB の技術的位置づけ

LIB は電池の分類上，表 2.3.1 に示すように非水系有機電解液二次電池という位置づけにある。

電池は，放電のみの一次電池と，充電により再使用できる二次電池に分類される。また電解液として，水系電解液を用いる電池と，非水系有機電解液を用いる電池に分類される。いわゆる乾電池と称されているマンガン乾電池やアルカリマンガン乾電池が水系電解液の一次電池であり，古くから実用化され広く用いられている。一方，水系電解液を用いた二次電池としては鉛二次電池，ニッケルカドミウム二次電池，ニッケル水素二次電池などがあり，古くから実用化されている。水系電解液を用いた電池は，水の電気分解電圧（約 1.2〜1.5 V）以上の起電力を得ることは原理的に不可能であり，小型・軽量化に必要なエネルギー密度の向上には限界がある。

一方，電解液に非水系有機電解液を用いると，分解電圧が水に比べてはるか

表 2.3.1　リチウムイオン二次電池の技術的位置づけ

	水系電解液	非水系有機電解液 （高エネルギー・高容量・高電圧）
一次電池 （再使用不可）	マンガン乾電池 アルカリ乾電池	金属リチウム一次電池
二次電池 （充電再使用可）	鉛電池 ニッカド電池 ニッケル水素電池	リチウムイオン二次電池

に高く，正負極の選択により高い起電力（3V以上）を取り出すことができ，小型・軽量（高エネルギー密度）の電池を実現できる。この非水系有機電解液を用いた電池は，一次電池についてはすでに金属リチウム一次電池として実用化され，カメラのストロボ用電源などに用いられてきた。

さらに，携帯機器のポータブル化に伴い，小型・軽量な新型二次電池の登場が望まれるようになってきた。しかしながら，実用化されている二次電池はいずれも水系電解液を用いたものであり，小型・軽量化には限界があった。エネルギー密度の高い新型二次電池を求めて，非水系有機電解液二次電池の実用化が望まれてきたが，その開発は困難を極めた。その困難を乗り越えて登場してきたのがLIBなのである。

2.3.2　高容量型新型二次電池開発の流れ

LIBが商品化される1990年代初めまでの高容量新型二次電池開発の背景について紹介したい。非水系有機電解液の提案から，金属リチウム一次電池の商品化，さらに金属リチウム一次電池の二次電池化の試みまでの研究の流れについて述べる。

（1）非水系有機電解液の提案

電池の電解液に水系ではなく非水系有機電解液を用いるという最初の考え方は1958年に提案されている[1]。この非水系有機電解液を用いると，金属リチウムを負極活物質に使うことが可能となり，高起電力が得られることから非常な関心を集めた。1960年代，1970年代にかけて研究が盛んに行なわれ，さま

ざまな電解液溶媒が見いだされてきた。**表 2.3.2** に，溶媒例とそれらの誘電率および粘度を示す。

溶媒は，エチレンカーボネート（ethylene carbonate；EC），プロピレンカーボネート（propylene carbonate；PC）のような高沸点，高誘電率，高粘度という特性を有する溶媒群と，メチルホルメート（methylformate；MF），テトラヒドロフラン（tetrahydrofuran；THF）のような低沸点，低誘電率，低粘度という特性を有する溶媒群に分けられる。

高誘電率溶媒群は電解質を溶かしたときにイオン解離させやすく，また低粘度溶媒群はイオンの移動度が大きいという利点を有し，これら2つの群の溶媒

表 2.3.2　非水系有機電解液用の溶媒

溶　媒	誘電率	粘度（mP·s）
diethylether（DEE）	4.3	0.22
acetone（ACT）	20.7	0.32
methylformate（MF）	8.5	0.33
acetonitrile（AcN）	36	0.34
methyl acetate（MA）	6.7	0.37
propionitrile（PrN）	38.8	0.43
tetrahydrofuran（THF）	7.39	0.46
1, 2-dimethoxyethane（DME）	7.2	0.46
2-methyltetrahydrofuran（2Me-THF）	6.24	0.46
dioxolane（DO）	7.13	0.59
diethyl carbonate（DEC）	3.1	0.59
methyl ethyl carbonate（MEC）	2.9	0.65
nitromethane（NM）	35.9	0.69
dimethylformamide（DMF）	36.7	0.8
N-methylpyrrolidone（NMP）	32	1.67
γ-butyrolactone（GBL）	39.1	1.75
dimethylsulfoxide（DMSO）	46.5	1.99
ethylene glycol sulfite（EGS）	39.6	2.06
3-methyl-2-oxazolidinone（3-Me-2OX）	77.5	2.45
propylene carbonate（PC）	64.4	2.53
dimethylsulfite（DMS）	22.5	0.77（30℃）
ethylene carbonate（EC）	89.6（40℃）	1.85（40℃）
sulfolane（SF）	43.3	10.3（30℃）

を混合して用いられることが多い。

また，電解質としては $LiClO_4$, $LiBF_4$, $LiPF_6$, $LiCF_3SO_3$, $LiAsF_6$ などのリチウム塩が提案され，表 2.3.2 の溶媒または混合溶媒に溶解した種々の電解液が知られている。

(2) 非水系有機電解液一次電池の開発から商品化まで

この非水系有機電解液を用いた電池として，まず実用化を検討されたのが負極に金属リチウムを用いた一次電池である。1960 年代後半から 1970 年代前半にかけて，この金属リチウム一次電池用の正極材料の研究が盛んに行なわれ，種々の化合物が提案された。表 2.3.3 に，提案された金属リチウム一次電池用の正極材料，電池反応式と起電力を示す。

こうした研究の成果として 1970 年代半ばからリチウム／フッ化黒鉛，リチウム／二酸化マンガンなどの金属リチウム一次電池が相次いで製品化された。この金属リチウム一次電池は水系電解液一次電池に比べて，高エネルギー密度，高起電力（3.0〜3.5 V），低自己放電率という特徴を有していた。

金属リチウム一次電池は，その特徴を生かして小型軽量の一次電池が要求される用途分野や，自己放電が非常に小さいことから長寿命が要求される用途分野で用いられるようになり，現在でもカメラストロボ用，メモリバックアップ用などの用途で使用されている。

表 2.3.3 金属リチウム一次電池用の正極材料の電池反応式と起電力

複合体	電池反応式	起電力（V）
CuF_2	$2Li+CuF_2 \rightarrow 2LiF+Cu$	3.54
MnO_2	$Li+MnO_2 \rightarrow MnO_2Li$	3.50
Ag_2CrO_4	$2Li+Ag_2CrO_4 \rightarrow Li_2CrO_4+2Ag$	3.31
$CuCl_2$	$2Li+CuCl_2 \rightarrow 2LiCl+Cu$	3.07
CF	$Li+CF \rightarrow LiF+C$	3.3
I_2	$2Li+I_2 \rightarrow 2LiI$	2.77
MoO_3	$Li+MoO_3 \rightarrow MoO_3Li$	2.75
CuO	$2Li+CuO \rightarrow Li_2O+Cu$	2.24
Bi_2O_3	$6Li+Bi_2O_3 \rightarrow 3Li_2O+Bi$	2.04
FeS_2	$4Li+FeS_2 \rightarrow 2Li_2S+Fe$	1.75
Cu_2S	$2Li+Cu_2S \rightarrow Li_2S+2Cu$	1.74

(3) 非水系有機電解液二次電池の開発の流れ

金属リチウム一次電池の研究とほぼ同時期から、金属リチウム二次電池の研究も始まっていた。前記のように、金属リチウム一次電池が研究の開始から比較的短期間で商品化されたのに対し、その二次電池化の試みは実を結ばなかった。以下、その理由について述べたい。

①金属リチウム負極の研究と問題点

金属リチウムが非水系電解液中で式(1)の反応式に従った可逆的な充放電反応が可能であり、原理的には二次電池負極として機能する。

$$\text{Li} \rightleftarrows \text{Li}^+ + e^- \tag{1}$$

この金属リチウム二次電池負極は意外と古く1965年には知られていた。その後、1970年代、1980年代にかけて金属リチウム二次電池負極に関して集中的な研究がなされた。しかしながら、この金属リチウム負極には致命的な問題点があった。金属リチウムは、その充電反応時、すなわち電解液中のLiイオンが還元され、金属リチウムに戻るときにデンドライト（dendrite；樹枝状結晶）を形成するからであった。このデンドライト形成の典型的な例を図2.3.4に示す。

充電により析出した金属リチウムは、図に見られるようにきわめて細い樹枝状となっている。この現象により、二次電池として2つの点で致命的な問題点

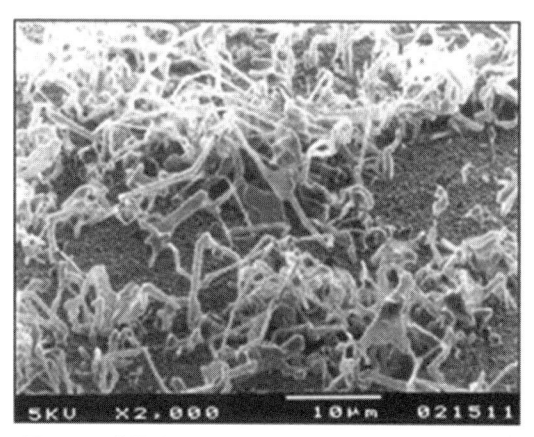

図2.3.4 充電時に発生した金属リチウムデンドライト

をひき起こす。第1は電池特性に対してであり，樹枝状に析出した金属リチウムは必ずしも100％の効率では放電することができないことである。結果として，充放電のくり返しや充電状態で放置したときに容量が低下し，サイクル性の低下，保存特性の低下などにつながり，実用レベルの二次電池として必要な電池特性を達成するのが困難であった。第2にデンドライト形成が充放電によりくり返されることにより，放電しきれなかった樹枝状金属リチウムが蓄積されることである。これは表面積が非常に大きく化学的活性が高くなり，激しい反応を起こすようになる。これは電池の安全性が低下するという問題点につながる。電解液の改良などの多大な努力がなされたが，結局，商品化には至らなかった。

②金属リチウム合金負極の研究と問題点

　金属リチウムは，アルミニウム，スズ，鉛，珪素，アンチモン，砒素などの金属と合金を形成し，このリチウム合金は金属リチウムと同じように電気化学的酸化還元が可能である。金属リチウム負極の上記の問題点を解決すべく，リチウム合金負極を用いるという試みもなされた。図2.3.5に，金属リチウムおよび種々のリチウム合金負極の重量ベースと体積ベースの放電容量を示す。

　リチウム合金は，金属リチウムと比較すると重量ベースでの放電容量は著しく小さくなるが，体積ベースではどの合金も金属リチウムとほぼ同じ放電容量を有している。この合金負極を用いることにより，デンドライト析出の問題は少し軽減されるが，逆に充放電サイクルに伴うリチウム合金の微粉化，膨張収縮など新たな問題点が出てきて根本的な解決策にはならず，やはり実用化には

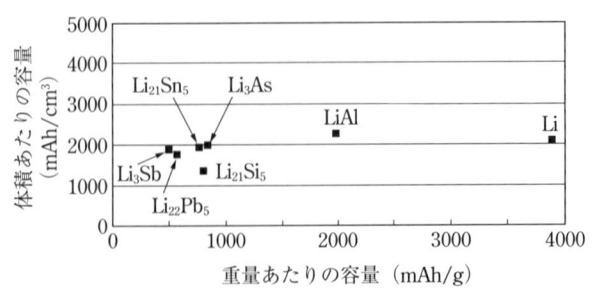

図2.3.5　リチウム金属とリチウム合金の重量ベースと体積ベースの放電容量

至らなかった。

③導電性高分子ポリアセチレンの登場と負極への応用

1977年に電気伝導性を有するポリアセチレンが見いだされた。ポリアセチレンとは，図2.3.6に示すようにアセチレンのZiegler-Natta触媒による薄膜重合により合成され，共役二重結合骨格を有する高分子である。この共役二重結合を構成するπ電子が電気伝導性などの電気特性を発揮する。さらに1981年になり，このポリアセチレンが電気化学的に酸化還元されることが見いだされ，二次電池材料として注目されるようになった。

ポリアセチレンは，図2.3.7に示すようにp-ドーピングに基づく金属リチウム基準4V前後の酸化還元電位と，n-ドーピングに基づく金属リチウム基準約0V前後の酸化還元電位を有しており，このうち後者のn-ドーピング体は二次電池負極材料としての可能性が示された。非水系有機電解液を用いた新

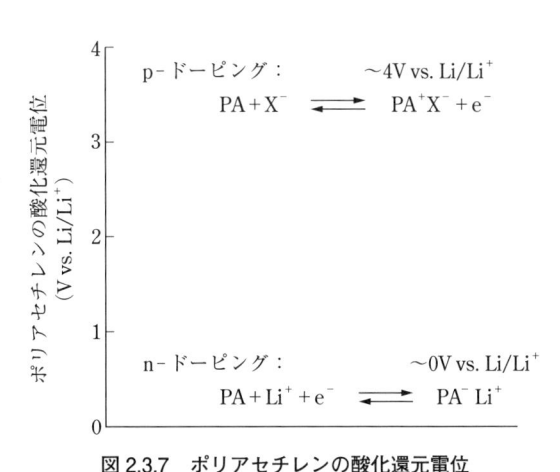

$$HC \equiv CH \xrightarrow[\text{触媒}]{\text{Ziegler-Natta}} $$

図2.3.6 ポリアセチレンの構造

p-ドーピング： ～4V vs. Li/Li$^+$
$PA + X^- \rightleftharpoons PA^+ X^- + e^-$

n-ドーピング： ～0V vs. Li/Li$^+$
$PA + Li^+ + e^- \rightleftharpoons PA^- Li^+$

図2.3.7 ポリアセチレンの酸化還元電位
PA：ポリアセチレン，X：ClO$_4$，BF$_4$，PF$_6$。

表2.3.4 二次電池用の正極材料のリチウム利用率と起電力

複合体	リチウム利用率（モル/モル材料）	起電力（V）
TiS_2	1.0	2.1
VSe_2	1.0	2.0
$Fe_{0.25}V_{0.75}S_2$	1.0	2.2
$Cr_{0.5}V_{0.5}S_2$	1.0	2.3
$Na_{0.1}CrS_2$	1.0	2.3
$NiPS_3$	1.5	1.8
$FePS_3$	1.5	1.8
CuS	0.9	1.7
MoS_3（アモルファス）	3.0	1.9
Cr_3O_8	3.8	3.0
V_6O_{13}（$VO_{2.17}$）	3.6	2.3
V_6O_{13}（$VO_{2.19}$）	6.0	2.2
MoO_3	1.3	2.4

型二次電池の商品化に大きな障害となっていた負極材料に，ポリアセチレンというまったく新しい材料が登場することにより大きな転換期を迎えた。

④非水系二次電池正極材料の研究の流れ

非水系二次電池負極の研究と並行して，1970年代，1980年代に正極の研究も盛んに行なわれた。これまで提案されている非水系二次電池正極材料のリチウム利用率（正極1モルと反応しうるリチウムのモル数）と平均放電電圧を表2.3.4に示す。主として，金属酸化物・金属硫化物のようなカルコゲナイト系化合物が非水系二次電池候補として提案されている。なかでも，二硫化チタン（TiS_2）が有力な正極材料候補として盛んに研究されてきている。そのなかで注目すべき新正極材料$LiCoO_2$が1980年に報告された[5]。LIBの狭義の定義にある「リチウムイオン含有金属酸化物（$LiCoO_2$）」という化合物の最初の例であった。

2.3.3 ポリアセチレン負極／$LiCoO_2$正極という新型二次電池の登場とLIBの誕生

2.3.2(3)③で述べたように，新しい負極であるポリアセチレンの研究は進んでいたが，当時はポリアセチレンと組み合わせるべき正極材料がなかった。当

時知られていた正極材料は，前述の表2.3.4に示したとおりであった。

例として，TiS_2を正極として金属リチウム負極と組み合わせた場合について見てみると，次式の反応が起こり，電池反応に必要なリチウムイオンは負極の金属リチウムから供給され，何の問題もなく電池として機能する。

$$Li + TiS_2 \longrightarrow LiTiS_2$$

しかし，ポリアセチレン（PA）とTiS_2とを組み合わせると，次式のように負極にリチウムイオンが含まれていないので電池として機能しない。

$$PA + TiS_2 \longrightarrow 電池として機能せず$$

この致命的な問題点を解決したのが$LiCoO_2$であった。PA負極と$LiCoO_2$正極と組み合わせることにより，下式のように充電・放電が可能となった。

$$PA + LiCoO_2 \longrightarrow PA^-Li^+ + Li_{1-x}CoO_2$$

LIBの定義で「正極はリチウムイオン含有金属酸化物でなければならない」と述べた理由はここにある。このPA負極／$LiCoO_2$正極という新型二次電池が完成したのは1983年であった。

この「PA/$LiCoO_2$」という新型二次電池はさらに開発が進んでいったが，実用的な観点からの特性を評価していくと，化学的な不安定性，真密度が小さく軽量化はできるが小型化はできないなど，いくつかの問題点が出てきた。そこで，この新型二次電池を製品化するためには，PA（ポリアセチレン）に代わる材料を見つける必要があった。

ポリアセチレンではπ電子が重要な役割を果たしていることを考慮して，カーボン材料がポリアセチレンの代替品となるのではと考えられた。しかし，当時入手可能なカーボンでは負極として使えなかった。その壁を打ち破ったのが「気相成長法炭素繊維（VGCF）」という新しいカーボン繊維材料であった。

VGCFとは気相で合成される炭素繊維であり，有機Fe，Ni化合物を基板上で熱分解させた触媒を用い，ベンゼン，トルエンなどの炭化水素ガスを1000～1500℃で熱分解させることにより得られる炭素繊維であり，図2.3.8に示すように繊維径が約0.1 μmのきわめて細い炭素繊維である。偶然にも，このVGCFという新しいカーボン材料がきわめてすぐれた負極特性を示すことが見いだされたことから，ポリアセチレン負極からカーボン負極という技術転換が行なわれ，現在のLIBが誕生した。

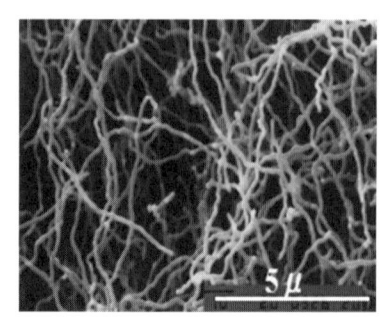

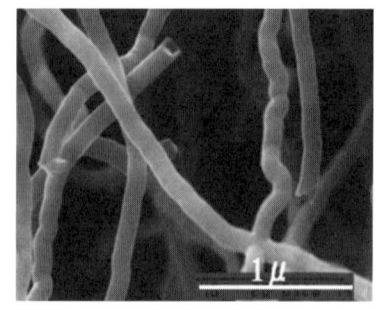

図 2.3.8 VGCF の SEM 写真像

2.3.4 LIB の構成材料と製造方法

次に，現在の LIB の構成材料とその製造方法について述べる。LIB の構成材料を表 2.3.5 に示す。以下，各構成材料について説明する。

(1) 正極材料

LIB の狭義の定義で述べたとおり，正極材料はリチウムイオン含有金属酸化物であり，その具体例としては $LiCoO_2$，$LiNiO_2$，$LiMn_2O_4$ などが挙げられる。さらに，最近では三元系正極として $Li(Ni_{1/3}Mn_{1/3}Co_{1/3})O_2$ が高容量新規正極として登場してきている。これらの正極材料はいずれも 4 V 級正極と称され，LIB の高起電力を生み出す要素技術となっている。これらの 4 V 級正極材料は，Co，Ni，Mn などの金属酸化物と炭酸リチウムなどのリチウム塩と

表 2.3.5 リチウムイオン電池の主構成材料

	構成材料
正極材料	$LiCoO_2$，$LiNiO_2$，$LiMn_2O_4$
負極材料	カーボン（グラファイト，ハードカーボン）
電解液溶媒	炭酸エチレン，炭酸プロピレン，炭酸ジメチル，炭酸ジエチル
電解質塩	$LiPF_6$，$LiBF_4$
セパレーター	ポリエチレン微多孔膜
バインダー	ポリビニリデンフルオライド，SB ラテックス
正極集電体	アルミ箔（10～25 μm）
負極集電体	銅箔（10～25 μm）

を750〜900℃の温度での焼成反応にて得られる。一方, 高起電力という特徴は犠牲になるが, 安定性を求めた材料としてLiFePO$_4$などの3.5V級正極も一部で使用されはじめている。

(2) **負極材料**

負極材料はカーボン材料であり, 主として用いられているのは高結晶性のグラファイト(黒鉛)であり, 人造黒鉛系と天然黒鉛系が使い分けられている。人造黒鉛系の原料は, 主として石油ピッチ・石炭ピッチなどのピッチ系材料であり, 原料ピッチの選択, 焼成条件, ミクロ構造制御などの条件により種々のグラファイト材料が提案されている。天然黒鉛は人造黒鉛に比べて価格的に有利であるが, 電池特性的には劣る。その解決策として, 天然黒鉛の表面を人造黒鉛で被覆したコア・シェル構造とすることにより, 低価格と電池特性を両立させたグラファイト材料も使用されている。

グラファイト系以外のカーボン材料として一部で使用されているのは, ハードカーボン系材料である。ハードカーボンとは別名「難黒鉛性カーボン」と称されるように, 酸素, 窒素などのヘテロ原子をカーボン骨格に導入することにより, 高温で熱処理をしてもグラファイト化が起こりにくいカーボン材料である。

このハードカーボン系材料は, 負極の電位曲線が平坦なグラファイト系と異なり, 傾斜形の電位曲線を有しているために急速充電に有利な材料である。とくに, 急速充電が要求される電気自動車の一種であるHEV(hybrid electric vehicle)などの用途に期待されている。

高容量化を図るために, カーボン系負極材料ではなく, Si, Snなどの合金系負極も開発が進められている。

(3) **バインダー**

図2.3.9にLIBの電極構造を示す。バインダーとは, 粉末状の正負極材料を集電体に塗布して電極を製造するときの結着剤である。一般に, 電池電極に用いるバインダーの役割は以下のとおりである。

- 活物質粒子どうしを結着し, 粒子間の電気的接触と機械的強度を維持する
- 活物質粒子と集電体とを結着し, 粒子と集電体との電気的接触と機械的強度を維持する

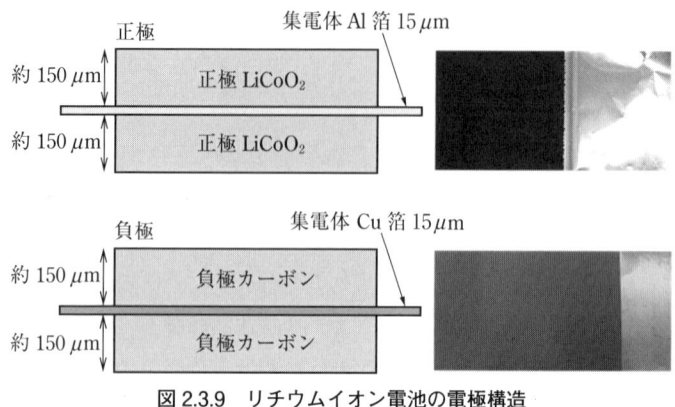

図2.3.9　リチウムイオン電池の電極構造

- 電極のイオン伝導性を妨げない
- 電極層に電解液が浸透できるような均一な空隙を保つ

バインダーは電極内に均一に分散し，機械的強度を発現すると同時に電気的絶縁性・イオン的絶縁性というマイナス面をできるだけ抑制する．この電極の製造工程は図2.3.10に示すとおりであり，正負活物質をバインダー溶液に分散させたスラリーを金属箔集電体に塗布し乾燥させることで製造される．このときに問題になるのが binder migration という現象である．binder migration とは，乾燥工程において溶解していたバインダー樹脂が溶剤の蒸発とともに表層に移動していく現象である．

binder migration 現象が起こるとバインダー樹脂は表層に集中し，電極のイオン伝導性・電子伝導性を著しく損い，満足な電池特性が発現しない．逆に，集電体側にはバインダ樹脂が非常に少ない状態となり，集電体と活物質との密着力が低下し，電極のはがれなどの現象が起こる．これもやはり電池特性を著しく損う．このやっかいな binder migration を抑制するには，以下のようにいくつかの方策がある．

- 塗工液の固形分濃度を高くする
- 塗工液の粘度を高くする
- 乾燥工程での加熱方法や温度プロファイルなどを最適化する

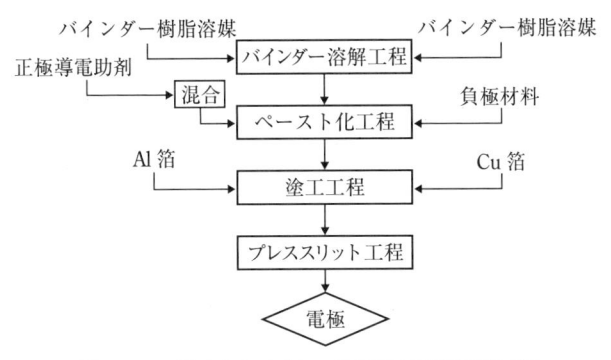

図 2.3.10 リチウムイオン二次電池の電極製造工程

● 最適なバインダー樹脂を選定する

このなかで最も重要なのは，binder migration が起こりにくいバインダー樹脂を選定することであり，ポリフッ化ビニリデン高分子溶液系と SB ラテックス水分散体系の2種のバインダー系が選定されている。ただし，ラテックスのような水分散体は粘度が低すぎて binder migration が起きてしまい，良好な電極塗膜は得られない。そこで，カルボキシメチルセルロース（CMC）のような水溶性増粘剤が併用して用いられている。現在では主として，正極用バインダーにはポリフッ化ビニリデン，負極用バインダーにはラテックス系，という棲み分けがなされている。

(4) 電解液

電解液としては，炭酸エチレンや炭酸プロピレンなどの環状炭酸エステルと，炭酸ジメチルや炭酸ジエチルなどの鎖状炭酸エステルの混合溶媒に，$LiPF_6$ や $LiBF_4$ などの電解質塩を溶かしたものが用いられている。電解液として最も重要な特性はイオン伝導性であり，このイオン伝導性を支配する因子には2つある。1つは電解液溶媒の溶解した電解質塩がイオン解離する必要があり，それを支配しているのは溶媒の誘電率である。そのため，高い誘電率を有する炭酸エチレン，炭酸プロピレンなどの環状炭酸エステル類が選定されている。他の1つの因子は解離したイオンの移動度であり，それを支配しているのは溶媒の粘度である。そのため，低い粘度を有する炭酸ジメチル，炭酸ジエチルなど

の鎖状炭酸エステル類が選定されている。

表 2.3.2 に示した種々の溶媒の誘電率と粘度から明らかなように，高誘電率と低粘度を両立させる溶媒はないので，高誘電率の環状炭酸エステルと低粘度の鎖状炭酸エステルを混合して用いている。

(5) セパレーター

セパレーターには，電気的絶縁性とイオン伝導性の両方の性質が要求され，$0.01 \sim 0.1 \mu m$ の微細孔を有したポリエチレンフィルム（膜厚 $10 \sim 30 \mu m$）が用いられている。この微細孔に電解液が含浸することによりイオン伝導性が発現する。LIB にはポリオレフィン製の微多孔膜系セパレーターが用いられている。ポリオレフィンとして主として高密度ポリエチレン（HDPE）が用いられ，一部にポリプロピレン（PP）が用いられている。

微多孔膜系セパレーターは，その製法の違いにより 3 種類に分類される。図 2.3.11 に，これら 3 種類のセパレーターの SEM 写真像を示す。

①乾式一成分系微多孔膜系セパレーター

ポリマーの溶融押出しフィルム化での冷却過程で延伸により，球晶を起点とする微細孔を形成させて製造される。原材料としてポリマー以外の材料を用いないことと，乾式押出し成形工程のみで製造されることから，乾式一成分系と称される。製造工程が簡素であり，コスト的にも有利である反面，孔径や孔構造などの制御が困難であり，セパレーターとしての微妙な物性制御が難しいという欠点を有する。

③湿式二成分系微多孔膜系セパレーター

可塑剤をあらかじめ混練したポリマーの溶融押出しフィルム化での冷却過程での高分子ミクロ相分離と可塑剤の抽出により，微細孔を形成させて製造される。ポリマーと可塑剤の 2 成分を原材料として用い，可塑剤の溶剤抽出工程が伴うことから，湿式二成分系と称されている。ポリマーの選択，可塑剤の選択により孔径や孔構造などの制御範囲が広く，セパレーターとしての微妙な物性制御の自由度が大きい。

④湿式三成分系微多孔膜系セパレーター

可塑剤と無機フィラー微粒子をあらかじめ混練したポリマーの溶融押出しフィルム化での冷却過程での高分子ミクロ相分離と可塑剤，無機フィラーの抽出

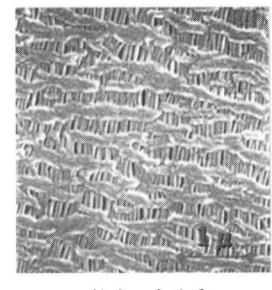

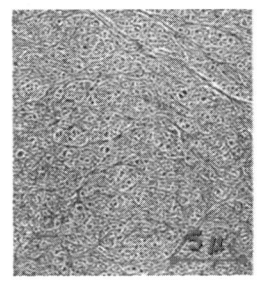

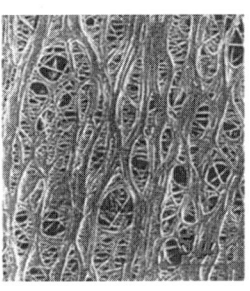

乾式一成分系　　　　湿式二成分系　　　　湿式三成分系

図 2.3.11　セパレーターの種類と孔構造

により，微細孔を形成させて製造される。ポリマーと可塑剤と無機フィラーの三成分を原材料として用い，可塑剤，無機フィラーの湿式抽出工程が伴うことから，湿式三成分系と称されている。ポリマーの選択，可塑剤の選択，無機フィラーの選択により，孔径や孔構造などの制御範囲が広く，セパレーターとしての微妙な物性制御の自由度が最も大きい。前記の乾式一成分系，湿式二成分系に比べて孔径を大きくすることができ，イオン透過性の大きい（抵抗の低い）セパレーターを製造することができる。

以上の3種類のセパレーターはそれぞれの特徴を有し，目的に応じて使い分けられている。

(6) 集電体

集電体として正極は Al 箔，負極は Cu 箔が用いられている。金属箔を集電体に用いるというのが LIB の電極技術のユニークな点である。この集電体に求められる特性は以下のとおりである。

- 電気化学的安定性
- 良電子電導性

● 箔化の容易さ

電気化学の原理からして 4 V 以上の電位に耐える正極部材は，金や白金などの貴金属しかありえないが，不働態化により安定化する Al が例外的にこの電位で安定となり使用できる。一方，負極集電体の材質選定には負極の電位でリチウムと合金をつくらないという電気化学的特性が必要であり，Cu が選定されている。幸いにも Al，Cu，ともに良電子電導体であり，また箔にすることが容易な材料である。

[参考文献]
1) W. S. Harris : Ph. D. Thesis UCRL-8381, University of California, Berkley (1958)
2) J. O. Besenhard, G. Eichinger : *J. Electroanal. Chem.*, **60**, 1 (1976)
3) J. E. Jr. Chilton, W. J. Conner, W. J. Cook, A. W. Holsinger : Lockeed Missiles and Space Co. Final Report on AG-33 (615)-1195, AFAPL-TR-147 (1965)
4) H. Shirakawa, E. J. Louis, A. G. MacDiarmid, C. K. Chiang, A. J. Heeger : *J. Chem. Soc. Chem. Commn.*, 578-580 (1977)
5) K. Mizushima, P. C. Jones, P. J. Wiseman, J. B. Goodenough : *Mat. Res. Bull.*, **15**, 783 (1980)
6) 吉野彰・実近健一：特願昭 58-233649

2.4 燃料電池

2.4.1 燃料電池と使用される触媒の概要

燃料電池は，使用する電解質により，リン酸型，溶融炭酸塩型，固体電解質型および固体高分子型に分類される（表 2.4.1）。これらのなかで，固体高分子型は家庭コジェネレーションとして実用化され，自動車やモバイル電子機器用電源として有望視されている。リン酸型はオフィスや工場などのコジェネレーションとして実用化されている。これらよりもさらに高い発電能力をもつのは，溶融炭酸塩型である。

固体高分子を電解質膜に使用する燃料電池のなかで，メタノールをアノード燃料とするものは直接メタノール型燃料電池（direct methanol fuel cell；DMFC）とよばれ，水素ガスをアノード燃料とするものは固体高分子型燃料電池（polymer electrolyte fuel cell；PEFC）とよばれる。これらは常温常圧で

表 2.4.1　燃料電池の分類

	固体高分子型	リン酸型	固体酸化物型	溶融炭酸塩型
電解質	固体高分子膜	リン酸	安定化ジルコニア	炭酸塩
発電温度	室温～90℃	200℃	700～1000℃	650～700℃
発電効率	30～40%	35～42%	40～65%	40～60%
発電規模	数～数百 W	20～1万 kW	1～数十万 kW	数百～数十万 kW
開発段階	研究～実用化	商用化	研究～実用化	実証
陽極燃料	水素，メタノール	水素	水素	水素
陰極燃料	酸素	酸素	酸素	酸素／二酸化炭素

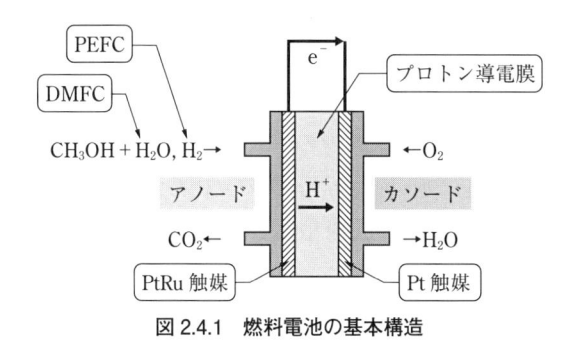

図 2.4.1　燃料電池の基本構造

発電が可能である。

図 2.4.1 に DMFC と PEFC の基本構成を示す。電池の中心にプロトン導電膜があり，その両側にアノードおよびカソード触媒層が配置されている。DMFC ではアノードにメタノールと水，PEFC では水素がアノードに供給される。カソードには DMFC，PEFC ともに酸素が供給される。

DMFC と PEFC の各極での化学反応を下式に示す。

[DMFC]　全反応：$CH_3OH + \frac{3}{2}O_2 \longrightarrow CO_2 + 2H_2O$ 　　　(1)

　　　　　アノード反応：$CH_3OH + H_2O \longrightarrow CO_2 + 6H^+ + 6e^-$ 　　(2)

　　　　　カソード反応：$\frac{3}{2}O_2 + 6H^+ + 6e^- \longrightarrow 3H_2O$ 　　(3)

[PEFC]　全反応：$H_2 + \frac{1}{2}O_2 \longrightarrow H_2O$　　　　　　　　　　(4)

　　　　アノード反応：$H_2 \longrightarrow 2H^+ + 2e^-$　　　　　　　　　　(5)

　　　　カソード反応：$\frac{1}{2}O_2 + 2H^+ + 2e^- \longrightarrow H_2O$　　　　　　　(6)

　これらの化学反応は常温・常圧では進行しないため，アノードとカソードには触媒が使用されている。アノード触媒にはDMFC，PEFCともに白金ルテニウム（PtRu）触媒，カソード触媒には白金（Pt）触媒が使用されている。DMFCとPEFCの起電力は約1.2 Vであるが，実際の電池でこの電圧を得ることはできない。

　図2.4.2に，DMFCとPEFCのアノードおよびカソードの分極特性（反応抵抗あるいは活性化エネルギー）を示す。DMFCとPEFCのカソードでの化学反応は酸素還元反応であり，両者の分極は等しい（厳密には等しくないが，ここでは等しいとする）。一方，アノードの分極特性は大きく異なる。DMFCのアノード反応であるメタノール酸化反応に基づく分極は，PEFCの水素酸化反応に比較して著しく大きい。このことは，メタノール酸化反応の活性化エネルギーが水素酸化反応と比較してきわめて大きいことを示している。電池電圧はアノードとカソードの分極曲線の差で与えられるため，図に示したようにDMFCで得られる電池電圧はPEFCに比べて小さくなる。DMFCでの最も重要な課題のひとつは，アノード分極を減少させ電池電圧を高めることである。

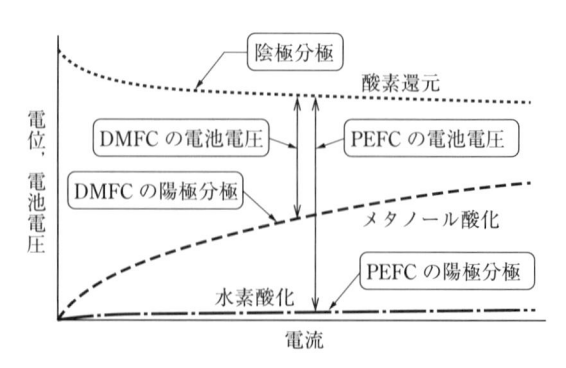

図2.4.2　DMFCとPEFCの分極特性

燃料電池に触媒として使用される白金はきわめて高価な貴金属である（2011年1月19日の白金小売価格は1gあたり3831円）。Pt触媒は酸化状態にあるPt前駆体化合物を還元して合成される。Pt前駆体として最も安価な化合物は六塩化白金酸六水和物（$H_2PtCl_6 \cdot 6H_2O$）であり，その試薬価格は1gあたり2750円である（和光純薬工業カタログ，2010年より）。この試薬から1gの金属Pt触媒を合成するために必要な試薬コストは7300円と算出される。

　携帯電話を駆動させるために必要な出力は約1Wであり，1Wの出力を得るために必要なPt試薬コストを試算した。前述したように，メタノール酸化反応の活性化エネルギーはきわめて大きい。このため，DMFCでは1Wの出力を得るためにPEFCの約80倍のPt触媒が必要であり，その試薬コストは1Wあたり約3300円になる。

　このように高額な試薬コストでは，DMFCを広く世の中に普及させることは困難である。したがって，DMFCではPtRuアノード触媒のメタノール酸化活性を高め，その使用量を極限まで削減することが重要な研究課題である。

　燃料電池を実用化するためには，触媒を担持したアノードとカソードの電極材料，電解質，膜材料，電極反応を高活性度化してその活性度を維持するための機構，燃料となる水素ガスやメタノールの貯蔵と供給のための構造とその材料，セル全体を収納する容器など，さまざまな面からの研究開発が必要である。これらのうち，とくに電池の性能を決定する材料という観点からPtRuアノード触媒に注目し，その作用機構や特徴について詳しく説明しよう。なお現在，PtRuアノード触媒はDMFCの最良の触媒であると考えられている。

2.4.2　燃料電池用PtRu触媒の概要
(1)　バイファンクショナル機構

　DMFCのアノード燃料であるメタノールはPt触媒上で酸化され，最終的に二酸化炭素（CO_2）に変化するが，この酸化反応の過程で一酸化炭素（CO）が生成する。COはPt触媒表面に化学吸着する触媒毒である。Pt単独触媒を使用した場合，メタノール酸化反応の進行に伴ってPt触媒表面がCOで覆われ，やがて失活する。メタンやメタノールを改質して得られる水素ガスをアノード燃料に使用するPEFCの場合，改質水素ガス中に微量に残存するCOが

Pt触媒表面に化学吸着し，同様の現象が起きる。

このCO被毒の問題に対して，PtにRuを添加することで耐CO被毒特性が大幅に向上することが知られている。DMFCの場合を例に，Ru添加によるPt触媒のCO被毒軽減は以下のように説明される[1]。まず，式(7)に従いメタノールの酸化過程でCOが生成し，Pt触媒表面に化学吸着する。これがCOによるPt触媒の被毒である。一方，Ruは水との親和性が高く，式(8)に従って水が化学吸着して水酸基を生成する。生成した水酸基がPt触媒表面に化学吸着したCOを攻撃し，式(9)に従ってCO_2に酸化する。

$$CH_3OH + Pt \longrightarrow Pt\text{-}CO + 4H^+ + 4e^- \tag{7}$$

$$Ru + H_2O \longrightarrow Ru\text{-}OH + H^+ + e^- \tag{8}$$

$$Pt\text{-}CO + Ru\text{-}OH \longrightarrow Pt + Ru + CO_2 + H^+ + e^- \tag{9}$$

Ruは，メタノールや水素を酸化する触媒作用はもたず，PtのCO被毒を軽減する助触媒である。Ru添加によってPt触媒のCO被毒が軽減される機構は，「バイファンクショナル機構（bi-functional mechanism）」とよばれている。この反応機構から，少なくともPtRu触媒の表面ではPt原子とRu原子が十分に混合し，互いに近接して存在することが必要である。また，上述した反応機構から，触媒組成として$Pt_{50}Ru_{50}$（atom%）が最も高活性であることが報告されている[2]。

図2.4.3(a)と(b)にPtRu触媒表面の模式図を示す。表面組成は両者とも$Pt_{50}Ru_{50}$である。(a)では左半分がすべてPt原子，右半分がすべてRu原子

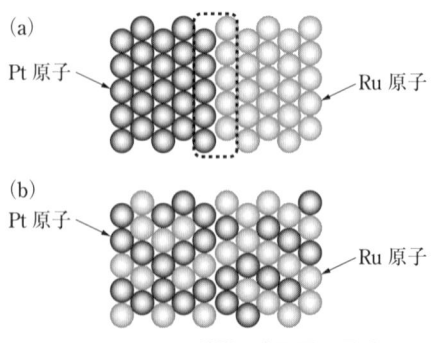

図2.4.3　PtRu触媒の表面原子配列

であり，上述したバイファンクショナル機構が有効に機能すると考えられる領域は，破線で示したPt原子とRu原子の境界部のみである。一方，(b)ではPtとRu原子が十分に混合しており，すべての領域でバイファンクショナル機構が有効に機能すると考えられる。

このように，PtRu触媒において耐CO被毒特性を高めるためには，単純にRuを添加するだけでなく，その微細構造を原子レベルで制御することが重要である。

(2) リガンドモデル

PtRu触媒の耐CO被毒性を説明するもうひとつの考え方として，「リガンドモデル（ligand model）」がある[3]。このリガンドモデルを周期表によって概説する。図2.4.4に示した周期表では，左側の族の元素から右側の族の元素に向かって順次電子が充填され，その電子数が増加していく。

この周期表において，RuはPtの左側に位置しており，この2つの元素が混合して合金化すると，電子は電子リッチなPtからRuに流れる傾向を示す。Pt触媒のCO被毒現象を模式的に図2.4.5に示す。CO分子がPt触媒表面に接近すると，Ptの電子がCO分子の反結合性軌道である$2\pi^*$軌道に配位する。CO分子によるPt触媒の被毒は，この電子の配位によって生じる化学結合に基づいている。

したがって，この配位結合に基づくCO分子の化学結合を抑制するには，Ptの供与可能な電子密度を低下させることが考えられる。前述したように，PtとRuが合金化するとPtの電子はRu側に流れ，Ruと合金化したPtではその電子密度がPt単体の場合に比べて低下する。Ruとの混合合金化によって

I	II	III	IV	V	VI	VII	VIII	IX	X	XI	XII	XIII	XIV	XV	XV	XVII	XVIII
H																	He
Li	Be											B	C	N	O	F	Ne
Na	Mg											Al	Si	P	S	Cl	Ar
K	Ca	Sc	Ti	V	Cr	Mn	Fe	Co	Ni	Cu	Zn	Ga	Ge	As	Se	Br	Kr
Rb	Sr	Y	Zr	Nb	Mo	Tc	Ru	Rh	Pd	Ag	Cd	In	Sn	Sb	Te	I	Xe
Cs	Ba	La	Hf	Ta	W	Re	Os	Ir	Pt	Au	Hg	Tl	Pb	Bi	Po	At	Rn

図2.4.4　周期表

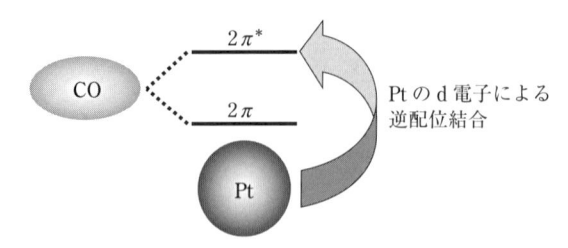

図 2.4.5　Pt 触媒の CO 被毒現象

Pt の電子密度が低下し，CO 分子との化学結合が抑制される結果，耐 CO 被毒特性が向上すると考えられている。

2.4.3　PtRu 触媒の微粒子化による高活性化

触媒反応は触媒粒子の固体表面で進行するため，触媒活性を高めるには触媒を微粒子化し，その比表面積を増大させることが有効である。次の(1)で，PtRu 触媒に非金属元素を添加して微粒子化を図った研究について紹介する[4]。

(1)　非金属元素添加による PtRu 触媒の微粒子化とその効果

PtRu 触媒に添加する非金属元素として，ホウ素（B），窒素（N），ケイ素（Si），リン（P），硫黄（S）を選択した[4]。エチレングリコールを還元剤とするアルコール還元法[5]により触媒を合成した。アルコール還元法は，アルコールがアルデヒドに酸化される際に放出される電子によって金属イオンを還元する手法の総称である。

Pt と Ru の前駆体としてアセチルアセトナト白金（Ⅱ）〔$Pt(acac)_2$〕とアセチルアセトナトルテニウム（Ⅲ）〔$Ru(acac)_3$〕，非金属元素前駆体およびカーボン担体をエチレングリコールに加え，窒素雰囲気下，200℃で還流することによって触媒をカーボン担体上に還元析出させた。

表 2.4.2 に，合成した PtRu 触媒の粒径を示す。触媒粒径は，X 線回折パターンの（220）面にシェラー（Scherrer）の式を適用し算出した平均粒子径である。非金属元素として P, S および N を添加した場合，PtRu 触媒の粒径が減少した。とくに，P 添加の効果が大きく，PtRu 触媒の粒子径は未添加時の 3.7 nm から 2.1 nm に減少した。

図 2.4.7 は，高分解能走査型電子顕微鏡（high resolution scanning electron microscope；HRSEM）により，PtRu 触媒と P を 11 atom% 添加した PtRuP 触媒を観察した結果である。P 添加により PtRu 触媒の粒子径が 4～5 nm から 2 nm に大きく減少していることが確認できる。微粒子化は，PtRu 触媒の粒

コラム	触媒微粒子化とアルマイト

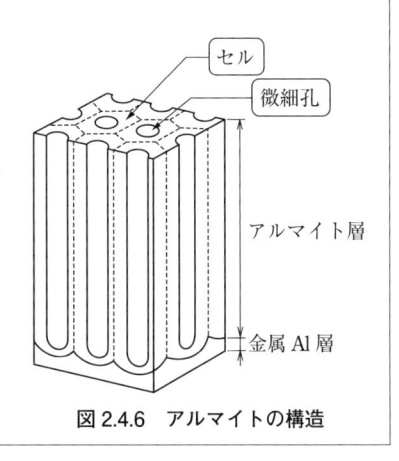

　非金属元素を添加して PtRu 触媒を微粒子化する発想は，アルマイト磁性膜の研究にさかのぼる。アルマイト皮膜は，6 回対称の構造をもつセルが集まりハニカム構造を有している。セルの中心には微細孔が膜面垂直方向に成長しているので，この微細孔中に強磁性金属をめっき充填すれば，磁性体の形状効果によって磁気異方性が生じ，その結果，めっき膜は垂直磁気異方性を示すと考えられる。

　筆者の研究室では，1986 年よりアルマイトの微細孔に鉄（Fe）をめっき充填し，垂直磁気記録用媒体に応用する研究を行なっていた。当時の研究課題は，Fe めっきしたアルマイト磁性膜の保磁力を 1000 Oe 未満に制御することであった。1980 年代の磁気記録ヘッドでは，記録用に取り出せる外部磁界が 1000 Oe 程度であり，使用する磁気記録媒体の保磁力を 1000 Oe 未満に制御しなければ，十分な磁気記録を行なうことができなかったのである。

　アルマイト微細孔中への Fe めっきには硫酸鉄（$FeSO_4$）を使用していた。しかし，2 価の Fe イオンは溶存酸素によって容易に酸化され，酸化水酸化鉄（FeOOH）を生成してめっき液は茶褐色に濁った。この酸化反応を抑制するため，Fe めっき浴中に還元剤として次亜リン酸ナトリウム（$NaPH_2O_2$）を添加した。その結果，Fe イオンの酸化反応がみごとに抑制され，Fe めっき浴は透明なエメラルドグリーン色を保った。驚いたことに，$NaPH_2O_2$ を添加した Fe めっき浴を用いた場合，アルマイト磁性膜の保磁力が 500 Oe まで低下したのである。詳細な検討の結果，Fe 粒子にリン（P）が含有され，Fe の結晶子サイズが大きく減少していることが明らかになった[6]。

図 2.4.6　アルマイトの構造

表 2.4.2　非金属元素を添加した PtRu 触媒の粒径

添加元素	PtRu 触媒粒径（nm）
なし	3.7
B	3.2
Si	3.3
P	2.1
S	2.3
N	2.8

子成長過程において，それらの金属結合に P が介入して金属結合が P で切断され，PtRu 触媒の粒子成長が抑制されたことによると推測される。

図 2.4.8 に，粒子径が 2 nm に微細化し，その組成を最適化した PtRuP 触媒（$Pt_{65}Ru_{24}P_{11}$）のアノード分極特性を調べた結果を示す。P 添加により微粒子化した PtRuP 触媒では，PtRu 触媒に比べてメタノール酸化反応の分極が抑えられていることがわかる。たとえば，電流密度 100 mA/cm^2 ではアノード分極は 0.46 V から 0.30 V へと 0.16 V 低減している。P 添加により粒子径が 2 nm に微粒子化した PtRuP 触媒において，メタノール酸化活性が向上したことを示している。

図 2.4.9 は DMFC の出力密度特性である。図中の DMFC は，燃料であるメタノール水溶液と空気を自然拡散によってアノードとカソードに供給するタイプである（このタイプをパッシブ型とよび，ポンプなどで燃料を供給するタイ

(a) PtRu 触媒　　　(b) PtRuP 触媒

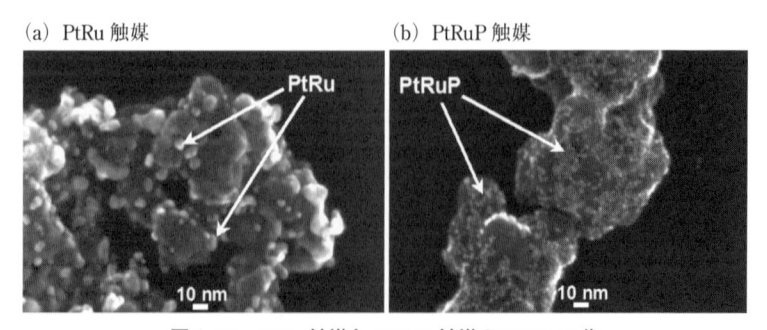

図 2.4.7　PtRu 触媒と PtRuP 触媒の HRSEM 像

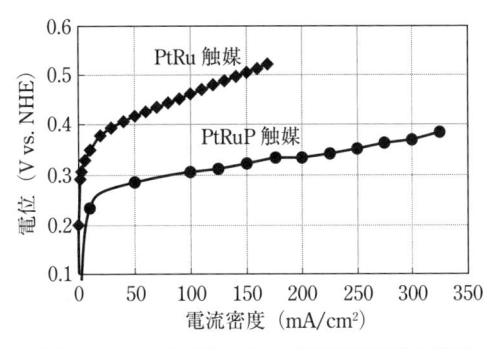

図 2.4.8　PtRu 触媒と PtRuP 触媒の陽極分極特性

プをアクティブ型とよぶ)。最適化した PtRuP アノード触媒の使用により，最高出力密度は $38\,\mathrm{mW/cm^2}$ から $64\,\mathrm{mW/cm^2}$ に向上した。最高出力密度を与える領域は高電流密度領域であり，燃料供給にポンプなどを使用しないパッシブ型 DMFC では反応物質の拡散律速になっている。反応物質の拡散律速に至っていないと考えられる電池電圧 0.4 V では，PtRuP アノード触媒の使用により，出力密度は $16\,\mathrm{mW/cm^2}$ から $40\,\mathrm{mW/cm^2}$ と 2.5 倍に高まった[4]。

P などの非金属元素を PtRu 触媒に添加する場合，その前駆体化合物の選択には注意が必要である。表 2.4.3 に PtRu 触媒の微粒子化に対する各種前駆体化合物の有効性をまとめた。重要な点は，前駆体化合物中の P, S, N の原子価が，それらの元素の最高原子価に達していない前駆体化合物を使用すること

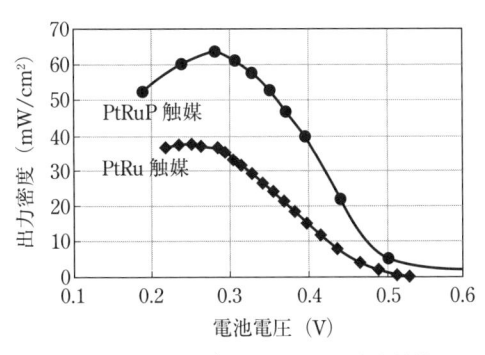

図 2.4.9　パッシブ DMFC の出力密度特性

2.4　燃料電池

表 2.4.3 非金属元素添加に使用する前駆体の有効性

添加元素	前駆体	添加元素の原子価	PtRu 触媒粒径 (nm)
なし	—	—	3.7
P	$NaPH_2O_2$	+1	2.1
	Na_2HPO_3	+3	2.3
	NaH_2PO_4	+5	3.6
S	$Na_2S_2O_3$	+2	2.3
	Na_2SO_3	+4	2.5
	Na_2SO_4	+6	3.7
N	$NaNO_2$	+3	2.8
	$NaNO_3$	+5	3.6

である。たとえば，P 添加の場合，最高原子価（P の場合は +5 価）に達しているリン酸二水素ナトリウム（NaH_2PO_4）を使用しても，PtRu 触媒を微粒子化することはできない。一方，原子価が +1 価と +3 価の次亜リン酸ナトリウム（Na_2HPO_3）および亜リン酸水素二ナトリウム（Na_2HPO_3）を使用すれば，PtRu 触媒を微粒子化することができる。最高原子価状態の P，S，N 原子では，それら電子配置が希ガスと同じ配置になっており，オクテット則（Octet rule）によって安定化する。このため，酸化還元反応に対する障壁がきわめて高くなっていることに関連していると考えられる。

(2) P の存在状態

PtRuP 触媒における P の存在状態について各種分析を行なった。分析電子顕微鏡を用いて，P の存在箇所を調べているようすを図 2.4.10 に示す。

分析箇所はカーボン担体上（C-1 と C-2）および PtRu 触媒粒子上（PtRu-1 と PtRu-2）であり，電子線の直径を 0.7 nm にしぼって分析した。その結果，表 2.4.4 に示すようにカーボン担体上では Pt，Ru，P はまったく検出されなかったが，PtRu 触媒粒子上ではすべての元素が検出された。この結果から，P は PtRu 触媒粒子と共存していることがわかった。

PtRuP 触媒の P 組成を蛍光 X 線（X-ray fluorescence spectroscopy；XRF）と XPS で分析した結果，P 組成は XRF で 5 atom%，XPS で 13 atom% であ

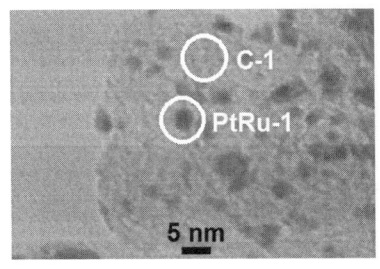

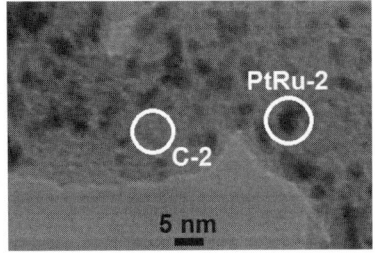

図 2.4.10　PtRuP 触媒の分析電子顕微鏡像

り，XPS で分析した場合に高濃度の P が検出された。XRF の分析深さはミクロン程度であり，XPS では表面近傍（約 6 nm）の情報が得られる。したがって，この分析結果は P が PtRu 触媒の表面近傍に偏在していることを示唆している。

このことを調べるため，X 線源にアルミニウム（Al）とマグネシウム（Mg）を使用して PtRuP 触媒の XPS 組成分析を行なった。Mg は Al に比べて X 線のエネルギーが低いので，Mg を X 線源に使用した場合，より表面近傍にフォーカスした情報を得ることができる。Mg を X 線源にした場合，P 組成は 16 atom% であり，Al を X 線源に用いた場合の 13 atom% に比較し，わずかではあるが P 濃度が高く検出された。この結果は，P が PtRu 触媒表面に偏在していることを支持するものである。

PtRuP 触媒に存在する P の化学的存在状態を XPS で分析した。得られた XPS スペクトルを図 2.4.11 に示す。原子価 ±0 の P（129.8 eV）は存在せず，金属リン化物に起因するわずかなピーク（128.7 eV）が存在している。メインピークは結合エネルギー 133 eV 付近に存在し，ほとんどの P が酸化状態で存

表 2.4.4　分析電子顕微鏡による組成分析結果

分析箇所	Pt（atom%）	Ru（atom%）	P（atom%）
C-1	0	0	0
C-2	0	0	0
PtRu-1	44	50	6
PtRu-2	39	54	7

在していると考えられる。

　PtRuP 触媒を高分解能電子顕微鏡で観察した結果を図 2.4.12 に示す。それぞれの触媒粒子には明瞭な格子像が観察され，PtRuP 触媒は高い結晶性を有している。P 含有に伴う PtRu の (111) 面の格子間隔の変化を X 線回折法 (X-ray diffractometry; XRD) で調べた結果を図 2.4.13 に示す。PtRu (111) 面の格子間隔 0.224 nm は P 含有量に依存せず，ほぼ一定値を維持している。

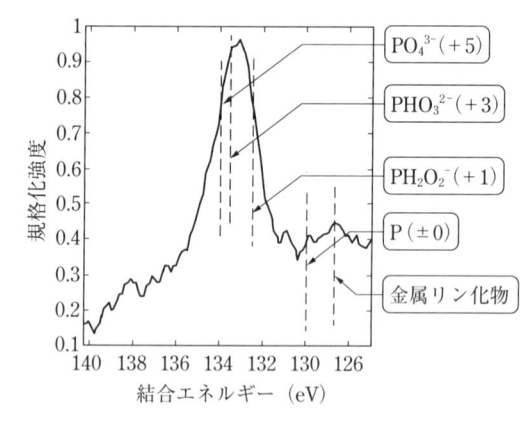

図 2.4.11　PtRuP 触媒の P2$_p$ XPS スペクトル

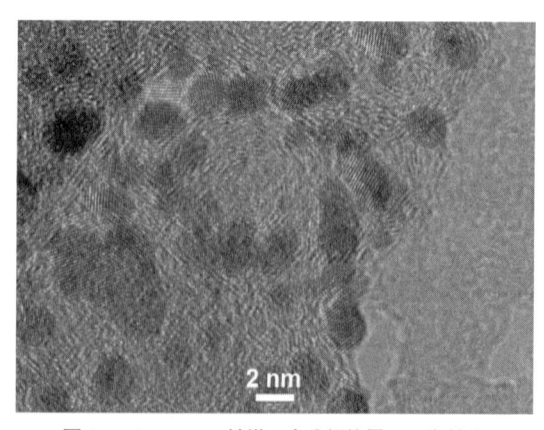

図 2.4.12　PtRuP 触媒の高分解能電子顕微鏡像

したがって，P含有によってPtP_xやRuP_xなどの金属間化合物は形成されていないと考えられる。P添加によるPtRu触媒の微粒子化を世の中で初めて行ない，Pの存在状態を図2.4.14に模式的に示した。PtRuP触媒中のPは，PtRu粒子の表面に酸化した状態で偏在していると考えられる。

(3) PtRuP触媒の特徴

触媒を微粒子化するためには，Pなどの非金属元素を添加する代わりに，高比表面積のカーボン担体を使用することによっても可能である。しかし，高比表面積カーボン担体には多くの微細孔が存在する。この微細孔に埋没した触媒粒子では，燃料およびプロトン導電性分子と接触する確率が低下し，触媒の利用率が低下する。

しかし，図2.4.15に示すように，低比表面積カーボン担体を使用すると触媒粒径が増大する結果，触媒粒子の比表面積が減少して活性が高まらない。こ

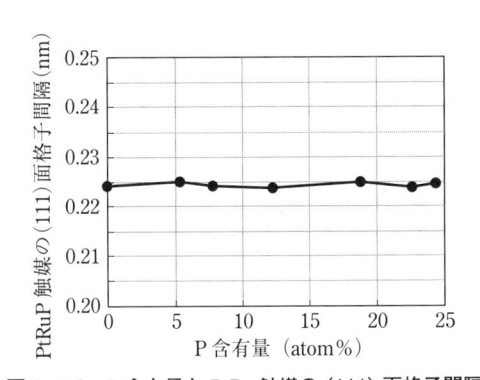

図2.4.13 P含有量とPtRu触媒の(111)面格子間隔

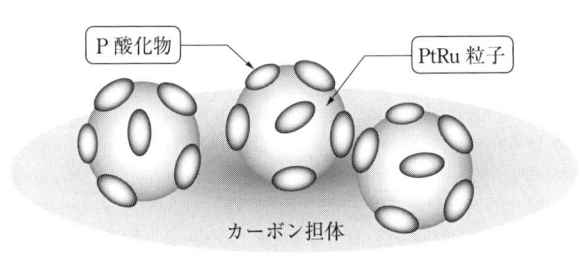

図2.4.14 PtRuP触媒中でのPの存在状態

2.4 燃料電池

のように従来の触媒では，高比表面積カーボン担体の使用により触媒粒子を微細化して高活性化を図ることと，触媒の利用率を高めることのあいだにはトレードオフの関係が存在していた．しかし，PtRuP触媒では，カーボン担体の比表面積が20〜800 m^2/gのあいだで，その粒子径が2 nmで変化しない特徴をもっている．

図 2.4.16 は，比表面積の異なるカーボン担体を用いてPtRuP触媒を合成し，それぞれのPtRuPアノード触媒を用いたDMFCの出力密度特性を調べた結果である．出力密度は，使用するカーボン担体の比表面積の減少に従って増加した．低比表面積のカーボン担体使用によって微細孔に埋没する触媒粒子数が減少し，触媒利用率が向上した結果と考えられる[4]．

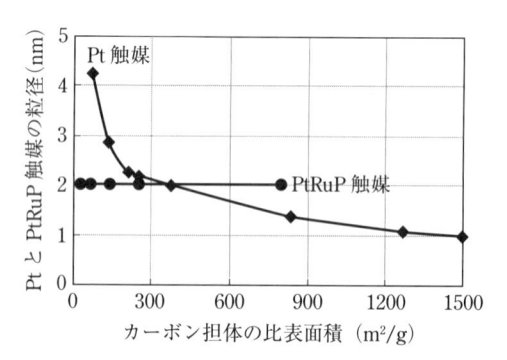

図 2.4.15　カーボン担体の比表面積と触媒粒径

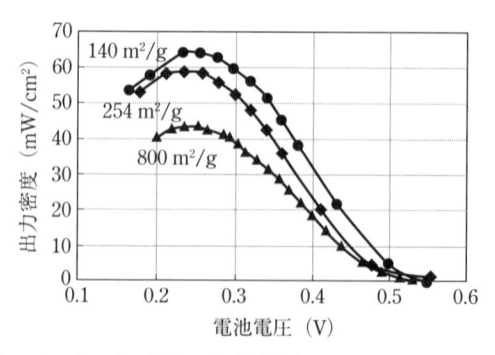

図 2.4.16　カーボン担体の比表面積とDMFCの出力密度特性

2.4.4　PtRuP触媒の微細構造とメタノール酸化活性

PtRu触媒の合成手法として，アルコール還元法，ヒドラジン還元法，ボロハイドライド還元法，無電解めっき法，ナノカプセル法などが知られている。これらの合成手法は，溶液中にPtとRu前駆体化合物，カーボン担体および還元剤を共存させて行なう湿式法である。式(10)と式(11)に，PtイオンとRuイオンの標準電極電位 $E°$ を示す。

$$Pt^{2+} + 2e^- \longrightarrow Pt \qquad E°: 1.19\,V\,vs.\,SHE \qquad (10)$$

$$Ru^{3+} + 3e^- \longrightarrow Ru \qquad E°: 0.68\,V\,vs.\,SHE \qquad (11)$$

Ptイオンの標準電極電位はRuイオンに比べて約0.5 V高く，Ruイオンに比べて還元されやすい。したがって，湿式法で合成したPtRu触媒では，Ptイオンの優先的還元が起こり，Ptリッチコア／Ruリッチシェル型のコア／シェル構造を生じやすい。以下，アルコール還元法で合成したPtRuP触媒の微細構造を調べ，メタノール酸化活性との相関についての研究を紹介する。

PtRuP触媒のバルク組成をXRFで分析し，その表面組成をCu under potential deposition (Cu-UPD)/Cu-stripping法[7]で評価した。Cu-UPDでは，Cu^{2+}イオンがRu, Pt, Auなどの貴金属上で還元析出する電位が，Cu上での析出電位よりも正の電位で析出する現象を用いる。まず，PtRuP触媒を0.03 mol/Lの硫酸銅を含む0.5 mol/Lの硫酸水溶液に入れ，0.3 V vs. NHEの電位を触媒に加える。この電位でCu^{2+}イオンがPtRuP触媒上に還元析出する。0.03 mol/Lの硫酸銅を含む0.5 mol/Lの硫酸性水溶液では，Cu^{2+}イオンはCu上に0.29 Vで還元する。このため，電位を0.3 Vに維持することにより，析出したCu上ではCu^{2+}イオンは還元析出できないため，PtRuP触媒上にCuの単原子層が形成される（Cu-UPD）。

その後，電位を酸化方向に走査し，形成したCu単原子層を酸化溶解させる（Cu-stripping）。このとき，Cuが酸化溶解する電位がRu原子上とPt原子上で異なっている。これらの現象を利用することにより，PtRuP触媒の表面組成を求めることができる。図2.4.17にCu-strippingボルタモグラムを示す。形成されたCu単原子層は，Ru原子およびPt原子上からそれぞれ0.41 Vと0.55 Vで酸化溶解する。図中の点線は，Cu-UPDを行なっていない場合のバックグラウンドである。このCu-strippingボルタモグラムの全クーロン量

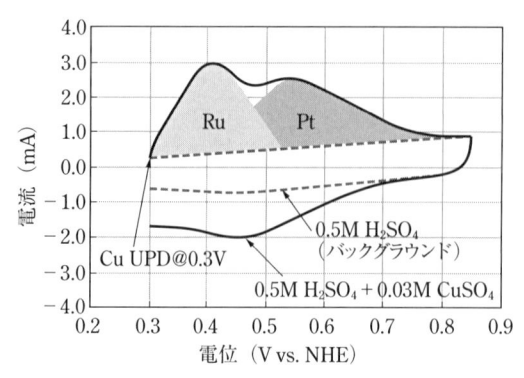

図 2.4.17　PtRuP 触媒の Cu-stripping ボルタモグラム

(ζ_{Total}) をガウシアン関数で分離積分し，Cu が Pt と Ru 原子上から酸化溶解するそれぞれのクーロン量（ζ_{Pt}, ζ_{Ru}）から，式(12)と式(13)により PtRuP 触媒表面の Pt と Ru 組成（θ_{Pt}, θ_{Ru}）を算出することができる[7]。

$$\theta_{Pt} = \frac{\zeta_{Pt}}{\zeta_{Total}} \times 100\,\% \tag{12}$$

$$\theta_{Ru} = \frac{\zeta_{Ru}}{\zeta_{Total}} \times 100\,\% \tag{13}$$

図 2.4.18 に，メタノール酸化活性に与える Pt 組成の影響を調べた結果を示す。図の縦軸は 0.5 V vs. SHE でのメタノール酸化電流を触媒単位重量あたりで規格化した値である。メタノール酸化活性は Pt 組成の増加とともに高まり，$Pt_{73}Ru_{27}$ のバルク Pt 組成で最高活性を示した。この組成は，バイファンクショナル機構に基づく最適組成である $Pt_{50}Ru_{50}$ と比べると，Pt リッチな組成になっている。一方，触媒の表面組成を Cu-UPD/Cu-stripping 法で求めると，最高活性を示した PtRuP 触媒の表面組成は $Pt_{53}Ru_{47}$ であり，この表面組成は $Pt_{50}Ru_{50}$ に近いものであった。

図 2.4.18 において，PtRuP 触媒のバルク組成が $Pt_{50}Ru_{50}$ に近い $Pt_{51}Ru_{49}$ の場合（丸破線），その表面組成は $Pt_{28}Ru_{72}$ であり，触媒表面で Pt 組成が大きく低下している。前述したように，Pt イオンの標準電極電位は Ru イオンに比べて高く，還元初期に多くの Pt イオンが還元消費されてコア部を形成し

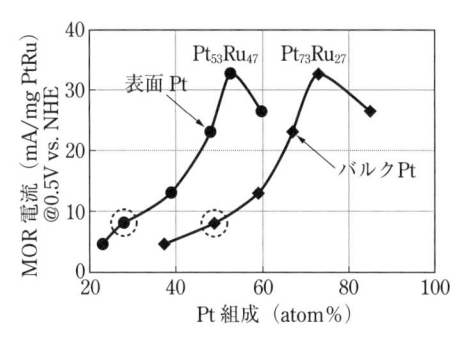

図 2.4.18　PtRuP 触媒の Pt 組成とメタノール酸化活性

た結果，表面での Pt 組成が低下したと考えられる。アルコール還元法では Pt イオンの優先的還元が起こり，PtRuP 触媒の表面組成をバイファンクショナル機構に基づく最適組成である $Pt_{50}Ru_{50}$ に近づけるには，Pt リッチなバルク組成が必要（Pt 前駆体の仕込みモル比を高めること）と考えられる。XRF 分析と Cu-UPD/Cu-stripping 法を用い，湿式法で合成した PtRu 触媒の表面 Pt 組成は，そのバクル Pt 組成に比べて小さいことを初めて実験的に示した。

以上で述べた研究結果を基に，最も高いメタノール酸化活性を示した PtRuP 触媒の構造を図 2.4.19 に示す。触媒の粒子径は 2 nm であり，そのバルク組成は $Pt_{73}Ru_{27}$ である。触媒のコア部はほぼ Pt で構成され，表層には組成が $Pt_{53}Ru_{47}$ でほぼ単原子層のシェルが存在し，シェル層に存在する Pt と Ru 原子は十分に混合した状態にあると考えられる[8]。

アルコール還元法で合成した PtRuP 触媒のメタノール酸化活性とその微細構造との相関を調べた。PtRuP 触媒のメタノール酸化活性はバルク Pt 組成の

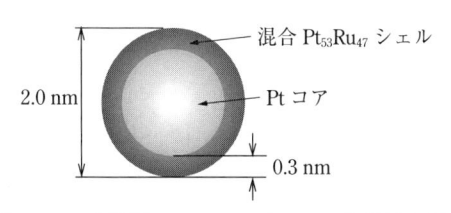

図 2.4.19　高活性 $Pt_{65}Ru_{24}P_{11}$（$Pt_{73}Ru_{27}$）触媒の構造

2.4　燃料電池

増加に伴って向上した。この原因は，Ptイオンの優先的還元によってPtリッチコア／Ruリッチシェル型のコア／シェル構造が形成されるため，触媒の表面組成をバイファンクショナル機構に基づく最適組成である$Pt_{50}Ru_{50}$に近づけるには，バルクPt組成を高める必要があったためである。最も高いメタノール酸化活性を示した触媒のバルク組成は$Pt_{73}Ru_{27}$であり，その表面組成は$Pt_{50}Ru_{50}$に近い$Pt_{53}Ru_{47}$であった。触媒のシェル層に存在するPtとRu原子は十分に混合しており，バイファンクショナル機構が十分に機能した結果，最も高いメタノール酸化活性を示したと考えられる。

本節では，PtRuP触媒を微粒子化し，そのメタノール酸化活性を高めることに関して述べたが，PtRu触媒を微粒子化するアイデアは約20年前のアルマイト磁性膜の研究に端を発している。材料研究は足が長く，そのために多くの時間と経験を必要とする。しかし，新たな発想とアイデアはそれらの経験に支えられていることが珍しくない。そして，自分の研究対象とする材料に関して，先駆者がどのように考え，どのような道のりをたどってきたかを調べることが重要である。そこに自分自身の経験に基づいた新たな考え方を加え，一歩進んだ結論に到達する。

[参考文献]
1) M. Watanabe, S. Motoo：*J. Electroanal. Chem. Interfacial Electrochem.*, **60**, 267-273 (1975)
2) K. Tamura, *et al.* ：*Hitachi Review,* **66**, 135 (1984)
3) L. Giorgi, *et al.* ：*J. Appl. Electrochem.*, **31**, 325 (2001)
4) H. Daimon, Y. Kurobe：*Catal. Today,* **111**, 182-187 (2006)
5) N. Toshima, Y. Wang：*Langmuir,* **10**, 4574 (1994)
6) H. Daimon, *et al.*：*Jpn. J. Appl. Phys.*, **30**, 282-289 (1991)
7) C. L. Gleen, *et al.*：*J. Phys. Chem. B,* **106**, 11446-11456 (2002)
8) H. Nitani, *et al.* ：*Appl. Catal. A. Gen.*, **326**, 194-201 (2007)

第3章

生活と化学

3.1 繊維化学の基礎

「繊維」と聞いてどんなものを思い浮かべるだろうか。やはり衣服のイメージが強いのか、あるいはインテリアや光ファイバーなどが思い浮かぶかもしれない。今では衣服以外に使われる繊維のほうがはるかに多く、また生産量自体も急速に増えている。繊維は、しなやかでありながらたいへん強い材料なので、電気コードなどの補強、吊橋やドームのような建築物、航空機やスペースシャトルなどにも多くの繊維が使われている。

たとえば自動車を考えても、シートや内装はもちろん、タイヤやケーブル、チューブ類にも補強用に繊維が使われている。また、ボディ外板、バンパー、ブレーキパッドなどには補強用に繊維が混ぜ込まれた繊維強化プラスチック（fiber reinforced plastics；FRP）が使われているし、エアフィルター・オイルフィルターや、エンジン音やロードノイズをシャットアウトする吸音（防音）材、熱の出入りを防ぐ断熱材などにも繊維が用いられている。

3.1.1 繊維の特長と利用
(1) 繊維とは何か

繊維は、縒って糸にし織物や編物として使われることも多いが、束のままや絡まったままの状態で使われることも多い（**図3.1.1**）。前者は「トウ（tow）」とか「スライバー（sliver）」とよばれ、後者は素材によらず「綿」とよばれることが多い。また、繊維が絡まって平面状になっているものは「ウェブ（web）」もしくは「不織布」とよばれる。

図 3.1.1　縒り糸（綿糸）

「フェルト」はもともと羊毛を絡ませた不織布のことで，昔から衣服や遊牧民の家屋などに使われてきた。羊毛の場合，繊維の表面にうろこ状の引っ掛かり（クチクル；cuticle）があるため，絡まるとほどけにくく，不織布として使いやすかったのだろう。

このような引っ掛かりのない繊維で不織布をつくる場合には，形を保つため繊維どうしを適度に接着することもある。この接着の程度が比較的高いものが「紙」で，通常，木材から製造した繊維（パルプ；pulp）を接着材で固めてつくる（図 3.1.2）。

繊維は英語でファイバー。したがって，光ファイバーやダイエタリーファイバー（食物繊維）も「繊維」である。また，最近では目に見えないほど細い繊維（ナノファイバー；nanofiber）を大量生産できる技術が確立し，いろいろの分野で使われはじめている。目に見えないほど細いナノファイバーは，普通の繊維よりも引きそろえるのが難しいため，むしろ絡んでいるほうが普通である。雨にぬれず，しかもムレない衣類に使われている透湿防水フィルムも，電子顕微鏡で拡大してみると網目状のナノファイバーが集まった構造になっている。また，プリンやこんにゃくのような「ゲル（gel）」は，絡んだナノファイバーに液体が浸み込んで膨れた状態である。

さらに，生物のからだはまさにナノファイバーの集合体といってもよい。も

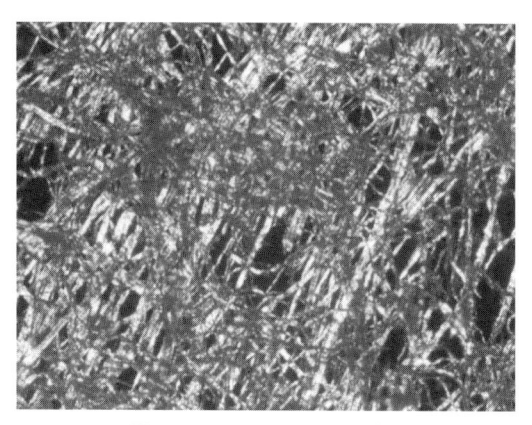

図 3.1.2　ティッシュペーパー

ともと，ほとんどの天然繊維は天然の生物に由来するため，綿や麻のような植物や羊や蚕などの動物がもっているのはもちろん，たとえば糸をひく納豆や海藻には食物繊維が多く含まれているし，情報を伝達する神経線維や運動をつかさどる筋繊維も繊維である。さらには，生物の基本的構成要素であるタンパク質や遺伝子の正体である核酸（DNA）も，細くて長い繊維状の分子からできている。

(2)　細くて長いと何がよいか

では，これらの「繊維」に共通する特徴は何だろう。少なくとも1本の繊維について考えれば，それは要するに「細くて長い」ことである。実際，「ある程度細くて，長さが直径のおおよそ100倍以上あるものを繊維とよぶ」というような定義もある。

「ある程度細い」というのは，どの程度を意味するのだろう。図 3.1.3 に繊維の太さをまとめた。ふつう，繊維（ファイバー）とよばれるものの直径は数十 μm である。天然繊維でいえば，綿や亜麻などのやわらかい繊維で直径十数 μm，羊毛が約 20 μm 前後，髪の毛が 70〜100 μm。これより太いものは繊維の集合体である「糸」として使われることが多く，単一で太いものは釣り糸や手術糸などのようなモノフィラメント（monofilament），さらに太いものは紐（コード；cord）や綱（ケーブル；cable）とよばれる。一方で，直径が 10 μm

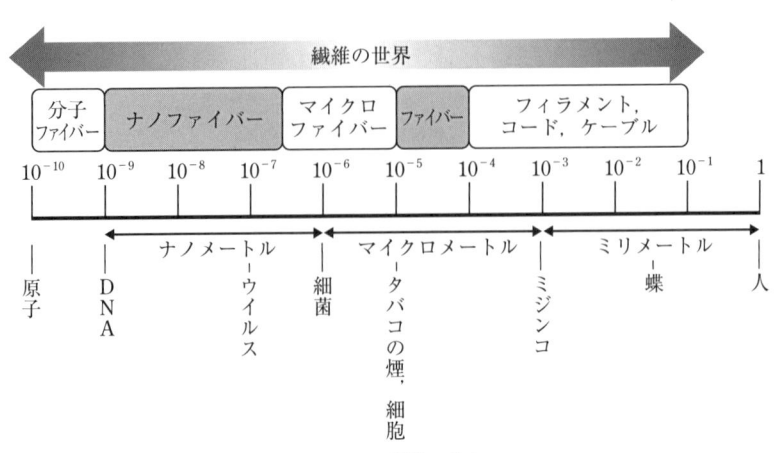

図 3.1.3　繊維の太さ

よりも細い繊維が極細繊維（マイクロファイバー），さらに細いのがナノファイバーである。DNAの直径が約 1 nm，典型的なナノファイバーであるカーボンナノファイバーの直径が最小 0.7 nm なので，直径 1 nm あたりが繊維の世界と分子の世界の境なのかもしれない。

　次に，細くて長いと何がよいのか。まず，長いわりに軽い。これは細くて長い繊維の形態から直接導かれる，いちばんわかりやすい特長だろう。ものの大きさはサイズと形によって決まる。球のような三次元物体では体積がサイズの 3 乗に比例し，フィルムや膜のような二次元物体では体積がサイズの 2 乗に比例するのに対し，繊維のような一次元物体なら体積は長さに正比例するだけなので，長いわりに軽いものができる。

　一方向だけに長いという繊維の形態は，一方でちぎれやすいという弱点ももっている。したがって，繊維が繊維として利用されるためには，それなりに強い必要がある。実際，繊維はたいがいそれなりに強い。また強くなる理由もある。それはたいていの繊維で，繊維の軸方向に沿って分子が並んでいる（配向している；preferred orientation）ことだ。つまり，典型的な繊維では繊維の軸方向に沿った方向に原子が共有結合で結びついており，繊維軸と垂直な方向への結合力はそれほど強くはない。このため，繊維は軸方向への引っ張りに対

してはたいへん硬くて強く，一方で繊維軸と垂直な方向からの力に対してはしなやかに曲がりやすい．

では，実際にどの程度強いのだろうか．繊維の強度を表わすには N/tex という単位がよく使われる．このうち，N（ニュートン）は切れるときの力の大きさを表わし，一方，tex（テックス）は長さ 1 km あたりの質量（g）で，これは繊維の断面積に比例する．N/tex 単位の強度は「比強度」ともよばれ，たとえば強度 1 N/tex の繊維は，長さ約 100 km ぶんの自重に耐えられることを意味している．汎用繊維の強度はおおよそ 0.2～1.0 N/tex 程度，高強度繊維とよばれるものでは 4.0 N/tex に達するものもある．高張力鋼（ハイテン）の強度がせいぜい 0.1 N/tex 程度，鋼でできたピアノ線が 0.3 N/tex，ガラス繊維でも 0.9 N/tex 程度なので，同じ重さで比較すれば汎用繊維でも鋼鉄よりはるかに強い．また，合成繊維の素材であるポリエステルやナイロンの，塊（かたまり）としての強度は 0.1 N/tex 程度なので，繊維の軸方向に沿って分子を並べることによって，強度が数倍から数十倍も強くなっていることがわかる．

比強度が大きいほど，製品をより小さく軽くできる．とくに，送電線や海底ケーブル，ロボット，建築物のように自分自身の重さを支える用途や，飛行機や宇宙ロケットのように自分自身を持ち上げる必要のある用途では，軽くて強い繊維の利用により製品の大きさや重さが劇的に小さくなる．実際，スペースシャトルなどの宇宙用途はもちろん，最近では旅客機の機体も多くが繊維複合材料からできているし，高層建築やドーム建築，橋梁などにも繊維が使われている．

さらに，現在生産されている高強度繊維を使えば，原理的には宇宙エレベーター（space elevator；図 3.1.4）さえ可能だといわれている．これは，静止衛星から高強度繊維を垂らして赤道面上に固定し，エレベーターで上下するもので，ロケットやシャトルでは避けられない大きな加速度が加わることもなく，優雅な宇宙旅行ができる．エネルギー効率的にもすぐれているため，近年実用化に向けた検討が進んでいる．

このように，繊維は引っ張り方向にはたいへん硬くて強い一方で，繊維軸に垂直な方向からの力に対してはしなやかに曲がる材料である．たとえば，吊橋のケーブルやヨットの帆に使う繊維を考えれば，単に強いだけでなくくり返し

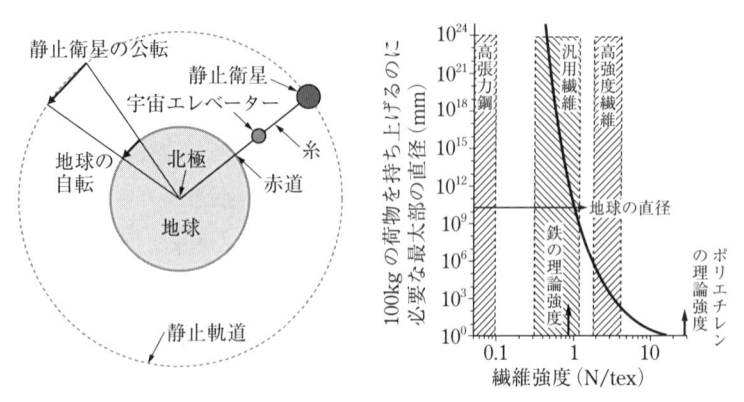

図 3.1.4 宇宙エレベーター
（左）概念図，（右）必要な直径。

大きな曲げ変形を受けても壊れない柔軟性をもつことの有益さがわかると思う。

繊維が繊維軸と垂直方向からの力に対して曲がりやすいのは，細くて長く，さらに分子が軸方向に配向しているためである。同じ素材の繊維を引き伸ばすのに必要な力はほぼ繊維直径の 2 乗に比例するのに対し，一定量だけ曲げるのに必要な力は直径の 4 乗に比例する。したがって，細ければ細いほど繊維は曲がりやすく，やわらかく感じる。実際，直径が $100\,\mu m$ 近くある人毛は多少硬く感じるが，直径 $20\,\mu m$ 程度の羊毛（wool）はかなりやわらかく，直径が $12\sim18\,\mu m$ のカシミヤ（cashmere）はたいへんやわらかい。これらの繊維の素材はおおよそ同じものなので，やわらかさはほぼ直径のみで決まっている。

また，分子が配向していることも，繊維をやわらかく感じる原因のひとつである。たとえば，通常使われる直径 $10\,\mu m$ 以下のガラス繊維は，ガラスとは思えないほど柔軟だが，分子が配向していないため全方向に硬く，肌に触れると繊維の先端が棘のように突き刺さる。一方，分子が配向しているフリースは，ガラス繊維と同等の引張強度をもつにもかかわらず，皮膚表面でしなやかに曲がり，ソフトな触感をもたらす。

細くて長いことのもうひとつの利点は，比表面積が大きいことである。たとえば，直径 $10\,\mu m$ のポリエステル繊維 $1\,g$ あたりの長さは約 $10\,km$，表面積は約 $0.6\,m^2$ に達する。固体の表面は固体と気体や液体などの流体の境目なので，

表面積が大きい繊維は物質の接触効率がたいへんよく，目的のものを漉し取るフィルターや，触媒や酵素を効率的に作用させる担体として有効である。

単位体積（重さ）あたりの表面積を比較した場合，直径 d の球は $6/d$，直径 d の繊維が $4/d$，厚さ d のフィルムで $2/d$ である。同じ大きさなら微粒子がいちばん効率的だが，微粒子の場合，周囲の微粒子とのあいだにはたらく引力が弱すぎると飛散しやすく，逆に強すぎると固結しやすいため，適当な密度に分散・保持することが難しい。また，フィルムは二次元方向に連続しているため，流体を効率的に通過させるのが難しい。

この点，繊維は，適度に絡み合わせることで，任意の密度や形，配列状態のものを比較的簡単につくることができ，また繊維間の空隙を液体や気体が自由に通り抜けられるので，繊維表面と流体とを効率的に接触させられる。しかも，前記のようにそれなりに強いため，分散状態を一定に保つだけでなく，流体を流した場合に生じる圧力にも耐えられるなど，フィルターとしてたいへん適している。このため，身近な雑巾をはじめ，極細繊維を使ったメガネ拭きや腸内を掃除する食物繊維，衣服やタオル，紙，紙おむつや生理用品などの吸水パッドなど，多くの用途で繊維を使ったフィルターが使われている。

上述のように，直径が細いほど表面積が増えるため，一般にはフィルターとしての性能も向上する。ただし，直径が $0.1\,\mu m$ 程度まで細くなると，繊維表面に吸着されたり運動を束縛されたりする液体分子の割合が増え，流動性がほとんど失われることもある。食物繊維の塊である寒天などのゲルはこの状態である。また，繊維自体が中空で，繊維表面の微細な穴により特定の成分だけを分離する中空糸膜は，浄水器や人工腎臓・人工肺などの人工臓器に多く使われている。とくに，人工腎臓は中空糸膜を使うことでサイズを小さくでき，患者の負担が大幅に減った。

3.1.2 いろいろな繊維

繊維は大きく天然繊維（natural fiber）と化学繊維（chemical fiber）に分けられる（図 3.1.5）。化学繊維のうち，レーヨン（rayon）やキュプラ，リヨセル（テンセル）など，天然繊維に使われる原料（おもにセルロース）を使っているものを再生繊維（regenerated fiber）とよぶ。また，アセテート（ace-

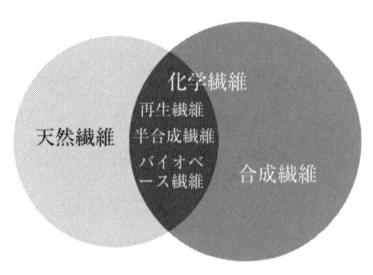

図 3.1.5　いろいろな繊維

tate）のように，さらに化学薬品で処理したり合成物質と混合したりしたものを半合成繊維とよぶ．さらに，合成繊維（synthetic fiber）は，おもに石油・石炭・天然ガスなどを原料として化学合成により製造した高分子材料からできている．ポリエステル（polyester），ナイロン（nylon），アクリル繊維（acrylic fiber）などが含まれ，現在，量的には化学繊維の多くの部分を占めている．

また近年では，生物由来の原料から化学合成して製造した高分子物質でできた繊維が注目されている．トウモロコシやサツマイモを原料として製造されるポリ乳酸繊維が代表的で，バイオベース繊維（bio-base fiber）とよばれている．

現在，生産量ではポリエステル繊維が最も多く，次いで綿（cotton），ずっと減ってナイロンと麻（hemp, ramie, linen, jute, kenaf），アクリルとレーヨン，その他という構成になっている．全体の6割ほどを化学繊維が占め，その割合は年々高まっている．衣服などの感性製品には天然繊維が使われるケースも多いが，自動車部品や電線の補強といった産業用資材には化学繊維が使われることが多い．性能のわりに価格が安いことが大きな理由で，たとえばポリエステル繊維の典型的な生産速度は毎秒100 m程度であり，絹の1万倍，羊毛や綿と比較すると100億倍に相当するなど，生産性の高さが高い価格性能比の源泉である．

代表的な合成繊維であるポリエステル繊維は，ナイロン繊維と比較して弾性率が高く，アルカリを除く薬品や熱にも強く，吸水率が小さい．このため，し

わになりにくく，ワイシャツや自動車タイヤなどの補強に使われる。一方，ナイロン繊維はフィラメントとして使用されることが多く，ポリエステル繊維と比較して弾性率が小さいため，肌触りがやわらかい。日光，水，薬品，とくに酸の影響を受けやすいのは難点だが，反面，酸性染料で鮮やかに染めることができる。また，くり返し変形や摩耗に強く，比較的よく伸びるため，ストッキングや登攀用ロープなどに使用されている。このほか，炭素繊維の原料となるアクリル繊維，強度と耐候性の大きいポリビニルアルコール繊維，水をまったく吸わず安価なポリプロピレン繊維やポリエチレン繊維，よく伸び縮みするポリウレタン繊維などが製造されている。

近年では，従来の繊維と一線を画す多くの高性能繊維が実用化されてきている。前記のように，繊維は細くて長い形態と分子が一方向に並んだ構造から，軽くて強く大きな比表面積をもつことをおもな特長としている。この特長をさらに高めたのが高強度・高弾性率繊維やナノファイバー，特長を有効活用したのが繊維強化複合材料や光ファイバーなどである。

また，繊維の形態や構造を積極的に制御する試みも多い。たとえば，断面の形状を制御した異形断面繊維，繊維の長さ方向に対する直径を変動させたThick & Thin 繊維，多成分の複合により高機能を発現させた複合繊維などが挙げられる。

通常の溶融紡糸・延伸技術で大量生産が難しくなる直径 $10\,\mu m$ 以下の繊維を一般に極細繊維とよび，とくに細いものを「超極細繊維」，最近では「ナノファイバー」とよんでいる。繊度（単位長さあたりの質量）が繊維直径の2乗に比例するのに対し，単位長さあたりの表面積は繊維直径の1乗に比例し，曲げ剛性は4乗に比例するため，繊維直径が小さくなるほど繊維単位体積のあたりの表面積は増加し，剛性は低下する。

極細繊維の製造方法には，化学合成による自己組織化タイプ，ランダムタイプ，フィラメントタイプがある[1]。自己組織化タイプは細い繊維の製造に向くが，長さは短いことが多く，またコスト面で不利なことが多い。逆に，フィラメントタイプは大量生産向きで長いことからコストや物性制御面で有利だが，直接紡糸で直径 $3\,\mu m$ 程度より細い繊維を製造するのは困難なため，複合紡糸後に繊維を分割することで極細化する必要がある。ランダムタイプは，自己組

織化タイプとフィラメントタイプの中間に位置し，長くて細い繊維は得られるが，一般にクモの巣状になることが多く，繊維性能向上と生産性向上の両者に課題を残している。

3.1.3 繊維をつくる
(1) 繊維の製造工程

どのような繊維でも，もともとはすべて天然物からつくられている。原料となる天然物から繊維をつくりだす過程を図 3.1.6 にまとめた。

もともと天然に存在し，繊維独特の細くて長い形と強くてしなやかな物性的特徴（機能）を持ち合わせているのが天然繊維なのに対して，天然に存在する物質に人間が手を加え，繊維の形態と機能をつくりだしたものが化学繊維である。

ただし，天然繊維でも繊維製品にする過程で人間が手を加えているし，その過程で化学薬品も使っている。天然繊維の場合，もともとの素材中に含まれる繊維状組織を壊さず，分離・精製して繊維として利用しやすい形に変えているのに対し，化学繊維の場合，分子レベルでほぼ均一な液体（融液もしくは溶

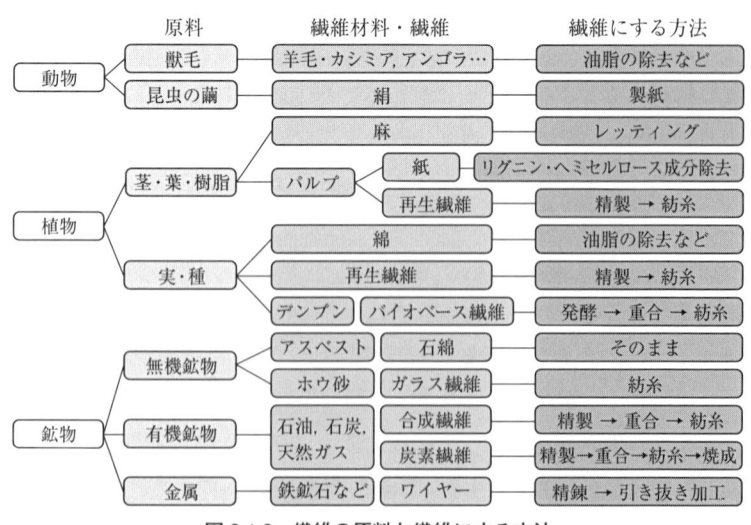

原料		繊維材料・繊維	繊維にする方法
動物	獣毛	羊毛・カシミア，アンゴラ…	油脂の除去など
	昆虫の繭	絹	製糸
植物	茎・葉・樹脂	麻	レッティング
		パルプ → 紙	リグニン・ヘミセルロース成分除去
		パルプ → 再生繊維	精製 → 紡糸
	実・種	綿	油脂の除去など
		再生繊維	精製 → 紡糸
		デンプン → バイオベース繊維	発酵 → 重合 → 紡糸
鉱物	無機鉱物	アスベスト → 石綿	そのまま
		ホウ砂 → ガラス繊維	紡糸
	有機鉱物	石油，石炭，天然ガス → 合成繊維	精製 → 重合 → 紡糸
		石油，石炭，天然ガス → 炭素繊維	精製→重合→紡糸→焼成
	金属	鉄鉱石など → ワイヤー	精錬 → 引き抜き加工

図 3.1.6 繊維の原料と繊維にする方法

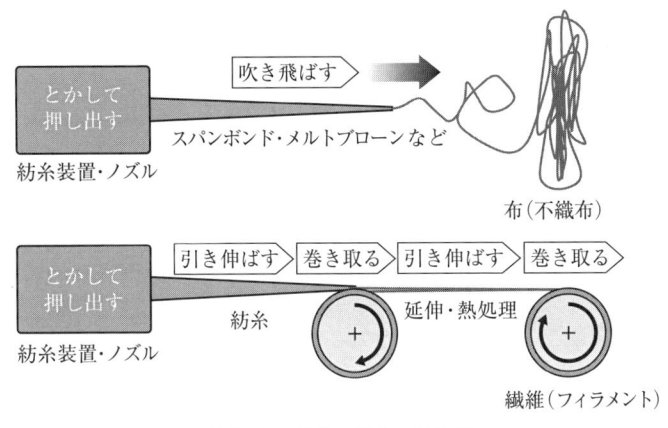

図 3.1.7 紡糸・延伸・熱処理

液）状態にした原料から，細くて長い繊維状の形と，分子が一方向に並んだ構造を人工的につくりだしている点に本質的な違いがある。この点に注目し，かつては人造繊維（man-made fiber, artificial fiber）という言い方もされた。

繊維の形態と機能を人工的につくりだすことから，化学繊維の製造には必ず材料を繊維にする工程（製糸工程）が含まれる。「製糸」という言葉は元来，繭(まゆ)から絹糸を取り出して縒(よ)り，連続的な生糸をつくる工程のことを意味している。化学繊維の場合は，材料を引き伸ばして細長くし（紡糸），さらに引き伸ばして分子を配向させ（延伸），熱をかけても縮まないように安定化し（熱処理），必要があれば適度のウェーブをかける（捲縮(けんしゅく)）工程全般を意味する。

紡糸とは，材料を「と（熔，溶，融，解）かして，引き伸ばして，固める」ことによって，細くて長い繊維の形をつくる工程である（**図 3.1.7**）。より具体的には，溶融もしくは溶解させて液体状にした材料を，小さな穴（ノズル；nozzle）から押し出し，引き伸ばして，固める。できた繊維は巻き取って延伸・熱処理を行なうほか，巻き取らずに空気などでベルトコンベア上に吹きつけ，直接フェルト状の布にすることもある。後者の方法でつくられた布は「不織布」とよばれ，紙おむつやフィルターなどとして使われる。

巻き取った繊維をさらに1〜4回，しだいに温度を上げながら引き伸ばす工程が，延伸（drawing）および熱処理（annealing）工程である。わざわざ何

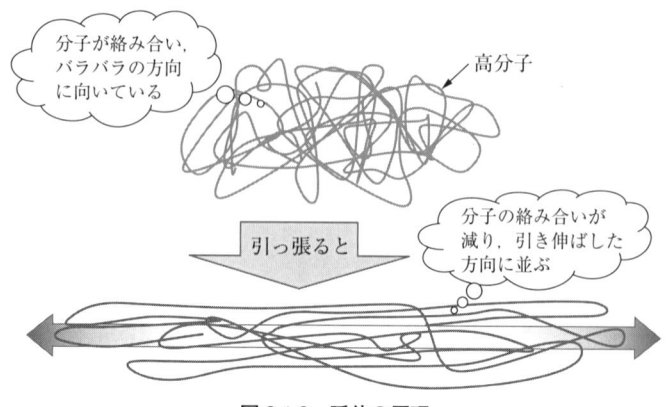

分子が絡み合い，バラバラの方向に向いている

高分子

引っ張ると

分子の絡み合いが減り，引き伸ばした方向に並ぶ

図 3.1.8　延伸の原理

度も引き伸ばすことによって，繊維を構成している細長い高分子を繊維の軸方向に引きそろえ，強くてしなやかな繊維の性質をもたせている（図 3.1.8）。

あまり力をかけずに高温で行なう最後の延伸は，緩和延伸または熱処理（ヒートセット；heatset）ともよばれる。熱処理によって繊維の構造が安定し，使用中に繊維が縮むことを防ぐことができる。

繊維は，長さが数 cm の短繊維と，数十 m 以上連続している長繊維に大別される。もともとは天然繊維に関する概念であり，綿や羊毛などが短繊維，絹（silk）が長繊維である

化学繊維はもともと，すべて連続した長繊維（フィラメント；filament）だが，用途によっては短く切って短繊維（ステープル；staple）として使われる。この場合，繊維が絡まった状態の綿(わた)として使われるほか，くしけずって引きそろえた束を縒って縒り糸にしたり，さらに縒り糸やフィラメント糸を織ったり編んだりして織物・編物・組物などの形態にして使うことも多い。また，これらの工程の間もしくは後に，必要に応じて染色や帯電防止などの表面処理，さらに縫製や樹脂含浸などの加工が施され，繊維製品として使用されている。

(2) いろいろな紡糸法

繊維の製造工程にはいろいろのバリエーションがある。代表的な紡糸方法を表 3.1.1 にまとめた。コスト面や環境影響の点では，溶媒を使う溶液紡糸

表3.1.1　いろいろな紡糸法

とかし方	引っ張り方	固め方	紡糸方法の例
融かす	巻き取る	冷やす	溶解紡糸
	吹き飛ばす	冷やす	スパンボンド，メルトブローン
	遠心力	冷やす	遠心紡糸
溶かす（溶液紡糸）	巻き取る	冷やす	ゲル紡糸
		乾かす	乾式紡糸
		沈殿させる	湿式紡糸
	吹き飛ぶ	乾かす＋冷やす	フラッシュ紡糸
	高電圧をかける	乾かす	静電紡糸

(solution spinning) よりも溶融紡糸 (melt spinning) がすぐれており，ポリエステルやナイロンをはじめ，現在生産されている合成繊維の9割程度は溶融紡糸もしくはスパンボンドやメルトブローンなどの溶融法でつくられている。また，ガラスなどの無機物質や金属も溶融紡糸法によって繊維にできる。一方，溶液紡糸は熱分解しやすい素材の繊維化に使われる。炭素繊維の材料にもなるアクリル繊維やビニロン繊維などが溶液紡糸で生産されている。

最近では，静電紡糸 (electrospinning) とよばれる紡糸方法が注目されている。この方法では，数万ボルトの電圧をかけることで，帯電した表面の電荷どうしの反発力（静電反発力）や静電引力で，溶液がみずから伸びて細い繊維になる。通常の静電紡糸では，低粘度の希薄溶液を紡糸液とすることが多い。紡糸液に希薄溶液を使用することにより，溶媒の揮発によって細い繊維が得られ，また紡糸中に急激な濃縮・固化を伴うため粘度が増加し，得られる繊維の直径ムラや糸切れを起こしにくくする効果[2)]が期待できる。

一方で，溶媒を使用せず，加熱によって原料高分子を軟化もしくは溶融させ，電圧を印加して引き伸ばす溶融型の静電紡糸[3)~5)]も検討されている。ただし，溶融紡糸時の融液粘度は溶液型の静電紡糸で使用される紡糸液の粘度と比較して通常2桁から3桁も大きいため，そのままで細い繊維を得ることは難しく，細い繊維が得られた場合には著しい熱分解が観測される[5)]。この熱分解を抑制

するため，繊維の加熱にレーザー光照射による急速昇温[6]を利用した研究が報告されている[7),8)]。電場が印加された状態の融液にレーザー光を照射すると，瞬間的に加熱された直後に引き伸ばされるため，樹脂が高温にさらされる時間が短くなり，結果として熱分解が抑制できるのである。

また，ノズルの形を変えることや，ノズルから押し出す前にいくつかの成分を合流させることで，特有の性質をもった繊維をつくることができる。たとえば，熱膨張率が違う成分を貼り合わせれば細かいよじれ（クリンプ；crimp）のついた繊維ができ，貼り合わせて紡糸した繊維の各成分をバラバラに分離すれば極細繊維の束ができる。

(3) 糸をひく原理

液状の材料を引き伸ばして繊維にするためには，液状の材料が糸をひく必要がある。液状の材料がどの程度糸をひくか（spinnability）は，材料の性質と変形速度で決まる。すなわち，材料の粘度が高い場合や変形が速い場合は，材料に作用する応力が大きすぎて固体的にちぎれやすく，一方で粘度が低い場合や変形が遅い場合には，表面張力によって滴に分離してしまう（図 3.1.9）。

滴までいかなくても，材料を引き伸ばす際に均一に引き伸ばせないと，細い繊維はできない。ノズルから押し出された材料の直径には必ずムラがあり，材料自体も完璧に均質なわけではない。そのうえ，繊維を引き伸ばしていく過程で，細い部分に力が集中するため，より引き伸ばされてさらに細くなり，結果として直径ムラがしだいに大きくなって切れてしまう。

この制約を緩和するためには，細くなるほど伸びにくくなることが望ましい。

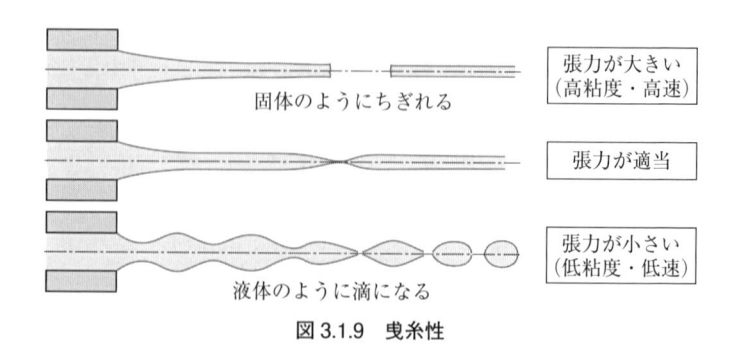

図 3.1.9　曳糸性

すなわち，引き伸ばされて細くなるのに従って繊維が伸びにくくなれば，より太い部分が優先的に伸びるため，結果として均一に細くすることができる。

化学繊維の材料に，原子が鎖状に結合して一方向に長く伸びた線状高分子が多く使われるのはこのためである。分子自体が細くて長い繊維状の形をしているため，分子どうしが互いに絡まり合うことで粘り気が出て，糸をひくようになる。さらに，引き伸ばすことによって分子が引きそろえられて並び，伸びにくくなるため，均一に引き伸ばすのに適している。

3.1.4 合成繊維の構造と性質
(1) 繊維の構造

繊維，とくに無機繊維と金属繊維以外の化学繊維は，細くて長い高分子でできている。とくに，合成繊維の多くはポリマーともよばれるように同じ化学的くり返し単位が多数，共有結合でつながった物質であることが多い。図 3.1.10 に示したのは，ポリエステル繊維やペットボトルの原料である PET〔ポリエチレンテレフタレート；poly (ethylene terephthalate)〕の分子構造である。高分子の直径は数百 pm，長さは $0.1 \sim 10 \mu m$ であり，直径と長さの比は数百から十万程度に達する。

ポリエステルやナイロンなど縮重合系の高分子は比較的短くて長さのばらつきが小さく，ポリエチレンなどの付加重合系の高分子は比較的長くて長さのばらつきが大きい。直径を髪の毛にたとえると，短いものでも長さ数 cm のショートカット，長いものは長さ数 m に達する超ロングヘアである。同じ化学構造がくり返し並んでいることから，高分子を一方向に並べると相互に規則正しく配列した結晶になることも多い。図 3.1.11 に 6 ナイロン〔$((CH_2)_5NHCO)_n$

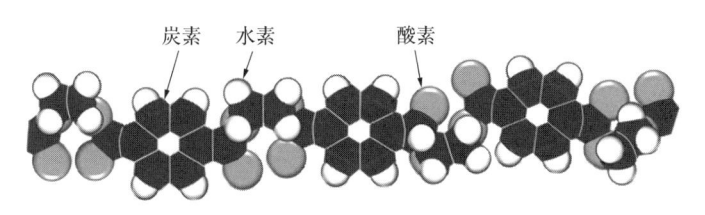

図 3.1.10　ポリエステル (PET) の化学構造

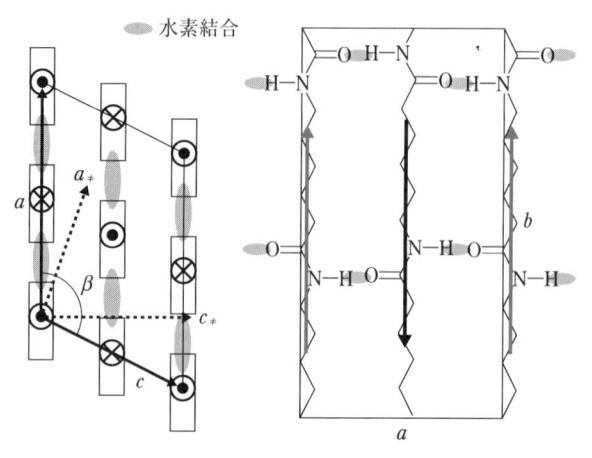

図 3.1.11　6 ナイロンの結晶単位格子

の結晶構造を示す。隣り合う分子鎖がたがいに逆方向を向いて結晶の b 軸方向に並んでおり，分子鎖間には水素結合が形成されている。

ただし，もともと 1 本 1 本が細くて長い分子であるため，通常の固体状態や溶融状態，濃厚な溶液中ではたがいに複雑に絡み合っており，繊維全体を引き伸ばしただけで分子鎖全体を完全に一方向に並べるのは難しい。それでも，紡糸・延伸によって分子鎖が全体的に配向すると，部分的には引き伸ばされて繊維軸方向に向いて並んだ分子鎖の束ができてくる。

このような部分では，エネルギー的に安定になるように分子鎖が配置され，結晶（crystal）になる。ただし，分子鎖はたがいに絡み合っているため，全体が結晶化することはなく，たくさんの小さな結晶と結晶化できなかった部分（非晶；amorphous）が混在した構造ができる。とくに，繊維や延伸したフィルムでは軸方向に並んだ分子がたがいにそろい，結晶になっている部分と結晶になっていない部分が交互に並んだ直径 10 nm 程度の棒状の構造ができる（図 3.1.12）。

この構造をミクロフィブリル（microfibril）とよび，合成繊維の基本構造になっている。結晶と非晶が混在することで耐熱性と染色性などが両立し，配向した分子鎖（タイ分子鎖；tie-chain）が結晶間を結んでいることで，強度と

非晶

結晶

フィブリル　　ミクロフィブリル

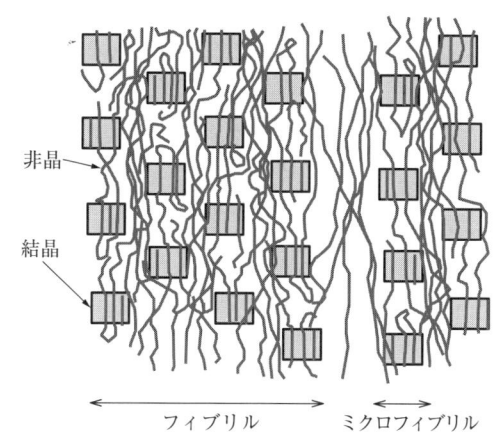

図 3.1.12　化学繊維の構造[9), 10)]

しなやかさ，くり返し変形に対する強さややわらかさが並立する。紡糸条件や延伸条件によって配向の程度や結晶の割合が制御できるため，同じ種類の繊維でもつくり方によって性質を大きく変えることができる。

(2) 強度の発現

前記のように，繊維の大きな特徴として軽くて強いことが挙げられる。したがって，繊維の強度（strength）や伸び（伸度；elongation），ヤング率（Young's modulus），タフネス（靭性；toughness）などの力学的性質に影響する構造因子を知ることは重要であろう。

まず，破断には，大きく分けて脆性破壊（brittle fracture）と延性破壊（ductile fracture）とよばれる2つの形態がある。前者は炭素繊維のような高弾性率繊維と，ポリウレタン繊維のような弾性繊維で典型的に見られ，おもに繊維表面から成長した割れ目（クラック；crack）によって瞬間的に破断する。これに対し，後者は上記で示したように結晶部と非晶部が混在しているポリエステルやナイロンなどの汎用合成繊維でよく見られ，表面の傷がしだいに引き伸ばされて破断に至る。また，分子がたいへんよく配向している繊維では，繊維軸に沿って裂けながら（フィブリル化；fibrillation しながら）破断することもある。

脆性破断は繊維表面の傷にたいへん敏感なのに対し，延性破断は表面の小さな傷にはあまり影響を受けず，むしろ繊維の微細構造に強く依存する。すなわち，汎用繊維が延性的に破壊するのは，結晶部と非晶部が混在して繊維の軸方向に並んだミクロフィブリル構造によってクラックの拡大が止まるためであり，ミクロフィブリル構造自体の強度が繊維の強度を決定している。

　繊維材料がすべて伸びきった無限長の分子からなる結晶でできていると仮定した場合の強度（理論強度）と実際の繊維強度を**表 3.1.2**にまとめた。分子鎖が剛直で自ら並んだ液晶状態（liquid-crystalline state）になるポリアミドや，分子間力が弱くて結晶から分子鎖を引き抜くことによって伸びきった分子鎖からなる結晶（extended-chain crystal）をつくりやすいポリエチレンなどでは理論強度の 10 % を超えるものもあるが，汎用繊維の強度は理論強度の数 % にとどまる。これは分子鎖の長さが有限であることに加え，分子鎖がたがいに絡み合っているため，均一に引き伸ばすことが難しく，結果として一部の分子鎖に力が集中するためである。

　汎用繊維では，一般に分子が配向している程度や結晶の割合が増すほど強度やヤング率は増し，伸度（伸び）は減ることが多い。上記のように，結晶部分の強度・弾性率は非晶部分に比べてはるかに大きく，伸びは小さいので，とくに非晶部分の量や分子配向が力学的な性質に大きく影響する。ただし，微小変

表 3.1.2　理論強度と繊維強度

	結晶部の理論強度		市販繊維
	GPa	N/tex	N/tex
ポリエチレン	32	33	0.8〜4
ビニロン	27	21	0.8〜2
ポリプロピレン	18	19	0.8
ナイロン 6	32	28	0.8
ポリエステル	28	21	0.8
アクリル	20	17	0.4
アラミド	30	21	2〜3
鉄（高張力鋼）	6.6	0.84	0.05〜0.1
ガラス	—	—	0.9
ダイヤモンド	120	34	—

形で測定するヤング率が非晶部の量や平均的な配向で表現しやすいのに対し，強度はより局部的な構造，すなわち微結晶間を結ぶタイ分子鎖もしくはシシ結晶の量や緊張度の影響を強く受けるといわれている．

[参考文献]
1) 繊維学会編，岡本三宜著：『最新の紡糸技術』，p.205，高分子刊行会 (1992)
2) 鳥海浩一郎・近田淳雄：繊維学会誌，**40**, T-193 (1984)
3) L. Larrondo, R. St. John Manley : *J. Polym. Sci. Polym. Phys. Ed.*, **19**, 909-940 (1981)
4) J. Lyons, C. Li, F. Ko : *Polymer*, **45**, 7597-7603 (2004)
5) J. S. Kim, D. S. Lee : *Polymer J.*, **32**, 616-618 (2000)
6) 大越豊：機能材料，**23**, 44-51 (2003)
7) N. Ogata, G. Lu, T. Iwata, S. Yamaguchi, K. Nakane, T. Ogihara : *J. Appl. Polym. Sci.*, **104**, 1368 (2007)
8) M. Takasaki, H. Fu, K. Nakata, Y. Ohkoshi, T. Hirai : *Sen'i Gakkaishi*, **64**, 29 (2008)
9) 繊維学会編：『繊維便覧 (第3版)』，p.20，丸善 (2004)
10) Ch. Oudet, A.R. Bunsell : *J. Mater. Sci.*, **22**, 4296 (1987)

3.2 炭素繊維

3.2.1 炭素繊維とは

炭素繊維 (carbon fiber；CF) とは，主成分 (90％以上) が炭素であるために，低比重 (1.5～2.2)，高強度，高弾性率という特徴を有する一方，細く (単糸径5～10μm) 長くしなやかという繊維本来の特徴もあわせもつ力学的特性にすぐれた素材であり，日本が技術的に世界をリードしている革新素材でもある．

CFは一般に，前駆体 (プリカーサーともよぶ) となる繊維 (セルロース，ポリアクリロニトリル，ピッチなどが原料) を化学的に安定化処理したのち，1000℃以上の高温で炭化 (焼成) することで得ることができる．

代表的なポリアクリロニトリル (PAN) 系CFの走査型電子顕微鏡 (SEM) 写真を図3.2.1に示す．木材を高温で「蒸し焼き (炭化)」して木炭ができるときに外観形状がそのまま引き継がれるように，前駆体であるPAN繊維の外観形状がCFに引き継がれる (左が湿式紡糸系，右が乾湿式紡糸系)．

CFを繊維状のまま使用することはほとんどなく，たとえば束状に集めてプ

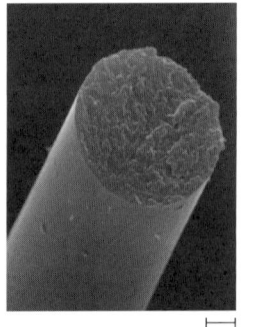

図 3.2.1　炭素繊維（CF）の電子顕微鏡写真

ラスチックで固めた複合材料（CF 強化プラスチック；carbon fiber reinforced plastics；CFRP）として，私たちの生活にもかかわる航空・宇宙，スポーツ，一般産業用途において幅広く使用されるようになってきた。

CFRP の軽くて強くて硬いという特長から今後，環境対応素材として自動車用途などでの使用が加速されることが予測される。この CF に関して，どのような歴史を経てきたのかを説明する。

3.2.2　炭素繊維の歴史

エジソンは電灯用の CF フィラメントとして初期にセルロース系 CF を用いたが，寿命が短く（酸化劣化），その後，京都の孟宗竹を用いることで寿命を大幅に伸ばしたことは，有名なエピソードとして残っている。このように，木材はセルロースが主成分であるから，木炭と同じように繊維形状のセルロースから CF が得られることは比較的古くから知られていた。

表 3.2.1 に CF の研究開発と生産化の歴史をまとめておく。CF は，耐熱性，高強度，高弾性という特長をもっているので注目されていた。当初，セルロース系のレーヨンを原料とする CF が先行したが（ユニオン・カーバイド社），物性面ですぐれたものはなかなか得られなかった。ちょうどレーヨン工業の衰退とも重なったため，レーヨン系 CF は主流とはなりきれなかった。

レーヨン系 CF の存在を新聞で知り，CF の将来性を確信した大阪工業技術

表 3.2.1　CF 研究開発・生産化の歴史

年	内容
1878	セルロース系 CF（電球フィラメント）
1958	米国ユニオン・カーバイト社（UCC）がレーヨン系 CF の製造を開始
1961	大阪工業技術試験所の進藤昭男が PAN 系 CF の基本原理を発表
1963	群馬大学の大谷杉郎がピッチ系 CF の基本原理を発表
1964	英国王立航空研究所が PAN 系 CF の改良法（高強度）を発表
1970	クレハが等方系ピッチから CF を生産開始
1971	東レが PAN 系 CF「トレカ」を生産開始

試験所の進藤は，レーヨン以外の前駆体に焦点を当て，種々の繊維を入手して高温で焼成する実験を開始した．その結果，PAN 繊維をあらかじめ酸化性雰囲気（空気中）で前処理（耐炎化・安定化）することが炭素繊維の物性を向上させる鍵となる技術であることを発見し（1959 年に特許出願[2]），1961 年にその基本原理を公開した．該特許には「アクリロニトリルを 30 重量％以上含む繊維等を 350℃ までは酸化性雰囲気中で加熱し，さらに 800℃ 以上に加熱する」ことが記載されており，原理的には身近なアクリル繊維からなる毛布からでも革新素材である CF を得ることができることになる．

その後，1963 年に米国炭素学会で PAN 系 CF に関する研究成果が報告されると，一躍世界中の注目を浴びることになった．そして，進藤の指導を受けたのち，独自に見いだした PAN ポリマーの設計技術によって，東レは世界で初めての PAN 系 CF の生産メーカーとなった．さらに，PAN 系 CF について，東邦レーヨン（現，東邦テナックス），三菱レイヨンなどが企業化を追随し，結果的に日本の 3 社で世界の CF の約 70％ のシェアを得るに至ったことから，PAN 系 CF は日本発の開発イノベーションモデルのひとつ[3]と考えられている．

一方，1963 年に群馬大学の大谷によって発見されたピッチ系 CF についても開発が進み，PAN 系に先んじて 1970 年にクレハが生産を開始したが，等方性ピッチを原料として使用していたために PAN 系 CF と比較して強度・弾性率は明らかに低く，断熱材などの用途に限定されていた．

その後，石油・石炭から原料ピッチが多量に安価に得られることから，多く

表3.2.2 PAN系CFおよびピッチ系CFの特徴

分類	特徴	メーカー
PAN系CF	・PAN分子鎖の高配向性，黒鉛結晶構造との類似性から，高性能の炭素繊維が得られやすい ・衣料用アクリル繊維工業への依存度が高い	東レ 東邦テナックス 三菱レイヨン
ピッチ系CF	・炭化収率で有利 ・高弾性率グレード炭素繊維が強み ・高性能化では技術的に困難な点がある	三菱樹脂，クレハ 日本グラファイトファイバー 大阪ガスケミカル，Cytec

上記原料以外に，ポリ塩化ビニル，ポリビニルアルコール，ポリエチレンなどを原料とするCFも研究されてきたが，工業化には至っていない。また，リグニンなどの利用も検討されているが，高物性のCFは得られていない状況にある。

のメーカーがピッチ系CFの分野への参入を試みたが，撤退が相次いだ。そんななか，異方性ピッチを用いるとCF物性が向上すること，とくに黒鉛化しやすいという特徴を活かし，ピッチ系はPAN系よりもさらに高弾性率のCFを得ることに成功した（現，三菱樹脂）。

しかし，ピッチ系CFは加工性がやや劣ることや圧縮強度がやや低いという課題もあり，PAN系CFを陵駕する領域まで至っておらず，むしろ用途別に棲み分けている状況にある（ピッチ系CFの比率は2008年で10％未満である）。表3.2.2にPAN系CFおよびピッチ系CFの特徴をまとめておく。

3.2.3 炭素繊維（CF）の製造法

CFの原料としてはPANおよびピッチがほとんどで，いずれも繊維形状（ピッチ系は溶融紡糸）にしたあと，安定化処理（空気酸化）後に高温で炭化するプロセスを採用している。

以下では，PAN系CFにしぼってその製造法を詳細に説明する。製造プロセスを図3.2.2にまとめたが，アクリロニトリル（AN）を重合したPANを紡糸して繊維化したのち空気中で耐炎化（酸化）し，さらに不活性ガス中で炭化，それを表面処理，サイジング剤付与したものがCFである（2000℃以上の高温で処理する場合，黒鉛化繊維と区別することがある）。

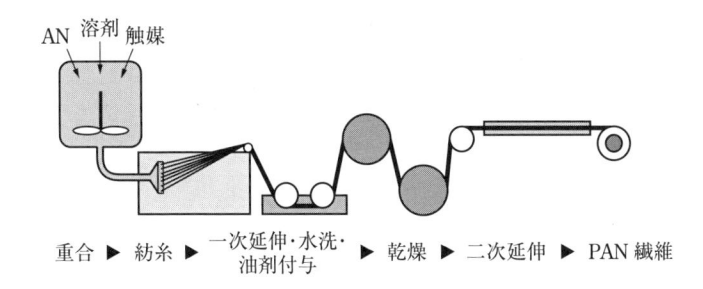

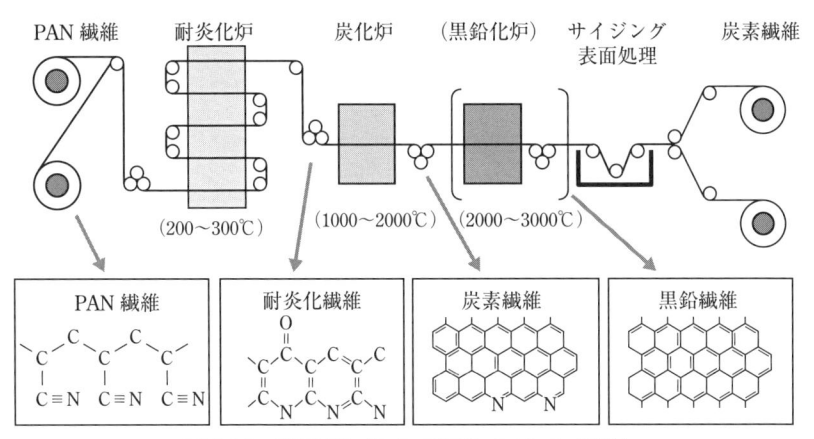

図 3.2.2　炭素繊維（CF）の製造プロセス（概略）

（1）　PAN の重合

PAN は工業的にはラジカル重合が採用されている。重合法としては，沈殿重合（不均一重合，懸濁重合という表現もある）が広く使用されているが，これは水中で AN などのモノマーを過硫酸塩などを組み合わせたレドックス開始剤を用いて重合するもので，大きな重合発熱を水で除熱しながら重合が進行すると PAN が粒子として析出してくるものである。粒子の分離や乾燥などの工程は多くなるが，生産性は高い。

また，PAN を溶解する有機・無機溶媒中で溶液重合を行なうこともできる。溶液重合で得られた溶液はそのまま紡糸原液として用いることができるので，工程を省略できる。

耐炎化を促進させるため，PAN にアクリル酸やメタクリル酸などカルボキ

表 3.2.3 各メーカーの重合方式

メーカー	重合法	重合溶媒または媒体
帝人（東邦テナックス）	溶液	塩化亜鉛水溶液
東レ	溶液	ジメチルスルホキシド
三菱レイヨン	沈殿	水

シ基（慣用的にカルボキシル基）を有する不飽和モノマーを共重合することが多い。PAN系CFを生産している日本の3社が実施している重合方式は，**表3.2.3**に示したように同じではない。それは，いずれの会社も衣料用アクリル繊維技術を独自に開発したことの影響を受けているからである。

(2) PANの繊維化

PANの融点は分解温度より高く溶融紡糸できないため，溶液紡糸が採用されている。CF用のPAN繊維は湿式あるいは乾湿式紡糸を用いて得られることが多く，PAN溶液（原液とよぶ）を口金から吐出させ，凝固・乾燥・延伸などの工程を経てアクリル繊維とする。ここでも3社を比較してみる。各社溶媒は異なるが，水を凝固剤として用いる点は同じである（**表3.2.4**）。

(3) PAN繊維の耐炎化（酸化）

CF製造において最もキーとなるのは耐炎化工程である。その中身についてもう少し詳しく説明する。

耐炎化は，200～300℃という比較的高い温度でPANを化学変化させるプロセスであるが，研究開始当時は数十時間にわたって処理する必要があった。耐炎化速度アップは，特定の共重合成分を導入したPANをCF用として偶然焼成したことから始まった。HEN（N-ヒドロキシアクリロニトリル）という化合物が発見され，CFとは別目的でPANにHENを少量共重合することが検

表 3.2.4 各メーカーの紡糸方式

メーカー	紡糸	紡糸溶媒	凝固剤組成
帝人(東邦テナックス)	湿式	塩化亜鉛水溶液	塩化亜鉛水溶液
東レ	湿式，乾湿式	ジメチルスルホキシド	ジメチルスルホキシド/水
三菱レイヨン	湿式，乾湿式	ジメチルアセトアミド	ジメチルアセトアミド/水

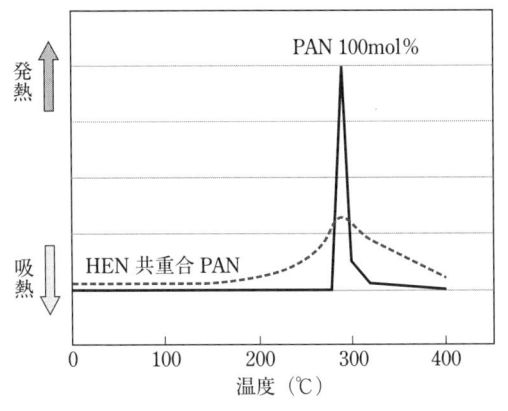

図 3.2.3　PAN 繊維の空気酸化時の発熱挙動（DSC）

討されていたが，CF 用として評価してみると耐炎化時間が大幅に短縮できるばかりでなく，CF 物性の向上などにつながることも見いだされた[4]。

　この挙動を示差走査型熱分析（DSC）の結果で説明してみよう。**図 3.2.3** は，ホモ PAN および HEN 共重合 PAN を空気中で昇温し，その過程で発生する酸化反応などによる発熱挙動をイメージしたものであるが，ホモ PAN の発熱開始温度が高く，PAN の一次分解温度である 290℃近辺で一挙に発熱することがわかる。このような発熱挙動の場合，耐炎化温度を上げすぎると（発熱ピーク温度に近づけすぎると），一挙に大量に発熱し暴走反応に至りやすいため高い温度をとりにくく，結局，長時間の耐炎化となってしまう。

　一方，HEN を共重合させると低温から反応が開始するようになり，ブロードな発熱挙動を示すことがわかる。このような発熱挙動の場合，温度条件範囲は広くとりやすくなり，発熱をコントロールしやすく，均一焼成が可能となったのである。その後，HEN 以外にも耐炎化を促進する化合物が種々存在することがわかり，現在では各社独自に選択している。

　ここで，耐炎化繊維の構造を理解するために，**図 3.2.4** に固体 ^{13}C-NMR で PAN 繊維と比較して測定した結果を示す。PAN 繊維に存在する CH_2 および CH（a1，a2，32 ppm に重なる）および CN（b1，122 ppm）のピークが，耐炎化繊維になると大幅に減少し，代わりに新たなピークが 34 ppm（a3）およ

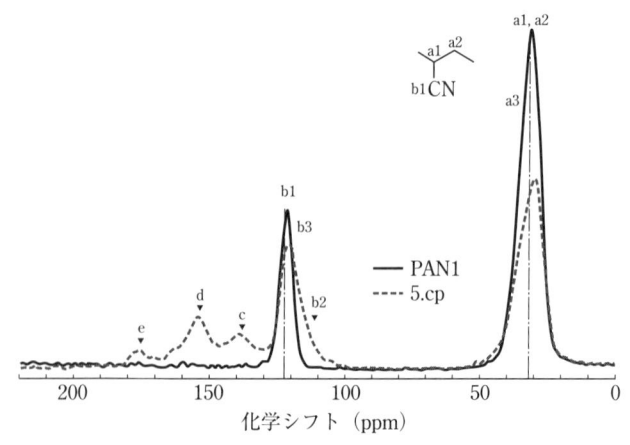

図 3.2.4 PAN 繊維および耐炎化繊維の構造解析（固体 ^{13}C-NMR，CP/MAS 法）

び 120〜180 ppm（b2〜e）に多数検出されることがわかる。この結果は，CH_2，CH，CN，いずれも反応に関与し，新たに C＝C，C＝N，C＝O などの結合が生成することを示唆している。

　耐炎化繊維は，溶媒に溶解しないため解析が困難となっており，赤外吸収（FT-IR）など他の解析法と併用した研究がこれまで多数なされているが，いまだ統一的な見解はなく多数の構造モデルが提案されている[5]。

　耐炎化（酸化）工程は，たとえば PAN 繊維中の共重合物・共重合量，耐炎化時間や耐炎化時の繊維収縮応力，工程油剤の影響など工業的なノウハウも多く，総合包括的な技術が必要とされている。

(4) 炭化

　ここでは，炭化について熱重量分析（TG）で得られるデータを用いて説明する。図 3.2.5 は，1000℃以上に昇温した際の温度と熱分解したあとの重量の関係をイメージしたものであり，炭化の状況をシミュレートできる。300℃を越えるころから，PAN 繊維も耐炎化繊維もいずれも大きな熱分解が生じるが，耐炎化繊維よりも PAN は激しく減量する。熱分解ののち，PAN 繊維からはもろい炭化物が少量残存するだけであるが，耐炎化繊維からは CF が得られることが，耐炎化という効果を最も端的に示す事象である。

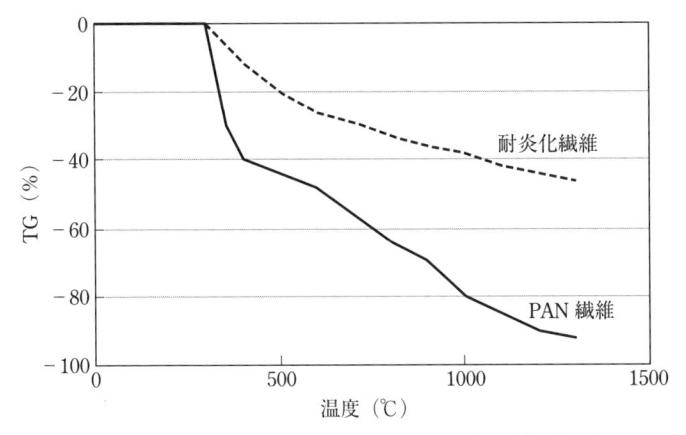

図 3.2.5 PAN 繊維および耐炎化繊維の熱重量分析（TG）

　耐炎化繊維の構造は複雑だが，1000℃以上の炭化温度に耐えうる耐熱性（耐炎性）を有することは間違いなく，炭化したあとは先に示した基本的特性の CF が得られる。炭化時に検出される熱分解ガスは，CO_2, CO, HCN, NH_3 などである。

　炭化直後の CF の表面は不活性すぎて，樹脂との接着性を高めるためには表面処理が不可欠である。たとえば，電解酸化などの方法で行ない，表面に -COOH や -OH などの官能基を形成させ，その後 CF の接着性とハンドリング性を高めるためにサイジング剤（コーティング剤）を表面に付与する。

3.2.4　炭素繊維（CF）の基本特性およびその発現原理

　ここでは，CF の基本特性などについて，もう少し説明を付け加えよう。

　CF の，軽い（軽量性），強い，硬いという特性の位置づけを明確にするため，比強度，比弾性率（単位あたりの強度，弾性率）を他素材と比較して**図 3.2.6** に示す。とくに，CF はガラス繊維や高張力鋼，アルミ合金と比較しても機械特性がすぐれていることがわかる。また，CF は化学的に安定で熱的・電気的特性などにもすぐれるが，それらの特性もまとめて**表 3.2.5** に示した。基本性能・基本機能の発現原理は，ほとんど黒鉛構造に由来するところであり，以下説明を加える。

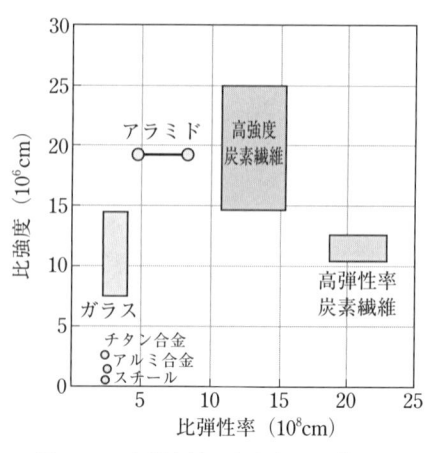

図 3.2.6　各種素材の比強度・比弾性率

(横軸：比弾性率 (10^8 cm)、縦軸：比強度 (10^6 cm))

表 3.2.5　炭素繊維（CF）の特性

特　性	内　容
化学的または物理化学的	・ほとんど炭素からできている（C90％以上） ・不燃性 ・化学的にきわめて安定（酸，塩基，溶媒） ・高温で酸化されにくい ・溶融金属にぬれにくい
物理的または機械的	・低比重（1.5〜2.2） ・高い引張強度，弾性率 ・すぐれた耐摩耗性，潤滑性
熱的	・線膨張係数が小 ・高温での機械的性質の低下小 ・極低温での熱伝導率小
電気的または電磁気的	・導電性（比抵抗 10^{-3} Ω・cm レベル） ・電波を反射（電磁波シールド性） ・X 線透過性良好

(1)　CF の構造と比重

　CF はほとんど炭素からできているが，その構造は複雑である．X 線やラマンスペクトルの解析などから，CF の構造モデルが考えられている[6]．黒鉛構

造（グラフェン）ベースで繊維軸方向に配向した構造であるが，ボイドや欠陥を含み複雑化する．黒鉛の理論比重は約 2.2 であり，炭素繊維としては他残存元素，結晶性，ボイドなどの影響を含み，1.5 程度の低比重からピッチ系 CF の比重 2.2 前後の黒鉛に近い比重のものまで各種存在する．

(2) 引張強度

PAN 系 CF は上市当初から 2 GPa を越える強度を有し，既存の合成繊維・金属と比較すると高強度であったが，航空機の一次構造部材などへの参入を考えるとまだ十分な強度とはいえなかった．CF が高い強度を有する理由は当然，基本構造である黒鉛の理論強度（180 GPa）が一般の有機高分子に比べてきわめて高いことによるが，現状ではまだ理論強度の数％しか発現していない．

その理由は，CF が本質的に脆性材料であり，破断伸度が小さく，その強度が繊維の微細構造の変動やボイド，表面の傷など種々の欠点により大きく影響を受けるためである．ミクロンレベルとして，PAN 中の異物・ゲルなどの徹底除去やコンタミネーションの防止などを行なうことを徹底した．その後，サブミクロンレベルの欠陥除去，さらにポリマースペックの見直し，PAN 繊維の配向制御や工程中の張力管理，擦過の抑制などを徹底することや，できた表面欠点を化学的に除去するという方法でナノレベルの欠陥を抑制することで強度の大幅向上が認められた．

図 3.2.7 に示すように，1984 年には強度 5.5 GPa 高強度 CF（T800H）が誕生し，ボーイング 777 の尾翼に初めて用いられるようになった．さらに，1986 年には強度 7.1 GPa を有する上市品の最高強度糸が誕生した．この最高強度糸の破断伸度は 2.4％であり，従来の壁であった 2％を初めて越えた高伸度 CF であるともいえる．しかしながら，最高強度でも黒鉛の理論強度のまだ 4％程度にすぎない．最近，実験室的には強度 10 GPa も可能になってきたが，理論強度への挑戦はこれからもまだ続く状況にある．

(3) 弾性率

強度とともに重要な特性である弾性率は，他の合成繊維・金属の追随を許さない．これは，黒鉛の結晶網面方向の理論弾性率が 1020 GPa と高く，CF 弾性率に対して黒鉛結晶の繊維軸方向の配向度の寄与が大きく，両者のあいだには強い相関があるためである．

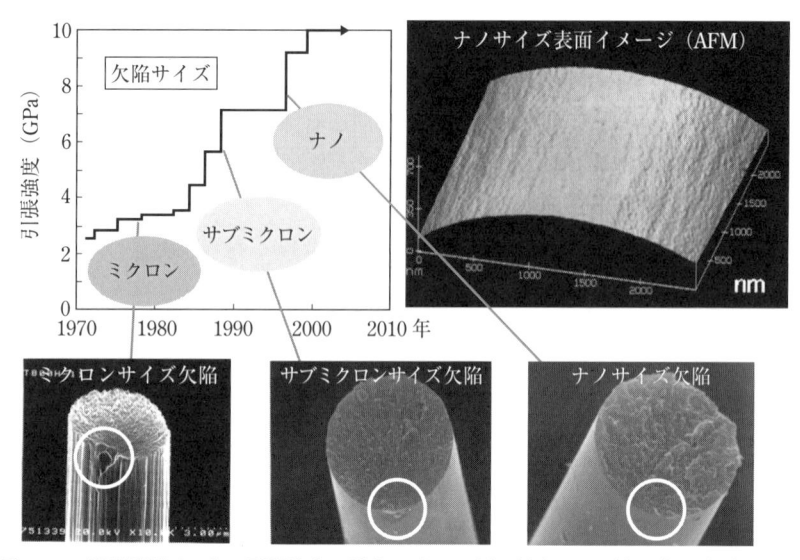

図 3.2.7　炭素繊維（CF）の引張強度に対するボイド直径（左）および表面欠陥（右）の影響

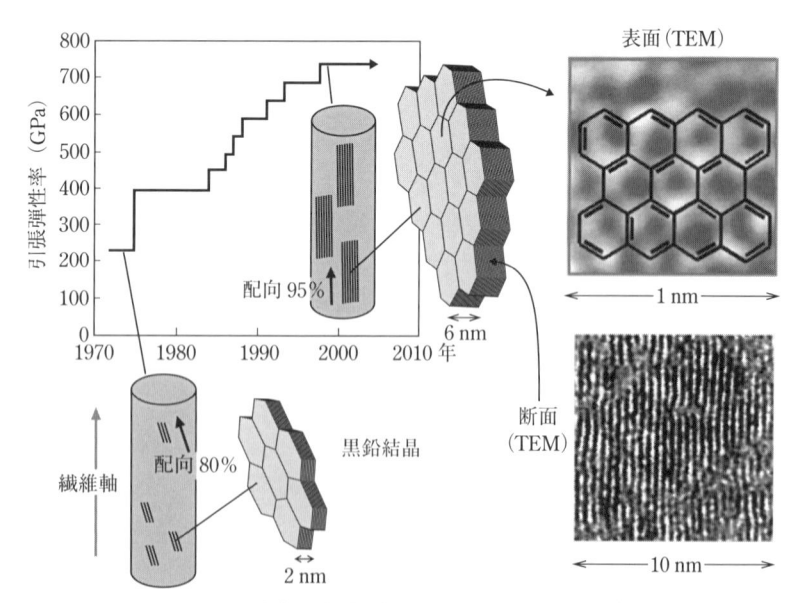

図 3.2.8　炭素繊維（CF）の引張弾性率と構造モデル

表 3.2.6 炭素繊維（CF）の分類

型式分類	引張弾性率（GPa）	引張強度（GPa）
低弾性率糸	200 以下	3.0 以下
標準弾性率糸	200〜280	2.5 以上
中弾性率糸	約 300	4.5 以上
高弾性率糸	350 以上	—

PAN 系 CF の高弾性率化の研究開発は，黒鉛結晶サイズの増大および結晶配向度を地道に増加させる方向で進められており，繊維の太さ（直径），焼成温度，張力などの最適化を中心に進めてきた。その結果を図 3.2.8 にまとめたが，弾性率は着実に向上し，初期の弾性率 350〜400 GPa から 700 GPa を越え，理論値の 70 % 程度まで達成することが可能となった。

高弾性率という点では，ピッチ系 CF が非常に優位にある。ピッチ系 CF は黒鉛結晶が PAN 系 CF よりも発達しやすいため，比較的容易に高弾性率化できることによる。現在上市されているもので最高弾性率のものは 935 GPa であり（三菱樹脂，ダイアリード K13D2U），理論値に近いレベルに達している。

(4) CF の分類

現在，生産 CF として種々の強度・弾性率を有する品種があるが，ここではその分類法について簡単に説明する。表 3.2.6 に示すように CF は弾性率を基に分類されている。最も汎用的に使用されているのは標準弾性率糸である。

3.2.5 CFRP の成形法

CF の物性ポテンシャルを最大に活かすためには，樹脂と複合した CFRP とする必要があるが，ここではその製法についても代表的なものを記載する。当然，成形法にも多くの革新的な技術が必要とされる。

(1) プリプレグ／オートクレーブ成形

この方法は，熱硬化性樹脂の代表であるエポキシ樹脂と組み合わせることが多く，航空機では多用されている。図 3.2.9 に示すように CF 束の繊維間空隙に樹脂を拡散させることが基本となっており，繊維の充填率は最高 80 % に達することもある。シート状のプリプレグから任意の形状に積層し，バギング後

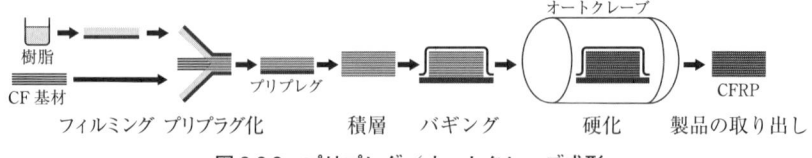

図 3.2.9　プリプレグ／オートクレーブ成形

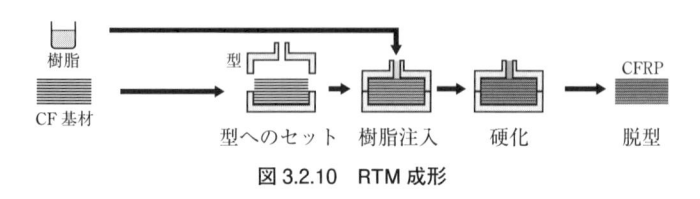

図 3.2.10　RTM 成形

にオートクレーブで加圧加熱してエポキシ樹脂を加熱硬化させる。

(2)　RTM（resin transfer molding）成形

CF 材を雌雄一対の成形型内に設置し，型締したあとに樹脂を注入して CF 材に含浸させる方法で，航空機や自動車用途で実用化が始まり注目されている（図 3.2.10）。

(3)　FW（filament winding）成形

CF フィラメントを引きそろえ，マトリクス樹脂を含浸させて回転マンドレルにテンションをかけながら所定の角度で巻き付け，硬化後に脱型する成形法である。CF の強度を最大限発現させることができる（図 3.2.11）。

(4)　引き抜き（pultrusion）成形

CF 材に樹脂を含浸させて金型に引き込み，所望の形状に硬化させ，引き抜

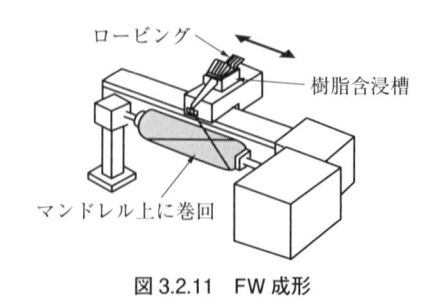

図 3.2.11　FW 成形

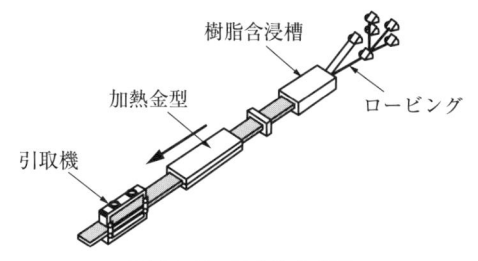

図 3.2.12　引き抜き成形

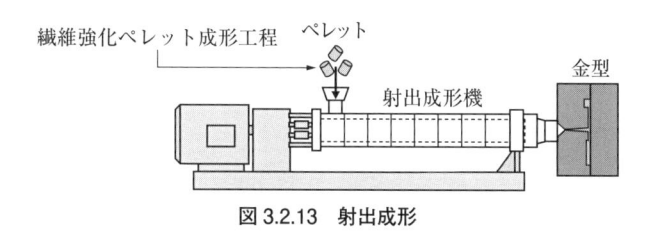

図 3.2.13　射出成形

き装置で連続または間欠的に引き抜いて所定の長さに切断する方法である（図 3.2.12）。

(5)　射出成形（injection molding）

　CF 材と熱可塑性樹脂を加熱溶融させて金型内に射出注入し，冷却・固化させて所望の成形品を得る方法で，樹脂としてポリアミド（ナイロン）やポリプロピレン（PP）などを用いる。CF を切断し不連続状にして溶融樹脂と混練し樹脂中に分散させ，口金から高圧で吐出させる。CF 量としては，目的によるが 30 重量 % と程度となる場合が多い（図 3.2.13）。

3.2.6　CFRP の用途

　CFRP が使用される用途のうち，航空・宇宙用途やスポーツ用途はこれまで CFRP の拡大に寄与してきた分野であり，今後とくに伸びが著しいのは一般産業用途である。図 3.2.14 に例を示すように，CFRP は今後，安全・安心，低炭素社会の実現に向け，「省エネルギー化・排出ガス削減」，「クリーンエネルギー＋エネルギーの多様化」などにおいて幅広く活用される素材である。以

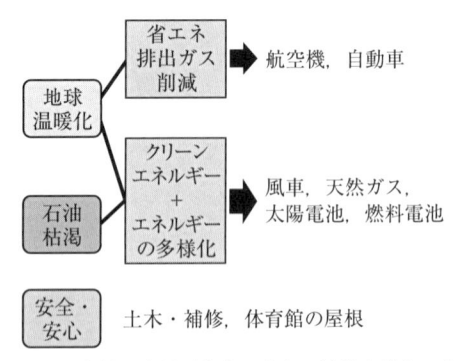

図 3.2.14　各種用途例（安全・安心，低炭素社会の実現）

下，各用途別に最近の状況を記す。

（1）　航空・宇宙用途

　航空機の CFRP 化は 1980 年初頭から，方向舵や昇降舵などの各種二次構造材から始まり，1985 年には一次構造材である垂直尾翼安定板に採用され，LCA（life cycle assessment；素材製造だけではなく組立て・運行から廃棄まで素材の一生を通して炭酸ガス排出量などを総合的に評価すること）的にも航空機における CFRP は必須材料となっている。

　航空機は大型化，たとえばエアバス社の A380（座席数 555，最大離陸重量 548 トン）という超大型機でも大量に採用されるようになってきた。航空機中の複合材料（CFRP 以外を含め）の使用比率は大型機で 15～20％，小型機では 70～80％に達することもある。

　一方，宇宙分野では高弾性率 CF が，人工衛星の構造体，太陽電池パネル，アンテナに使用されているし，通信衛星での使用量も伸びている。

　具体例を簡単に説明する。最新鋭機であるボーイング 787 について LCA 評価をすると，炭酸ガス排出量の削減効果が非常に大きいことが明らかとなった。具体的には，飛行機の構造部材として CFRP 化を進め，機体の 50％に適用すると，機体重量は適用前（ボーイング 767）から 20％削減できる。CO_2 の発生は素材製造において増加するが，組立て時に若干減少，また最も大きな運航時の燃料消費が大幅に減少し，10 年間使用すると 27000 トンも CO_2 の削減が

期待できる。

(2) スポーツ用途

スポーツ用としては，釣り竿，ゴルフ，テニスラケットの3用途分野が従来から続いている。釣り竿，ゴルフシャフト，いずれも年々軽量化が進み，超軽量の鮎竿などCFを用いることでしか得られない特徴を活かし，今後とも堅調な需要が続くと考えられる。

(3) 一般産業用途

産業用途ではCFRPの自動車用途への適用が最も注目されている。低炭素社会の実現には自動車の軽量化が必要不可欠なためである。また，ノートパソコンの筐体(きょうたい)への利用も多くなってきた。土木・建築においても鉄やセメントに代わる新素材としてCFRPの利用が進んでおり，軽量以外に耐疲労性，耐腐食性，寸法安定性などが非常に良好で，一般産業用途全般への浸透が進むであろう。

以下，いくつか具体的に代表例で説明する。

①自動車関連

自動車用途は今後，大型用途に成長すると考えられている。パネル材，外板，フレーム，シャーシなど使用部の例である。CFRPを用いることで，部品数や接合数の低減など組立て製造面でのメリットも大きい。航空機と同様，LCA的にCO_2排出削減にはCFRP適用効果がある。世界で年間約7000万台販売される新車に，1台あたりCFが100kg使用されたとすると，700万トンのCFが必要になる。現状（数万トンの需要）より2桁増える時期がいずれくると予想されている。

炭素繊維協会がモデル化したLCA分析結果によれば，素材製造時には鋼よりCO_2発生が多いが，組立て・走行において排出量が削減される。年間1台あたり0.5トン削減でき，自動車の膨大の数を掛け合わせればCO_2の削減量は巨大な数値となる。

②情報機器分野

情報機器分野では，CFの導電性を活かしノート型パソコン筐体やICトレイへの適用が進んでいる。CFは主としてチョップドファイバー化され，熱可塑性ポリマーに混入される。マグネシウムやチタンといった競合金属材料があ

るものの，電磁波シールド性など総合力を武器に着実にその地位を固めている。

③土木・建築

　CFは耐腐食性も高く，既存コンクリート構造物などの補修・補強や建築部材，鉄筋代替えなどに使用されている。容易に施工できるメリットがある。その他，CFRP製のトラスや学校体育館用屋根部材への適用も進んでおり，注目されている。

④エネルギー関連

　ⓐ風車ブレード　　将来のクリーンエネルギー源のひとつとして有望なのが風力発電である。プロペラ形風車による発電システムとして風車ブレードは3枚ブレードが振動も少なく，安定性が良好なため主流となっている。このブレード材は軽量で耐久性のあることが要求され，現在GFRP（ガラス繊維強化プラスチック）が主でCFRP補強されているが，将来さらなる大型化の際には比剛性と比強度にすぐれたCFRPが用いられると予想される。

　ⓑ圧縮天然ガス（compressed natural gas；CNG）タンクおよび燃料電池電極　　CNGは環境を第一に考える場合，汎用性が比較的高い。CNG自動車は自動車用燃料を従来のガソリンからCNGに代えるが，自動車後部にガソリンタンクに代わる高圧容器，すなわちCNGタンクを設置する必要がある。ガソリンをCNGに代替えすることにより，COやSO$_x$，NO$_x$が大幅に減少する。

　プラスチック製ライナーをCFRPで補強したCNGタンクは，鋼製タンクやアルミニウム製ライナーをGFRPで補強したタンクと比較すると，重量を大幅に削減できる。価格はGFRPを補強したタンクよりも高くなるものの，重量減による燃費向上を含めたトータルコストダウンという意味で有利である。

　さらに最近では，燃料電池自動車にも注目が集まっており，CFは水素発生のための燃料電池の電極素材としても使用されている。

［参考文献］
1) 炭素繊維協会編：「素材産業からの低環境負荷社会への提言」，http://www.carbonfiber.gr.jp/lcamodel.pdf（参照 2008-07-07）；高橋淳：「炭素繊維による地球環境への貢献」，第22回複合材料セミナー（2009）
2) 進藤・藤井・千石：特願昭34-28287（特公昭37-4405）
3) 中村治・大花・田澤・横田・篠田・中村修・伊藤：「PAN系炭素繊維のイノベーシ

ョンモデル」，シンセオロジー，**2**, 159（2009）
4) 石井：「独創的な商品開発を担う研究者・技術者の研究」，文科省科学技術政策研究所（2005）
5) Z. Bashir：*Carbon,* **29**, 1081（1991）
6) S. C. Bennett, D. J. Johnson：*J. Mater. Sci.,* **18**, 3337（1983）

3.3 機能性繊維

　人間が生きていくうえでの基本が「衣食住」と表現されるように，「衣」すなわち繊維は私たちにとってなくてはならないものである。有史以前より人類は繊維を活用してきた。獣毛，麻，綿，そして絹などの天然繊維を長く利用してきたが，1884 年にフランスのシャルドンネ伯爵（Comte de Chardonnet）により硝酸セルロース繊維が発明され，化学繊維の歴史が幕明けした。その後，人類はさまざまな化学繊維を生み出し，快適で利便性に富む繊維製品の開発に多くの努力をはらってきた。たとえば，繊維の断面形状を単なる円形だけでなく，中空にしたり多角形にすることで吸水性を高めたり，繊維表面での光の散乱を複雑にすることで深みのある色彩表現を可能にしたりしてきた（図 3.3.1）。

　使用する高分子を化学的に修飾することにより染色性や吸水性を高め，あるいは難燃性を付与するなどの新しい機能を付与した製品もたくさん生み出されている。化学的な性質だけでなく，繊維を延伸したあとに加熱して分子鎖の緩和と結晶化を精密に制御することにより，独特の手触り感（風合い）を発現させた製品も登場した（新合繊）。

　繊維に使用する高分子の物理的な特徴を巧みに利用した製品も生み出されている。たとえば，アクリレートという高分子は，水分を吸湿した際に発熱する性質をもつ。綿も同様な性質をもつが，アクリレートのほうがより多くの水分を吸収し，その結果より大きな熱量を発する。この性質を利用すると，発汗時に吸水して発熱する衣料をつくることができる。この吸水発熱繊維は，肌着やスポーツ衣料に応用されている。

　私たちの生活を支える繊維は，衣料用繊維だけではない。じつは，目に見えないところでたくさんの繊維が活躍している。たとえば，自動車のタイヤには，ポリエステルやポリアミドの繊維が使用されている。また，自動車が衝突した

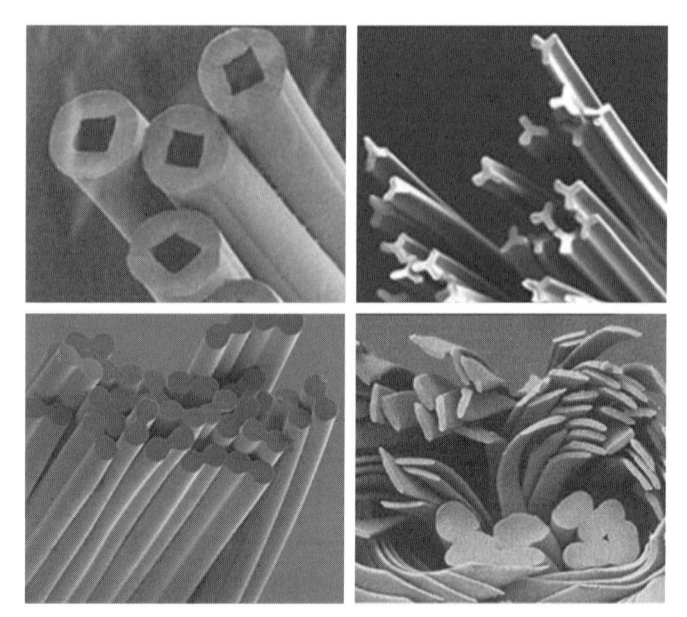

図 3.3.1　さまざまな異形断面をもつ繊維の例
左上：矩形孔をもつ中空繊維，右上：Y字形繊維，左下：繭形繊維，右下：扁平繊維。断面形状を異形にすることにより，吸水性・保水性の向上や，光の乱反射による深みのある発色が得られる。

際に乗員の安全を守るエアーバッグは，ポリアミド繊維でできている。あるいは，テニスラケットやゴルフシャフトを補強し軽量化するために，炭素繊維やアラミド繊維が使用されている。ロープやケーブルは繊維が最も活躍する用途である。釣り糸には，ポリアミド繊維やフッ素系繊維，ポリエチレン繊維などいろいろな繊維が使用されている。このように，産業用繊維は私たちの身のまわりのきわめて広い分野に利用されている。

　また，繊維は最先端の航空・宇宙分野にも利用されている。最新の航空旅客機には炭素繊維が使用され，機体の軽量化に貢献している。NASA が 2004 年に火星に探査機を送りこむ際にも繊維が活躍した。火星探査機を火星表面に軟着陸させるためのパラシュートやパラシュートケーブル，エアーバッグには，各種の有機系高強度・高弾性率繊維が使用されていた。

　ひとくちに機能性繊維といっても多種多様な分野に応用されている。本節で

は，有機系高強度・高弾性率繊維を高機能性繊維の一事例として取り上げ，より詳しく解説する。とくに，繊維構造の形成メカニズムの解明まで踏み込むことで，より精密な構造制御，ひいては物性制御が可能になることを超高分子量ポリエチレン繊維の例で詳しく説明し，ものづくりの醍醐味を伝えたい。

3.3.1 有機系高強度・高弾性率繊維の特徴

歴史的には，1970年に DuPont 社によって開発されたアラミド繊維（商品名：Kevlar）が最初の高強度・高弾性率繊維に該当する[1]。一般的には，強度が 2.0 GPa 以上で，かつ弾性率が 100 GPa 以上であるものを高強度・高弾性率繊維とよんでいる。高強度・高弾性率繊維には，炭素繊維など無機系の繊維も市販されているが，本項ではとくに有機系高強度・高弾性率繊維に着目して解説する。以下，とくに断らないかぎり有機系高強度・高弾性率繊維を「高強度繊維」とよぶことにする。

図 3.3.2 に示すように，高強度繊維のなかにはスチール繊維をしのぐ物性を示すものがすでに上市されている。これらの繊維は，機能として「強い」「硬い」という特徴があり，また有機系であるため「軽い」という特徴をもつ。

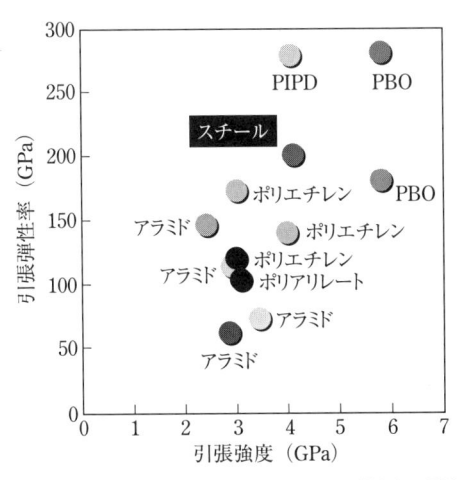

図 3.3.2 高強度繊維の引張強度と引張弾性率の関係
有機物でありながら，鋼（スチール）を超える強度・弾性率を発揮する繊維が存在する。

3.3.2 高強度繊維の製造方法

高強度繊維を得るために必要な分子的特徴は以下の4点である。
① 分子鎖を構成する結合が強固である
② 分子鎖の断面積が小さい
③ 分子鎖の直線性がよく,嵩高(かさ)な側鎖がない
④ 分子鎖に変角あるいは回転などの自由度が少ない

また,分子が上記の特徴を満たしていてもその集合状態(高次構造)が物性発現に適さない形態の場合には,その分子的能力を発揮することはできない。高物性を発揮する高次構造とは,分子が繊維軸に平行な方向に配向した状態である。これは,分子内の共有結合に対して分子間には比較的弱い分子間力(ファンデルワールス力,水素結合など)しか作用しないからである。

したがって,高強度繊維の製造方法は,分子鎖を繊維軸方向に配向させることに主眼を置いて開発された。その方法は大きく分けて2つに分類される。1つは,液晶紡糸法(liquid-crystalline spinning)であり,もう1つはゲル紡糸法(gel-spinning)である。液晶紡糸法はさらに,溶剤を用いるリオトロピック液晶紡糸法(lyotropic liquid-crystalline spinning)と,溶剤を用いずに熱溶融状態で紡糸するサーモトロピック液晶紡糸法(thermotropic liquid-crystalline spinning)に分類することができる。

(1) 液晶紡糸法

棒のように剛直な性質をもつ分子鎖は,分子鎖どうしが自発的に配向し液晶状態を発現することがある。剛直性高分子の溶液では,希薄状態では等方溶液であったものが,ある臨界体積分率 ϕ^* 以上では分子が配向して液晶状態をとる。フローリーは,分子鎖の長さ L と断面直径 D の比(軸比 $X = L/D$ という)と臨界体積分率 ϕ^* の関係として,次式(1)を理論的に与えた[2]。高分子鎖の剛直性が高いほど,すなわち軸比 X が大きいほど,低い体積分率で等方状態から液晶状態に転移することが理論と実験で確かめられている。

$$\phi^* = \frac{8}{X}\left(1 - \frac{2}{X}\right) \tag{1}$$

このように,溶液で液晶状態を発現するものをリオトロピック液晶とよぶ。また,液晶性高分子溶液中において,分子鎖どうしは局所的にはおたがいに平

行に配向しているが，その秩序は長距離には持続せず，数 μm から数十 μm 程度の大きさの領域（ドメインとよぶ）にのみとどまる。静置状態では，このようなドメインが多数集合したポリドメイン構造となっている。

1つのドメインの中の分子の平均配向ベクトルは，隣り合うドメイン間ではランダムである。一方，このポリドメインを形成している溶液にせん断流動や伸張流動を印加すると，ドメイン内分子の平均配向ベクトルは巨視的に流動方向に配向する。この流動による液晶性高分子の配向現象を利用した紡糸方法が液晶紡糸法である。

図 3.3.3 に，液晶紡糸における分子配向変化のようすを示す。ポリドメイン構造を形成することで，巨視的にはランダムな方向を向いていた分子の平均配向ベクトルが，ノズル中のせん断流動およびノズル吐出後の伸張流動によって流動方向に配向する。その後，凝固浴において溶媒を除去することによって，この高い分子配向が固定化される。リオトロピック液晶を用いた液晶紡糸によって得られる高強度繊維として，パラアラミド繊維（p-aramid fiber），ポリベンザゾール繊維（polybenzazole fiber）などが知られている。一方，溶剤を加えることなく加熱溶融状態で液晶性を示す分子も存在し，そのような液晶はサーモトロピック液晶とよばれている。このサーモトロピック液晶も同様の原理で液晶紡糸を行なうことが可能で，そのような例としてポリアリレート繊維が

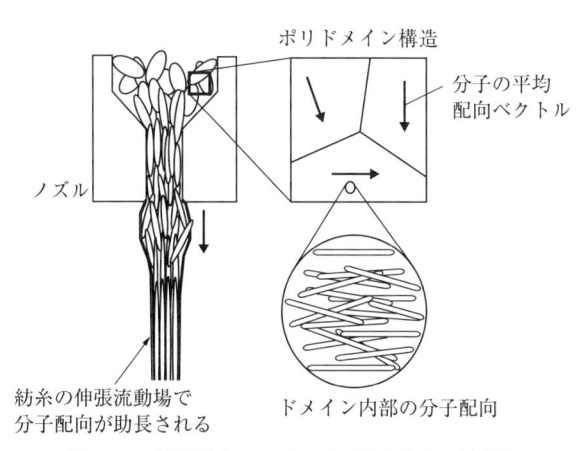

図 3.3.3 液晶紡糸における分子配向変化の模式図

知られている。

(2) ゲル紡糸法

ゲル紡糸法は，ポリエチレンのような柔軟な分子構造をもつ高分子から高強度繊維を得る方法である。固体の高分子を延伸すると分子が延伸方向に配向する。この延伸によってすべての分子鎖を延伸方向に配向させることができれば，高強度繊維が得られるはずである。しかしながら，通常の高分子固体では，高分子鎖間に存在する絡み合いによって延伸が阻害され，すべての分子鎖をひきそろえるほどの延伸を行なえない。この分子鎖間に存在する絡み合いの量を低減させることができれば，延伸性が向上するはずであり，その発想に基づいて発明された方法がゲル紡糸法である。

ゲル紡糸法では，高分子を溶剤に溶解し，1本の分子鎖に存在する絡み合いを減少させることで適度な分子鎖どうしの絡み合いを実現し（準希薄溶液），さらに紡糸の急冷・結晶化によって絡み合いを固定，そして加熱下で高延伸倍率に延伸することで高度に分子が配向した構造を達成する（図3.3.4）。

ポリエチレンの場合，この急冷過程で結晶化が進行し，結晶化によって絡み合いが固定され，溶媒が乾燥によって除去されても絡み合いが増えることはない。分子量が100万を超える超高分子量ポリエチレンを用いることで，数十倍を超える延伸が可能となり，高強度繊維を得ることができる。

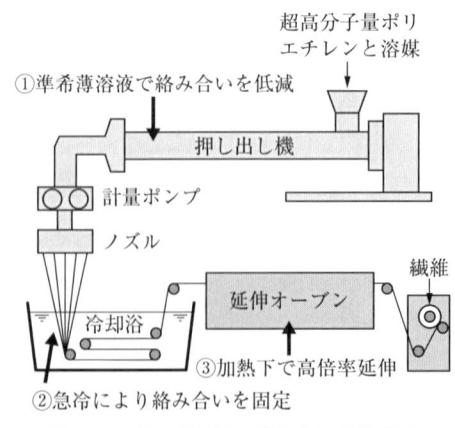

図3.3.4　ゲル紡糸法の特徴を示す模式図

3.3.3 ものづくりとしての高強度繊維の進化

高強度繊維の一例として超高分子量ポリエチレン繊維の事例を取り上げ,その進化の歴史とともに研究開発の重要性もあわせて説明する。

超高分子量ポリエチレン繊維は,ゲル紡糸法によって生産される。ゲル紡糸法は,オランダのスミスらによって1980年代に発明された[3]。

じつは,ゲル紡糸法の発明に先立って超高分子量ポリエチレンの高強度繊維をつくる方法が発明されていた。超高分子量ポリエチレンの希薄溶液を同心二重円筒管のあいだに充填し,円筒を回転させることによって溶液にせん断流動を付与し,流動する溶液中に種結晶を配置するとその表面から繊維が成長する(図 3.3.5)。その繊維の物性は,強度 2.6 GPa,弾性率 100 GPa というきわめて高い値を示した[4]。この繊維を熱延伸すると,4.6 GPa というさらに高い強度を達成した。この方法は表面成長法(surface growth method)とよばれ,高強度ポリエチレン繊維を得る方法としてたいへん注目されたが,希薄溶液を使用し,しかも繊維の成長速度が毎分 0.3〜0.6 m ときわめて遅かったため,実用化されることはなかった。

一方,ゲル紡糸法は比較的高濃度の溶液を用いることができる。そのため,経済性では有利であり,その後の発展につながった。

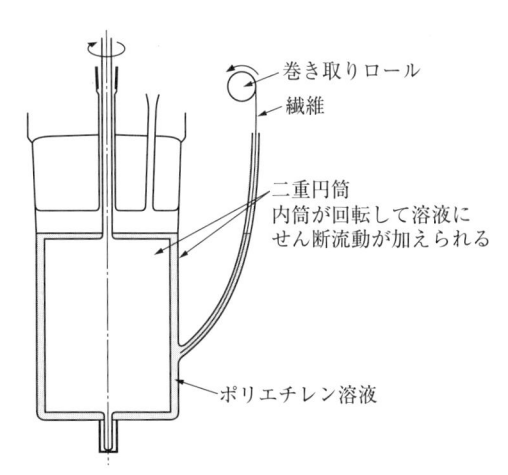

図 3.3.5 表面成長法による高強度ポリエチレン繊維の製造方法[4]

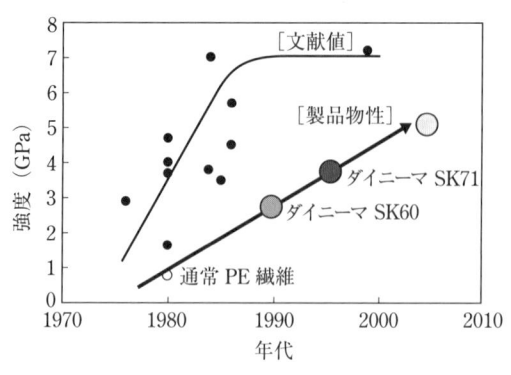

図 3.3.6　ゲル紡糸法による高強度ポリエチレン繊維の進化の歴史

超高分子量ポリエチレン繊維は 1990 年ごろに工業化されたが，その後も性能を向上させて進化してきた。図 3.3.6 に開発当初からの物性向上の歴史を示す。学術的な検討で到達できている強度は 7 GPa であるが，工業的にもそれに近づく努力を絶え間なく検討し，現在では 5 GPa の強度まで達成できている。物性向上を達成するためには，もちろん製造条件の最適化も重要であるが，小手先だけの対応では実現できない。繊維の物性発現のメカニズムを解明し，その原理原則に基づいたプロセスデザインが重要である。次項では，超高分子量ポリエチレン繊維の構造発現と物性発現の関係を明らかにした結果を解説していく。

3.3.4　超高分子量ポリエチレン繊維の構造と物性

超高分子量ポリエチレン繊維の物性を改善するにあたり，まずは繊維構造と物性の関係を解明することが重要である。制御すべき構造を明らかにしたうえで，その構造の形成メカニズムを解明することができれば，物性の制御も可能になるであろう。そこで，超高分子量ポリエチレン繊維の内部構造と物性の関係について解説する。

まず，ゲル紡糸繊維の製作方法を簡単に述べる。重量平均分子量 M_w が 200 万の超高分子量ポリエチレンを溶剤であるデカヒドロナフタレン（decahydronaphthalene）に溶解し，紡糸原液とした。超高分子量ポリエチレンの融点の

135℃よりも十分に高い温度200℃での加熱・撹拌によって均一溶液を得た。溶液の濃度は10重量％であり，超高分子量ポリエチレン分子どうしが絡み合った準希薄溶液になるように調製した。その紡糸原液を170℃に加熱したノズルより吐出し，室温の空気流を吹きつけることによって冷却し，10～120 m/min の紡糸速度にて巻き取った。巻き取った直後の繊維は，数十％の溶媒を含有している。紡糸ノズルから吐出直後は溶液状態であり，ノズル下で繊維は伸張変形を受けつつ吹きつけられた空気流によって冷却される。この伸張変形・冷却下で繊維構造が形成されるのである。また，紡糸速度を変えることで伸張変形速度が変化し，また繊維径の変化と冷却速度が変化する。この紡糸速度に依存した変形・冷却条件の変化が，繊維構造を変化させる。

　上記の紡糸過程で得られた繊維は，さらに熱延伸することによって高い物性を発揮する。熱延伸は二段階で実施され，一段目の延伸は110℃にて2～3倍の延伸倍率で実施され，一段延伸糸をさらに145℃で数倍延伸する。延伸倍率と得られた繊維の応力-歪曲線との関係を図3.3.7に示す[5]。紡糸速度10～90 m/min の範囲では，紡糸速度が高いほど延伸後の到達強度・弾性率が高い。到達物性が紡糸速度依存性を示すことは，紡糸条件に応じて繊維構造が変化したことを反映した結果である。すなわち，ゲル紡糸によって高物性が得られる最大のポイントが，溶媒濃度の適度な調整による分子鎖間の絡み合いの制御で

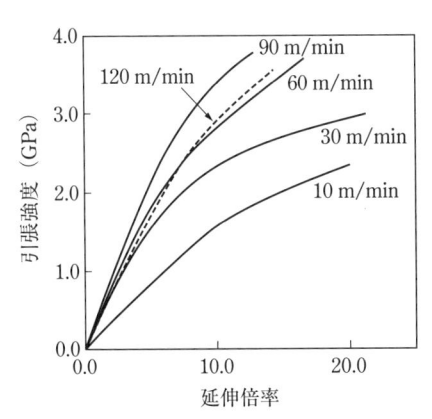

図3.3.7　超高分子量ポリエチレン繊維の引張強度の紡糸速度・延伸倍率依存性[5]

あることをすでに述べたが，実際の繊維物性を左右するのは溶液濃度に依存した絡み合い量だけではなく，繊維の構造が大きく関与していることをこの結果は示している。したがって，紡糸速度に応じた繊維構造の変化を解明すれば，物性向上のための繊維構造設計のヒントが得られる。

　紡糸直後の繊維の内部構造を，透過型電子顕微鏡（TEM）で観察することを試みた[5]。紡糸直後の繊維は溶媒を数十％含有しているため，電子顕微鏡で観察するためには工夫が必要である。まず，溶媒であるデカリンをアセトンに置換し，さらにエポキシ樹脂のモノマーに置換した。アセトンを経由したのは，デカリンとエポキシモノマーが混ざり合わないためであり，そのため共通溶媒

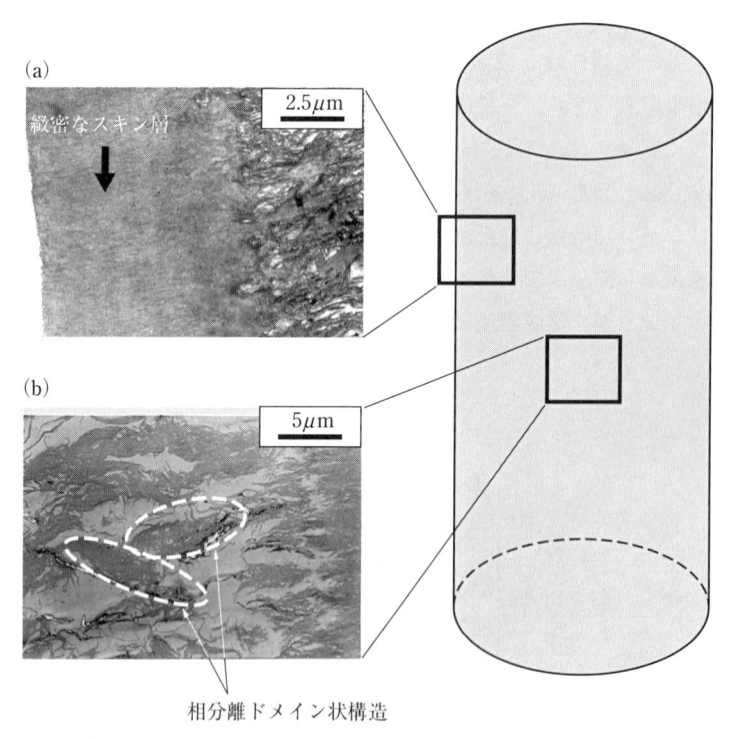

図 3.3.8　紡糸速度 10 m/min で紡糸して得た超高分子量ポリエチレン繊維の内部構造の TEM 観察

(a) 表面近傍の構造。緻密なスキン層が形成されている。(b) 中心付近の構造。結晶がランダムに集合した相分離ドメイン状の構造が多数発生している。

であるアセトンを使用した．デカリンを完全にエポキシモノマーに置換したあとに，エポキシ樹脂を 60℃ で硬化させた．そして，エポキシ樹脂に包埋された繊維より，繊維軸に平行かつ繊維の中心部を含む断面の超薄切片を作製した．切片を得る際に超高分子量ポリエチレンが染まる染色剤（四酸化ルテニウム）で染色し，顕微鏡下で超高分子量ポリエチレン部分が背景のエポキシ樹脂に対して黒く見えるようにした（ポリエチレン結晶の内部も染色されずに白く見えるので注意すること）．

図 3.3.8 に，紡糸速度 10 m/min で得た繊維の内部構造を示す．繊維表面近傍にきわめて緻密なスキン層が形成されている．スキン層では，超高分子量ポリエチレンのラメラ結晶（lamellar crystal；板のように平板な結晶．分子鎖は

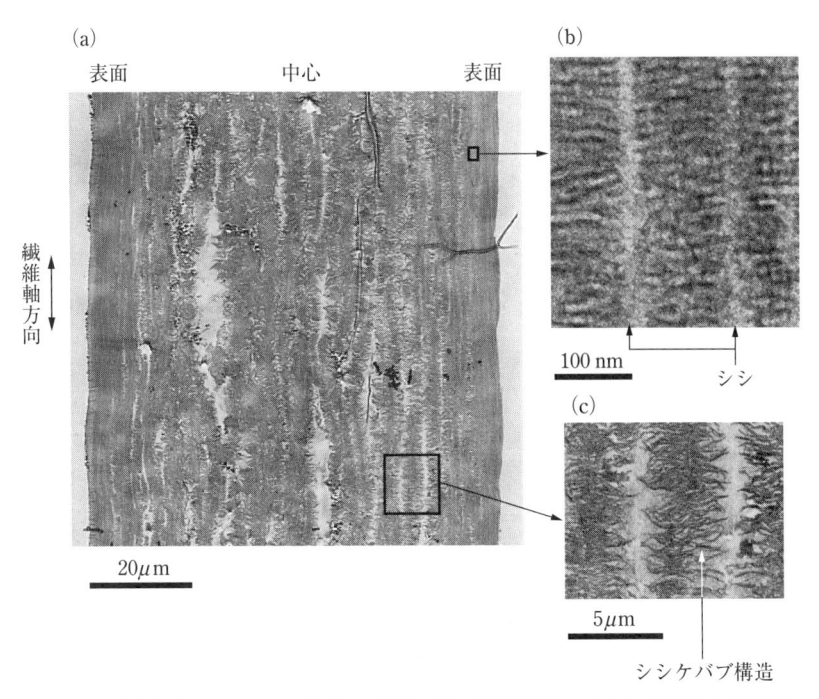

図 3.3.9　紡糸速度 60 m/min で紡糸して得た超高分子量ポリエチレン繊維の内部構造の TEM 観察
(a) 繊維軸に平行で，かつ繊維中心を含む断面．(b) 表面近傍の拡大図．(c) 中心付近の拡大図．

その平板の中に折りたたまれた状態でパッキングされている）が繊維軸方向に積層している。一方，繊維の中心部には，ラメラ結晶が比較的ランダムに集合した相分離ドメイン状構造が多数存在している（図中 b の点線で囲った部分。高分子濃厚相と希薄相に液-液相分離した相分離構造に由来すると考えられている。図 3.3.3 の液晶中のドメインとは異なる構造であることに注意）。

一方，紡糸速度 60 m/min で得た繊維の内部構造を**図 3.3.9** に示した。10 m/min で得た繊維とは大きく異なり，特徴的な形態をもつ繊維状の構造で内部が構成されていることがわかる。この繊維状の構造は，いわゆるシシケバブ構造（shish-kebab structure）とよばれている[5),6)]。

シシケバブ構造の中心には，伸びた分子鎖によって構成される結晶（伸びきり鎖結晶）が存在し，その表面にラメラ結晶が成長しているといわれている（**図 3.3.10**）。この特徴的な構造が超高分子量ポリエチレン繊維の物性の鍵を握っていると考えられている。図 3.3.7 に示したように延伸倍率が増加するに従

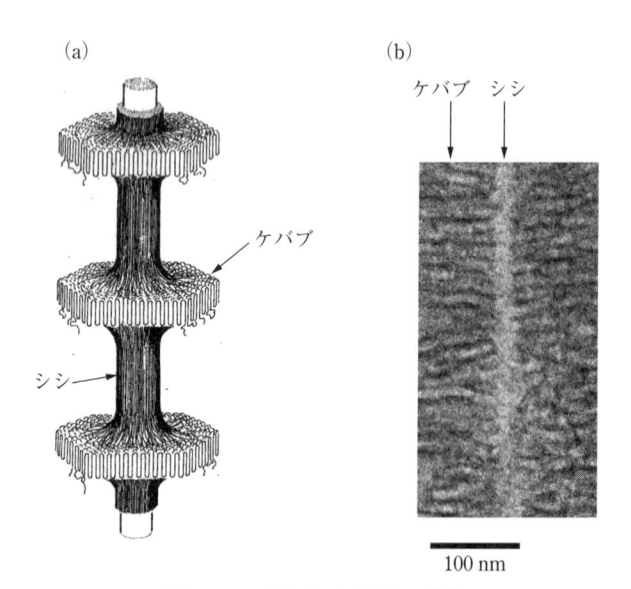

図 3.3.10　シシケバブ構造の特徴
（a）シシケバブ構造の模式図。分子が伸びきった結晶（シシ）の表面に，分子が折りたたまれたラメラ状結晶（ケバブ）が成長している。（b）シシケバブ構造の断面 TEM 写真。

い強度が増加する。強度が低かった紡糸速度 10 m/min の繊維では，表面にはラメラが積層した緻密なスキン層が，中心にはドメイン状構造が粗に存在していた。一方，強度が高かった紡糸速度 60 m/min の繊維では，太さのそろったシシケバブ構造で構成されており，繊維構造としての均質度が高い。同じ原料，同じ溶液を用いても紡糸速度が異なり，その結果，内部構造が異なれば到達物性も変わることは明らかであり，内部構造の制御が重要であることを示している。

さらに，このシシケバブ構造が延伸過程でどのように変化するかを図 3.3.11 に各延伸倍率との関係で示す[7]。延伸倍率が高まるにつれてシシケバブ構造が変化していくようすがわかる。紡糸直後はシシケバブ構造で構成されていた内部が，延伸されるに従ってケバブの幅が減少し（同図 a, b），やがて繊維内部のほとんどすべてがシシで構成されるようになる（同図 c）。

ケバブ（＋シシ）の幅 D_k とシシの幅 D_s の延伸倍率依存性を図 3.3.12 に示す。D_k が延伸倍率に応じて減少するのに対して，シシの幅 D_s はほとんど変化

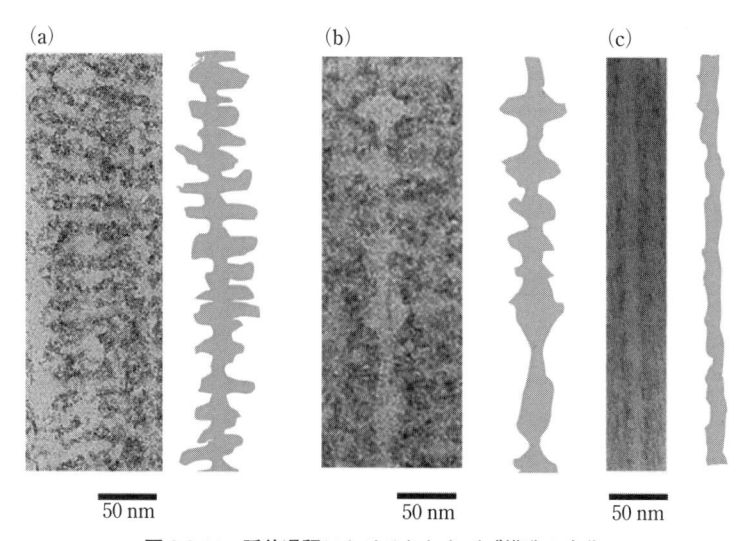

図 3.3.11 延伸過程におけるシシケバブ構造の変化
(a)延伸倍率 4 倍，(b) 6 倍，(c) 9 倍。TEM 写真と，シシケバブ構造の形態をトレースした模式図を示した。

していない．繊維の延伸時には，応力はおもにシシに伝わり，その応力によってシシが延伸されると推定されるが，延伸に応じてシシが細くならないのは，分子鎖がケバブから供給されるからである．そのようすを図 3.3.13 に模式図として示した．

繊維の強度が延伸倍率に依存して変化することを図 3.3.7 で示したが，この延伸過程の構造変化と物性変化の関係をシシケバブ構造を鍵として読み解くことができる．図 3.3.14 に繊維の破断時の荷重の延伸倍率依存性を示す（強度

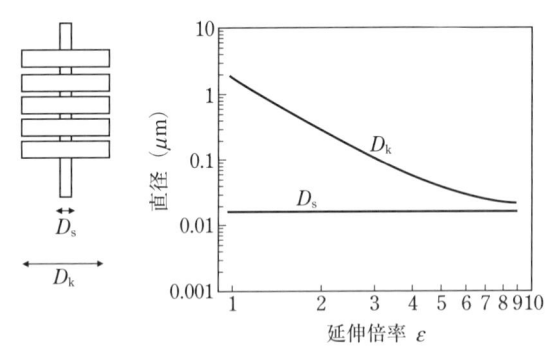

図 3.3.12　延伸過程におけるシシケバブ構造の寸法変化
シシの直径 D_s と，シシ ＋ ケバブの直径 D_k の延伸倍率依存性を示す．

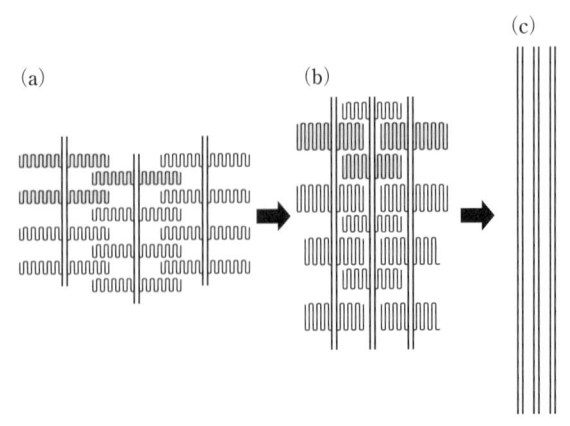

図 3.3.13　延伸過程でのシシケバブ構造の変化の模式図

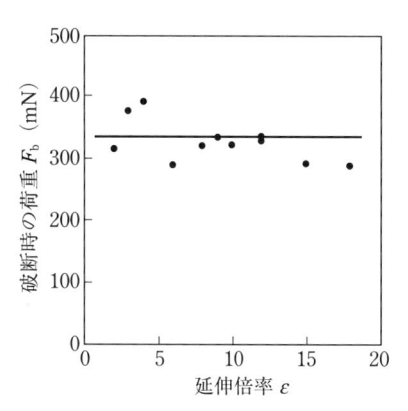

図 3.3.14　延伸倍率と破断時の荷重の関係

は，この破断荷重を断面積で除した値である）。破断荷重は，延伸倍率に依存せずほぼ一定の値を示している。この興味深い結果は次のように解釈できる。きわめて単純な仮説であるが，繊維の破断荷重 F_b がシシの破断荷重 f_b とシシの数 n と式(2)の関係にあるとする。

$$F_b = n f_b \tag{2}$$

繊維強度は，F_b を繊維の初期断面積で除した値であるので，繊維の初期直径を D_f とすると式(3)で求められる。さらに，延伸時の繊維の変形がアフィン変形（Affine deformation）に従うとすると，延伸倍率 ε に対する直径の変化は式(4)となる。式(3)，式(4)より，強度 σ_b と延伸倍率の関係は式(5)となる。

$$\sigma_b = \frac{F_b}{\pi \left(\dfrac{D_f}{2}\right)^2} \tag{3}$$

$$D_f \propto \frac{1}{\varepsilon^{1/2}} \tag{4}$$

$$\sigma_b \propto F_b \varepsilon \tag{5}$$

もし，延伸過程においてシシの数 n と破断強力 f_b が一定であるとすると，繊維の破断荷重 F_b は延伸倍率に依存せず，また繊維強度 σ_b は延伸倍率に比例することになる。TEM で観察したように，延伸過程を経てもシシの幅は一定

である（図 3.3.12）。このことは，延伸過程を経てもシシの物性が大きく変化していないことを示唆している。

　また，延伸過程においてシシ中の分子鎖は相互にすべりシシが延伸されるが，延伸によってシシが細りやがて切れてしまわないのは，ケバブから分子鎖がつねに供給されているからである。式(2)の仮説が正しければ，繊維中のシシの数を増やしてやる，あるいはより質の高いシシに変えることによって，さらなる高物性化が可能になる。このように，ゲル紡糸繊維において，シシケバブ構造が物性発現の鍵を握る重要な構造であることが明らかとなった。

3.3.5　シシケバブ構造の形成メカニズム

　シシケバブ構造は，超高分子量ポリエチレン繊維の物性を支配する重要な構造である。では，そのシシケバブ構造は紡糸過程でどのように形成されるのか。

　シシケバブ構造は，現在に至ってもその形成メカニズムの全容は解明されておらず，活発な研究が継続されている。シシケバブ構造の形成には流動が直接関与していることは明らかであり，流動による分子鎖の配向・伸張の効果が重要であることは容易に想像できる。ある速度以上の流動場下で高分子鎖が伸びきった形態をとるほうが，エネルギー的に安定であることが理論的に示されている。この現象は，コイル-ストレッチ転移とよばれており，シシケバブ構造のシシ形成において重要な役割を果たしていると考えられている。さらに，コイル-ストレッチ転移は伸張流動において起こる現象であるが，せん断流動場下においても分子鎖の絡み合い点間などの局所的な領域において発現し，シシ形成の駆動力になっていると考えられている[8]。

　これらの説の根底には，流動による分子そのものの配向や，分子鎖が絡み合って形成するネットワークの伸張が，伸びきり鎖結晶（シシ）の形成の主役であるという考え方がある。この考え方は大筋では正しいであろう。しかしながら，コイル-ストレッチ転移だけでは，なぜシシケバブ構造が数 μm を超える長距離に持続した長さをもつのか，分子鎖どうしが絡み合った溶液中で数十本もの分子鎖が協働的に集合しうるものなのか，シシケバブ構造の形態から着想される疑問には答えることはできない。一方，絡み合った高分子溶液からのシシケバブ構造の形成過程において，流動によって誘起される相分離現象が深く

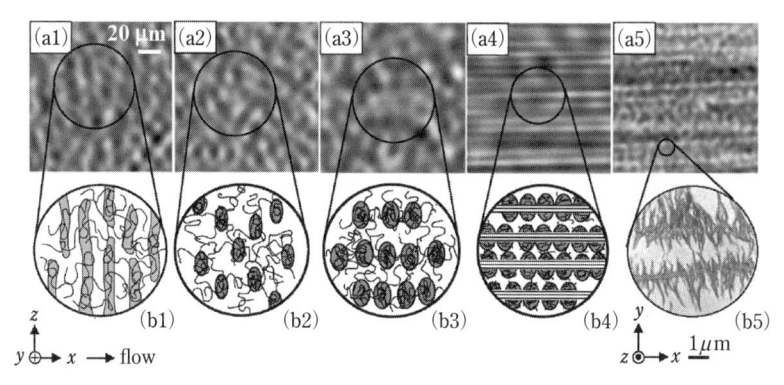

図 3.3.15　超高分子量ポリエチレン準希薄溶液の流動誘起構造(シシケバブ構造)の形成過程
124℃で流動を印加してからの構造の時間発展を光学顕微鏡で観察した。(a1)〜(a4)は流動印加からの変化を時系列に並べた。(a5)は流動停止後の光学顕微鏡像である。(b1)〜(b4)は，それぞれの構造の模式図である。(b5)は，流動停止後に試料を冷却し，その後に TEM 観察した結果である。流動印加開始からの経過時間は，(a1)10 秒，(a2)90 秒，(a3)120 秒，(a4)240 秒である。

関与していることが最近明らかになってきた。流動誘起相分離現象は，静置状態では均一な一相状態にある高分子溶液に流動を印加すると，高分子濃厚相と高分子希薄相に相分離する現象である。

　図 3.3.15 に，超高分子量ポリエチレンの準希薄溶液（高分子濃度は 5 %）に，せん断流動を加えながら流動場下での構造形成を光学顕微鏡で観察した結果を示す[9]。温度は 124℃ で，この溶液が静置状態で結晶化する温度 115〜119℃ よりも高温であるが，ポリエチレンの平衡融点 141℃ よりも低い温度である。したがって，静置状態では結晶化は起こらないが，ある臨界せん断速度以上のせん断流動を印加すると結晶化が起こるような温度である。

　石英でできている透明な 2 枚の円板のあいだに溶液を充填し，一方の円板を回転させることで溶液に流動を印加した。高速シャッター（1/10000 秒）の CCD カメラを用いて，流動印加開始から流動下で発現している構造を光学顕微鏡で連続的に観察した。流動を印加してから 90 秒までに，流動誘起相分離によって発現した高分子濃厚相と希薄相に由来する黒白のコントラストが認められる（同図 a1, a2）。この時間においては，高分子濃厚相の空間分布が比較

的ランダムであることがわかる。とくに興味深いのは，流動印加から120秒以降に分子濃厚相の流動方向への配列が観察されることである（同図a3）。

このような相分離ドメインの流動方向への配列は，あたかも「糸」のような形態をとることから，糸状ドメイン配列構造（string-like domain assembly）とよばれている。糸状配列構造の形成のあとに，分子鎖セグメントの流動方向への配向，配向セグメントの束状集合体と結晶核の形成，そして繊維状結晶化物への成長という構造形成過程が進行する。すなわち，流動誘起相分離によって発現した高分子濃厚相のドメインが流動方向に配列し，その配列構造が前駆体となって流動結晶化を誘導するというメカニズムである。

図 3.3.15 は，2 枚の石英のあいだに溶液を充填して流動を印加する，いわばモデル化された実験であるが，実際のゲル紡糸過程でも同様の構造形成が発現していることが最近明らかになった[10]。ゲル紡糸過程では，図 3.3.4 に示したようにノズルから超高分子量ポリエチレン準希薄溶液を吐出し，伸張流動を付与しながら冷却する。この紡糸過程の繊維構造を急冷固定し，TEM で観察した。

図 3.3.16（a〜f）は，順番にノズル近傍から下流へ向けてサンプリング位置を変えてある。TEM 観察の方法は，図 3.3.8 および図 3.3.9 を観察した方法と同じである。図 3.3.16（g〜l）にその構造形成の模式図を示す。紡糸過程でも流動誘起相分離が発現し，さらに流動誘起相分離の高分子濃厚相ドメインの流動方向へのネマティック的な配列構造の形成がシシの形成を誘起していることが示された。

最終的にはドメインは相互に合体しつつ，中心にシシ（もしくはシシの前駆構造となる配向分子鎖束）が形成されたのち，ケバブがエピタキシャルに成長することによってシシケバブ構造に至ると考えられる。従来のシシケバブの形成モデルでは，シシの形成に関して配向分子鎖がなぜ数十本も集合し，しかも数十 μm の長さに至る持続性を発現するのか説明されていなかったが，相分離ドメインの配列構造が前駆的に発現することで長距離持続性は説明可能となる。

[参考文献]
1) S. L. Kwolek : U. S. Patent 3,600,350（1971）; U. S. Patent 3,671,542（1972）

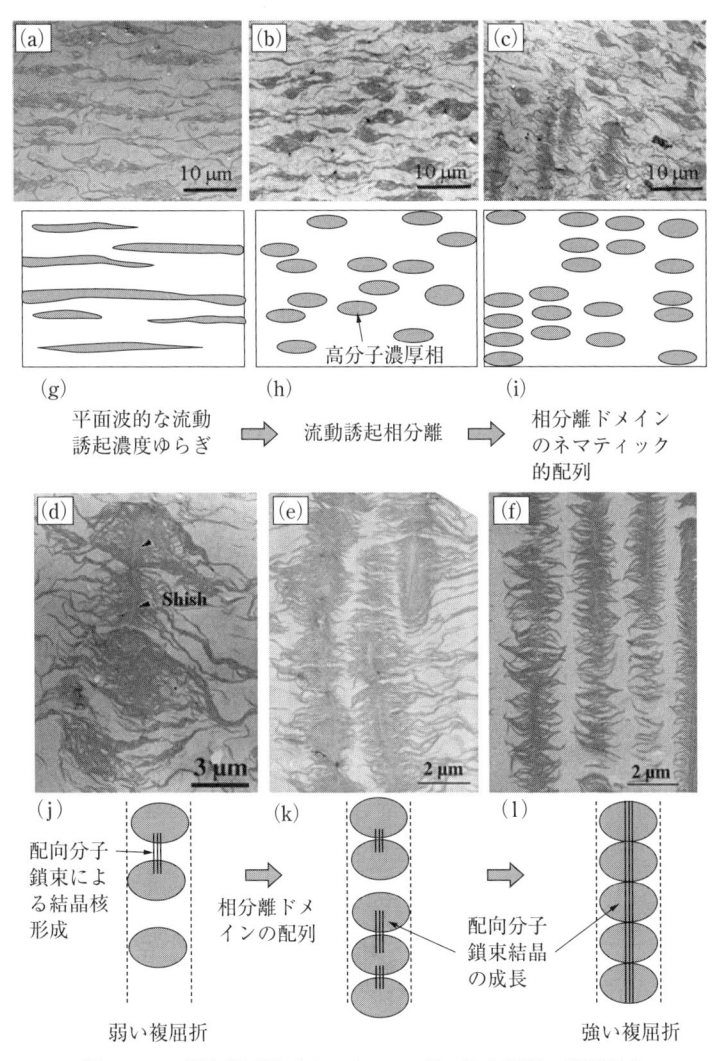

図 3.3.16 超高分子量ポリエチレンのゲル紡糸過程の構造形成

超高分子量ポリエチレンのゲル紡糸過程において,ノズル直下からの構造発現過程を急冷サンプリングにより固定化しTEMで観察した(a〜f)。ノズル直下(a)から下流に行くに従って構造形成が進行し,やがてシシケバブ構造が形成されるようすが観察されている。(g)〜(l)は,それぞれに対応する構造の模式図である。

3.3 機能性繊維

2) P. J. Flory : *Proc. Roy. Soc. London Ser. A*, **234**, 6, 73（1956）
3) P. Smith, P. J. Lemstra : *J. Mater. Sci.*, **15**, 505（1984）
4) A. Zwijnenburg, A. J. Pennings : *Colloid & Polym. Sci.*, **253**, 868（1976）
5) Y. Ohta, H. Murase, T. Hashimoto : *J. Polym. Sci., Part B, Polym. Phys.*, **43**, 2639（2005）
6) A. J. Pennings, J. M. A. A. VanderMark, A. M. Kiel : *Koll. Z. Z. Polym.*, **237**, 336（1970）
7) Y. Ohta, H. Murase, T. Hashimoto : *J. Polym. Sci., Part B, Polym. Phys.*, **48**, 1861（2010）
8) A. Keller, H. W. H. Kolnaar : *in Processing of polymer*, H.E.H. Meier Eds., Vol. 18, Chap. 4, VHC, New York（1997）
9) T. Hashimoto, H. Murase, Y. Ohta : *Macromolecules,* **43**, 6542（2010）
10) H. Murase, Y. Ohta, T. Hashimoto : *Macromolecules,* **44**, 7335（2011）

3.4 機能性化粧品

3.4.1 化粧品エマルションの基礎

機能性化粧品の製剤形態としては，水溶液，可溶化溶液，エマルション（emulsion），固体分散物，フォームなど種々のものがあるが，本節ではクリームや乳液で汎用され技術的にも興味深い剤形である，エマルションについて詳しく述べる。

(1) エマルションとは

エマルションは，物理化学のなかの「界面化学」「コロイド化学」という分野で扱われることが多い。これを実用的な観点からみると，物質の化学構造を変えることなくその界面にかかわる存在状態を変えることで，種々の異なった性質を引き出すことをねらうものである。混じり合わない液体どうしを無理に混ぜると，片方がもう片方の中に液滴状に分散された状態になる。これがエマルションである。

通常，この2つの液体は水（W）と油（O）であるから，できるエマルションは，水中油滴型（O/W）か油中水滴型（W/O）のいずれかである。どちらの型ができるかは，水相（水だけでなく水に溶けた成分も含む），油相（油だけでなく油に溶けた成分も含む）の体積比や極性，乳化剤の化学構造に依存する。

では，なぜ化粧品でエマルションが多く使われるのだろうか。皮膚に対して保湿などの機能性を発揮させるには，水性成分と油性成分の両方を同時に補給したいという要求がある。エマルションはそれに適した製剤であることは間違いないが，それ以上にエマルションがもつ滑らかな感触（テクスチャー）が好まれるためでもある。

(2) 界面活性剤

①界面張力と界面自由エネルギー

異なる物質が接触するとき，その界面にある分子は内部にある分子とは異なるために分子間力に不均衡が生ずる。このことに起因する界面に働く力が，界面張力である。水と油の界面にも界面張力が働き，その値は油の種類や水相，油相に溶けている成分に依存する。界面張力をもつ水と油を分散してエマルションを形成する場合の自由エネルギー変化は次の式で表わされる。

$$\Delta G = \Delta G_i + \Delta G_s \tag{1}$$

ここで，ΔG は系全体の自由エネルギー変化，ΔG_i は相内部の自由エネルギー変化，ΔG_s は界面自由エネルギー変化を表わす。単位面積あたりの界面自由エネルギーが界面張力である。乳化（emulsification）の過程で油相・水相ともに相内部は変化しないと仮定すると，式は以下のように書ける。

$$\Delta G = \Delta G_s = \gamma \Delta A \tag{2}$$

ここで，γ は界面張力，ΔA は乳化によって増えた界面積の増加分である。系全体の界面積は分散相の粒径に反比例して変わるので，粒子径を小さくすればするほど系全体の自由エネルギーは増大することになる。

乳化を行なうには，この自由エネルギーの増大にまさるエネルギーを加える必要があるので，界面張力を小さくすれば乳化が容易になる。たとえば，シクロヘキサン／水の界面張力は約 40 mN/m であるが，あとで述べる界面活性剤を用いることにより数 mN/m まで界面張力を低下させ，微細なエマルションを得ることができる。また，界面張力が0近傍になったとき（〜10^{-4} mN/m），外部からエネルギーを加えなくても乳化が起こる。これは，自然乳化または自発乳化とよばれる現象である。

また，微細に乳化されたエマルションでは系全体の自由エネルギーレベルが高いため，一般に分散系としては不安定であり，凝集や合一などの現象が進む

ことになるので安定化技術が重要である。

②界面活性剤

　小さな粒子径に乳化するためには界面張力を下げる必要があるが，そのための手段として乳化剤が用いられる。乳化剤としては界面活性剤や界面吸着しうるポリマーなどがあるが，エマルションの場合，比較的低分子の界面活性剤を用いるのが一般的である。

　界面活性剤は，親水性の基と親油性の基が分離された化学構造をもつ分子であり，親水基を水相側に，親油基を油相側に向けて界面に配向する形で吸着するため，油と水の界面張力を下げる。また，界面活性剤は親油基どうしまたは親水基どうしが集まって自己会合体を形成する性質をもつ。水相中でできるこの会合体をミセル，油相でできる会合体を逆ミセルとよぶ。図 3.4.1 に，界面活性剤のミセル，エマルションの型を模式的に示す。

　界面活性剤は親水基のイオン性から，陰イオン性，陽イオン性，両性，非イオン性に分けられる。イオン性界面活性剤水溶液の溶解挙動を，温度と界面活性剤濃度の二次元相図で図 3.4.2 に示す。これは物質の状態図に類似していて，モノマー，ミセル，固体の3つの状態が存在する。濃度と温度で三重点が存在し，そのときの温度をクラフト点（K_p）とよんでいる。

　すなわち，K_p 以下の温度ではミセルは存在できず，水和固体と溶解したモノマーが存在する二相系となる。K_p 以上になるとミセルが形成されるため，溶解度が急上昇し固体は消失して均一溶液となるが，このときにはミセルとモノマーが共存する一相系である。ミセル領域とモノマー領域を分かつ曲線は限

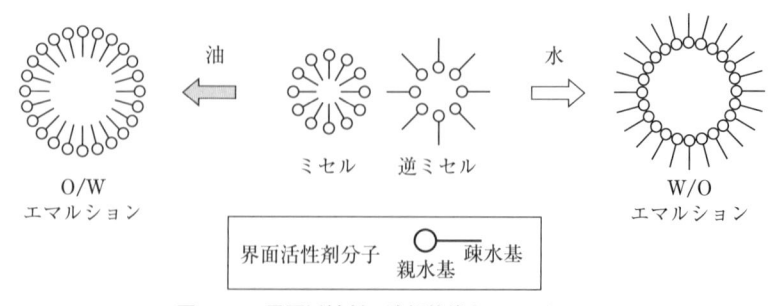

図 3.4.1　界面活性剤の溶解状態とエマルション

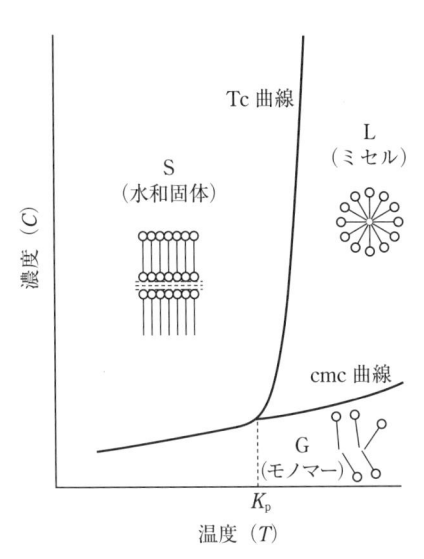

図 3.4.2 イオン性界面活性剤の溶解挙動

界ミセル濃度曲線（cmc 曲線）とよばれ，固体領域とミセル領域を分かつ曲線はいわゆる溶解度曲線（Tc 曲線）である。また，Tc は相転移点ともよばれ，水和した界面活性剤固体の融点に相当する。

　非イオン性界面活性剤水溶液の場合，親水基が酸化エチレン鎖や水酸基であるため，水和によって高い親水性を保持している。しかし温度を上昇させると，これらの親水基から水分子がはずれて水溶性が急激に低下する現象が見られる。

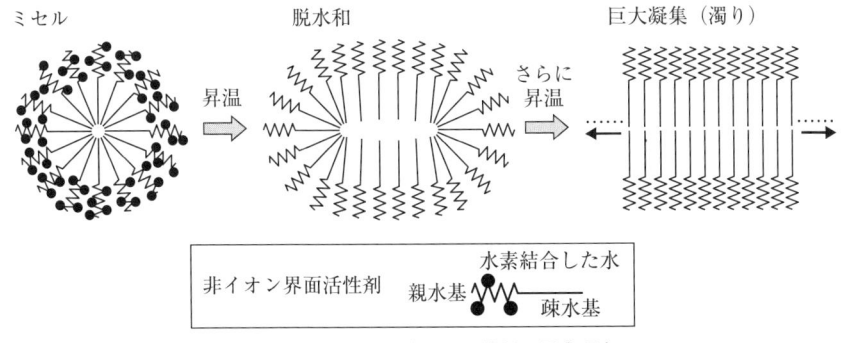

図 3.4.3 非イオン性界面活性剤の曇点現象

3.4　機能性化粧品

図 3.4.3 には，POE 鎖をもつ非イオン性界面活性剤の例を示した。親水基である酸化エチレン鎖の水素結合が，加熱によって切られることで水溶性が減るため，界面活性剤分子は水中で溶けていられなくなり，分子どうしの凝集が促進された結果，濁ってくる。このときの温度を曇点という。これは，曇点以上で界面活性剤の会合が無限となり，界面活性剤相が水相から分離するために起こる現象である。

③ HLB 値

乳化剤として界面活性剤をどのように選択するか，は重要な課題である。Griffin は数年にわたる膨大なデータから，界面活性剤が水に溶けやすいか，油に溶けやすいかを数値化すれば乳化剤選択の尺度になると考え，HLB 値（hydrophile-lipophile balance）の概念を提唱した。HLB 値は，油と水に対する界面活性剤の相対的な親和力を 18 段階で表わす経験値である。

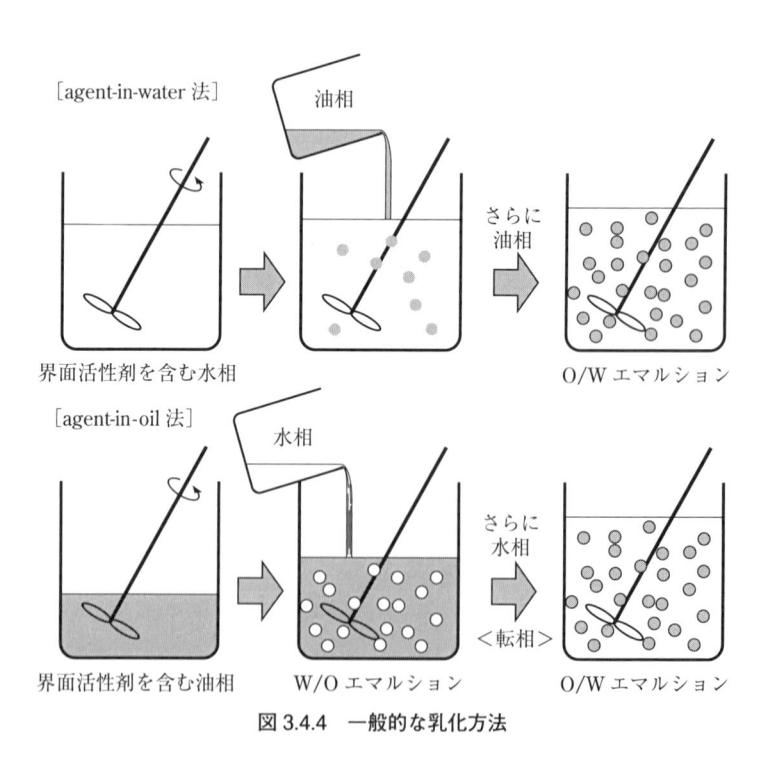

図 3.4.4 一般的な乳化方法

(3) エマルションの調製法

①一般的な調製法

図 3.4.4 に古くから行なわれている一般的な乳化方法を示す。agent-in-water 法は，界面活性剤を水相に溶解させ撹拌下で油相を加えて乳化するもので，O/W 型の乳化方法である。agent-in-oil 法は，界面活性剤を油相に溶解させそこに水相を加えていく。ここで，そのまま W/O 型を調製する場合と，さらに水相を加えて転相させ O/W 型とする方法がある。後者を転相乳化法とよぶこともある。一般には，転相乳化法で O/W 型を調製するほうが agent-in-water 法で調製するよりも微細なエマルションが得られやすい。また，nascent-soap 法は油に脂肪酸を溶かした油相と水にアルカリを溶かした水相を混合して乳化するときに，油／水界面で脂肪酸セッケンを生成させる方法である。古典的な方法であるが乳化力は強い。

また，非イオン性活性剤の場合，前項に述べたように温度によって親水性と親油性のバランスが変化するため，これを利用した乳化法が考案されている。

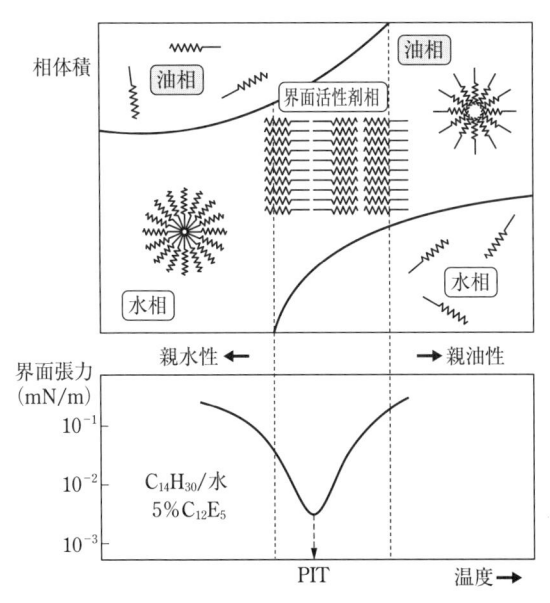

図 3.4.5　転相温度法の模式図

その一例を図 3.4.5 に示す。水，油（$C_{14}H_{30}$），非イオン性界面活性剤（$C_{12}E_5$）の混合系で温度を上げていくと界面活性剤は最初，水相中でミセルをつくっているが，温度とともに会合数を増し，曇点付近で会合数が最大となり，さらに温度を上げると油相中で逆ミセルを形成するようになる。

このときの曇点付近は，油相，水相，界面活性剤相の三相共存系であり，油水界面張力は非常に小さな値になる。この温度を転相温度（phase inversion temperature；PIT）とよんでいる。したがって，この転相温度付近で乳化を行なえば微細なエマルションを調製することができる。このようなエマルションの調製法を転相温度法または HLB-温度法とよんでいる。これは界面化学的乳化法のひとつであり，界面活性剤の性質をじょうずに活用した高能率乳化法といえる。

②機械的乳化方法

表 3.4.1 に代表的な機械的乳化方法の装置と原理をまとめた。化粧品の乳化に多く用いられている撹拌装置は図 3.4.6 のように，せん断力を加えるための主撹拌機であるホモミキサー，槽全体を撹拌するためのパドルミキサー，とくに高粘度のクリームなどでタンク壁面を掻き取るための掻取りミキサーが併設された複合的な撹拌装置になっている。また，このような撹拌槽を用いる場合は界面化学的乳化法を利用することが多いので，槽内の温度の制御も重要である。

高圧乳化装置は，図 3.4.7 のようにバルブシートとディスクバルブのあいだにせまいギャップ δ をつくり，粗乳化された処理液を高圧ポンプを用いてその

表 3.4.1　代表的な機械的乳化方法

外部エネルギー形態	乳化装置	備考
機械的せん断流れ	撹拌槽，流通式混合器（静止型混合器），機械的ホモジナイザー（コロイドミル）	乱流のせん断力利用
高圧力	（超）高圧ホモジナイザー	圧力解放に伴う高せん断力利用
超音波振動	超音波ホモジナイザー	キャビテーション利用
電気	静電微粒化	電気乳化現象利用

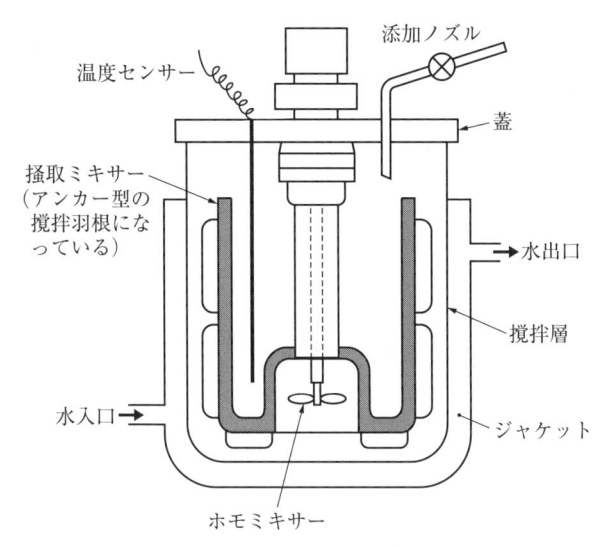

図 3.4.6 典型的な撹拌乳化装置

ギャップに送り込むものである。処理液はせまいギャップの中を高速で流れる際に，壁とのあいだで大きなせん断力を受け，液滴が分裂するのである。したがって，粒径は圧力，界面張力，分散相の粘度によって決まる。

(4) エマルションの安定性

エマルションは熱力学的な平衡にはなく，基本的に不安定な系である。したがって，実用的な範囲内で明らかな物性変化を生じないよう時間的に遅延させ

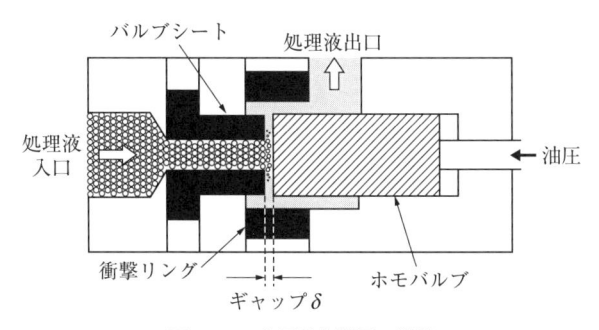

図 3.4.7 高圧乳化装置の機構

るのが安定化技術である。

図 3.4.8 にエマルションの破壊過程を示すが，最終的な形態である二相分離に向かって，凝集（aggregation），クリーミング（creaming），オストワルド熟成（Ostwald ripening）という3つの初期過程が重要である。実際の系では，これらが単独で進行するものではなく複合的に起こっていると考えられるが，この過程のどれが支配的かを見極めることが重要である。以下に，これら3つの過程の内容と対策について述べる。

①凝集

エマルションを含むコロイド安定性理論として有名なのが，DLVO 理論である。これは，ロシアのグループ（Derjaguin, Landau）とオランダのグループ（Verway, Overbeek）がほぼ同時に発表したものである。2つの荷電粒子が近づいてきたとき，粒子表面からバルクに向かって形成される，電気二重層の重なりによる静電的な斥力と，ファンデルワールス引力との足し算で得られるポテンシャル曲線で表現される。図 3.4.9 に典型的なポテンシャル曲線を示す。

ポテンシャル曲線の極大値は凝集の活性化エネルギーを表わし，これを越えて一次極小（Wv）に入り込むと容易に再分散できない。このポテンシャル障壁は通常，$30\,kT$（k：ボルツマン定数，T：絶対温度）以上だと凝集に対する安定性が高いといわれる。二次極小（Ws）は通常浅いため，撹拌などで容易

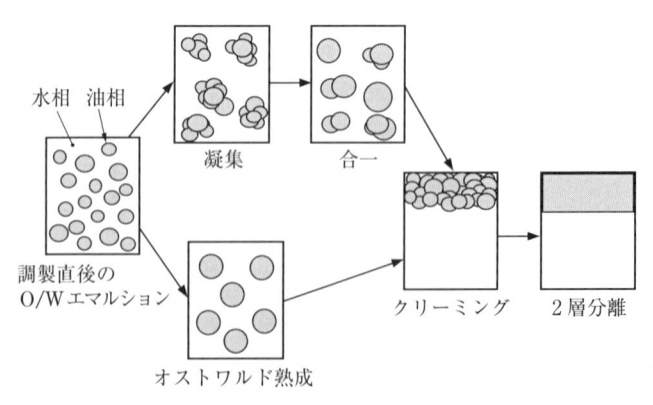

図 3.4.8 エマルションの破壊過程

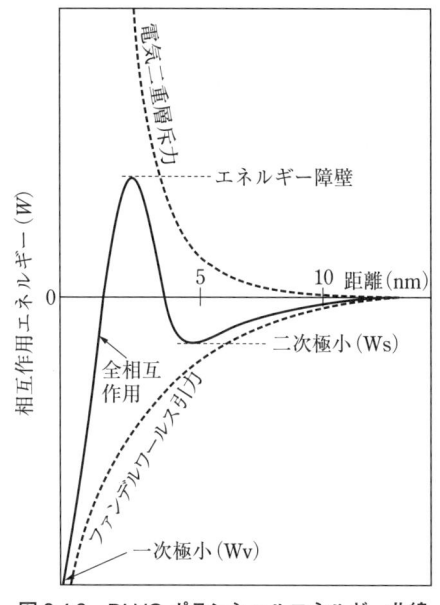

図 3.4.9　DLVO ポテンシャルエネルギー曲線

に再分散可能であり，軟凝集に対応している。

　また，電気二重層で安定化されている系に塩を添加すると，急激に凝集する。これは塩濃度の増加により電気二重層が小さくなり，ポテンシャル曲線の極大値が低下するためである。化粧品の場合，各種塩類が配合されていることが多いため，電気二重層によるポテンシャル障壁だけでエマルションを安定化することは難しく，次に述べる立体効果による斥力を利用している場合が多い。これは，エマルションの粒子上にポリマーの吸着層や非イオン性界面活性剤の吸着層を形成させ，粒子どうしが接近してきた際にそれらの吸着層どうしの斥力で安定化するものである。

　立体効果（steric stabilization）の内容は次の2つである。
・浸透圧効果　　粒子の接近により粒子間で吸着物質の濃度が上昇し，その部分への溶媒侵入が促進される結果，粒子どうしの接近を妨げる（図3.4.10）。
・エントロピー効果　　吸着層の接触により吸着分子の形態がひずむため，

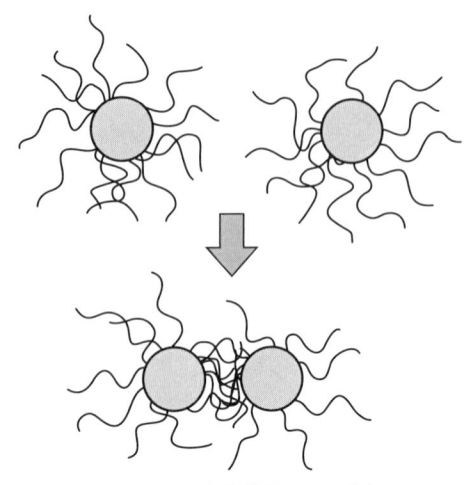

図 3.4.10　立体効果による斥力

安定なコンフォメーションをとろうとして反発する。O/W 型エマルションで塩濃度の高い場合には立体効果を使って安定化するのが有効であるが，さらに W/O 型ではそもそも電気二重層自体がほとんど存在しえないため，凝集安定化は立体効果に頼るしかない。

②クリーミング

クリーミングは，エマルションの分散相と連続相との密度差により，分散相つまり乳化粒子が浮上あるいは沈降してエマルションが部分的に濃縮分離される現象である。この現象は Stokes の式で表わされる。

$$V = \frac{2gd^2 \Delta \rho}{9\eta} \tag{3}$$

ここで，V は粒子の沈降（浮遊）速度，g は重力加速度，d は粒子径，$\Delta\rho$ は分散相と分散媒の密度差，η は分散媒の粘度である。この式からわかるように，クリーミングには粒子の大きさ（d）の影響が大きい。したがって，クリーミングを防止するには，平均粒子径を小さく，かつ粒子径分布をせまくして，大粒子を少なくすることが最も効果的である。

粒子径があるレベルまで小さくなると，クリーミング現象がまったく起こらなくなる。これは粒子のブラウン運動が重力にまさるようになるためである。

すなわち，重力によるクリーミングで濃度の不均一化が起こると，すぐにブラウン運動によりこの不均一化は解消されてしまう。また，粒子径以外には連続相の粘度を上げることもよく行なわれる。O/W エマルションの場合，水溶性ポリマーによる増粘や高級アルコール添加によるゲル構造の形成などがそれにあたる。

③オストワルド熟成

オストワルド熟成は，分散相を形成している物質の分子拡散によるものである（図 3.4.11）。粒子径の異なる粒子間では，油水界面の曲率に基づく化学ポテンシャルの違いによって粒子の溶解度に違いが生じる（Kelvin 則）。このため，小さな滴から大きな滴へと分子拡散が起こる。

$$C_r = C_\infty \exp\left(\frac{2\gamma V_m}{rRT}\right) \quad (4)$$

ここで，C_r は半径 r の乳化粒子（油）の水相への溶解度，C_∞ はバルクの油の溶解度，γ は油／水界面張力，V_m は油のモル容積，R は気体定数，T は絶対温度である。小さな滴はより小さくなり，大きな滴はさらに大きくなり，最後はサイズのそろった大きな滴となる。式(4)からわかるように，オストワルド熟成に対する安定性は，分散相の連続相に対する溶解度が低く，分子拡散が起こりにくい系にすると抑制される。すなわち，O/W エマルションの系では油成分の極性が低い脂肪族炭化水素は，極性の高い芳香族炭化水素や脂肪族アルコールに比べてオストワルド熟成が起こりにくい。

低分子量炭化水素や極性が高い油成分のためオストワルド熟成が起こりやすい系において，油成分に少量の高分子量炭化水素や低極性油を添加することで，オストワルド熟成が顕著に抑制されることが知られている。これは，小粒径の粒子中では極性油がその高い溶解性のために分子拡散で消失すると，小粒子中

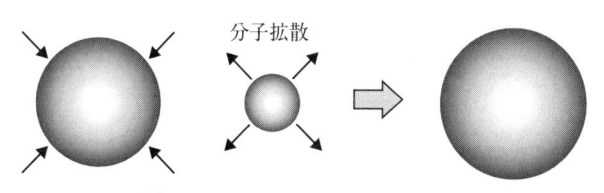

図 3.4.11　オストワルド熟成の原理

の低極性油の比率が高まるため，小粒子の化学ポテンシャルは低下し，大粒子の化学ポテンシャルと逆転現象が起こり，逆に大粒子から小粒子への分子拡散が起こることになる（Raoult 則）。Kelvin 則と Raoult 則が拮抗したところで，粒子間の化学ポテンシャルがつり合い，それ以上は粒子径が変化しなくなるのである。

3.4.2　皮膚について
(1)　皮膚の構造と役割

ヒトの皮膚は全体で 1〜2 mm 程度の厚さをもち，外側から表皮，真皮，皮下組織に分かれている。表皮は全体で約 70〜200 μm 程度の薄い膜であるが，熱，紫外線，有害物質など外界の刺激から身体を保護する。これを構成している細胞の状態に基づいて，外側から角層，顆粒層，有棘層，基底層がある（図3.4.12）。

表皮の最も外側にある角層は，生体の水分維持および外界からの保護という点で陸上動物にとって必要不可欠なものであるが，そのなかでも角層中の細胞間脂質の果たす役割は大きい。細胞間脂質の成分構成は，全体の 40〜65 ％ がセラミドというタンパク質のアミノ基が長鎖脂肪酸に置換された脂質（図3.4.13）および脂肪酸，コレステロールからなっている。これは水には非常に

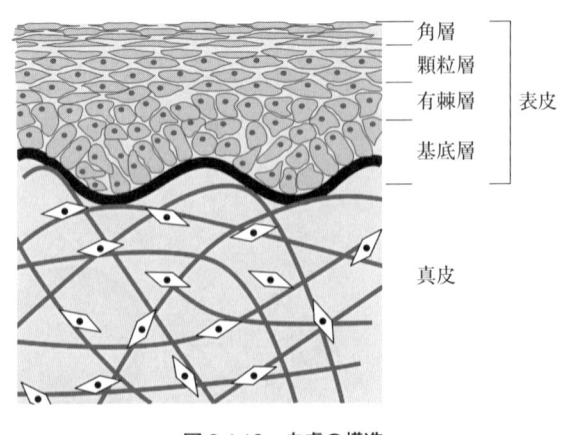

図 3.4.12　皮膚の構造

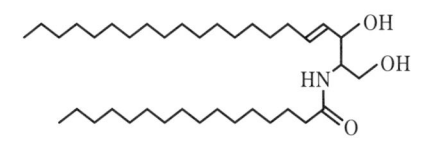

図 3.4.13　典型的なセラミドの化学構造

溶けにくく，水溶性の有害物質が外部から侵入するのを防ぐと同時に体内からの水分蒸発も防いでいる。また，セラミドは親水部と疎水部をもった両親媒性物質であるため，配向して規則的な構造をとることが知られている。

　身体の最外層である角層はつねに 10〜20％ の水分を含み，これを維持することで体内の水分を保っている。角層の水分量が 10％ を切ると，肌がかさつき，ひび割れが起こる。ひび割れがひどくなると，その割れた部分から体内の水分が急速に失われ，脱水状態という重大な事態に陥ることもある。

(2) 皮膚の老化

①しわ

　しわの深さが表皮のみに及ぶ浅いものは，角層に水分を補給するだけで治る場合も多い。逆に，真皮まで届くような深いしわは，真皮のコラーゲンやエラスチンなどのマトリクス成分が変質し，量も減少している。これらの繊維成分の変化は光，とくに紫外線によって著しく促進されることが知られている。

②しみ

　しみの原因は，紫外線，化学物質，ウイルスなどであるが，このなかで紫外線が最も一般的である。紫外線を浴びると皮膚はさかんにメラニン色素を合成するようになる。このメラニン色素が，しみの主原因である。メラニン色素をつくる酵素をチロシナーゼという。このチロシナーゼの活性を抑制する物質を細胞内に届けてやると，メラニン色素合成が抑制され，その結果，美白やしみ抑制ができるわけである。チロシナーゼ活性を阻害する物質として，コウジ酸，ビタミンC，アルブチン，プラセンタエキスなどが知られており，化粧品（医薬部外品）に応用されている。

3.4.3 アンチエイジング

皮膚の老化の原因を極力減らして皮膚の老化を遅らせるのが，化粧品におけるアンチエイジングである。皮膚の老化の三大要因は，紫外線，フリーラジカル（活性酸素），乾燥であるため，これらの悪い因子から肌を守ることが重要である。

(1) 紫外線対策
①紫外線の影響

紫外線（UV）はその波長によって，UV-A（320〜400 nm），UV-B（290〜

表 3.4.2 紫外線の影響

損　傷	紫外線	症　状
皮膚の炎症	UV-B	・表皮細胞が破壊される。その修復過程で角化異常が起こり，角層が厚くなったり角層水分量が減少して，肌荒れ状態になる。 ・炎症に伴いサイトカイン（情報伝達タンパク質）が生成し，メラニン色素活性を促す。
メラニン色素	UV-B, UV-A	・メラニン色素酵素であるチロシナーゼが活性化し，メラニン生成活性が上昇する。メラノソーム（メラノサイト中のメラニンをつくる小器官）が多数つくられ，これが角化細胞への移行を活発化する。 ・メラニン色素は紫外線を吸収してくれる皮膚にとっては防御物質であるから，この反応は皮膚にとって正しい対応であるともいえるが，沈着した色素はしみの原因になる。
DNA 損傷	おもに UV-B	・皮膚細胞の遺伝子 DNA にピリミジン二量体とよばれる傷が多数生じる。この DNA の傷を急速に修復しようとするが，このとき間違いが起こりやすい。
免疫抑制	おもに UV-B	・皮膚のランゲルハンス細胞数が減少し，免疫監視機構が正常に働かなくなる結果，感作性物質に対する反応が鈍り，皮膚癌になりやすくなる。
繊維質の変質	おもに UV-A	・透過性の高い UV-A が真皮まで届き，真皮中のコラーゲンやエラスチンを変質させる結果，皮膚は弾力を損い，しわの原因になる。
活性酸素	UV-B, UV-A	・皮膚だけでなく体内の活性酸素を増やし，生体老化を促進する。

320 nm），UV-C（190～290 nm）に分類されるが，UV-C はオゾン層で吸収されて地表に届かないので，UV-A と UV-B が問題となる。皮膚に紫外線が照射されると，皮膚では表 3.4.2 に示すようなことが起こっている。

② 紫外線対策

　UV ケア製品は，紫外線散乱剤や紫外線吸収剤を含むもので，紫外線が皮膚に届くのを防いだり，減少させたりする効果をもつものである。この効果の程度を表わす指標として，UV-B に対しては SPF 値，UV-A に対しては PFA 値が，日本化粧品工業連合会によって定められている。

　SPF（sun protection factor）値とは，製品を塗った皮膚の日焼け（紅斑）に要する最少紫外線量と，製品を塗らなかった皮膚の日焼けに要する最少紫外線量との比で表わす。たとえば，SPF＝30 とは，その製品を塗ることにより，塗らなかったときの 30 倍の紫外線照射量で同程度の日焼けが起こることを意味する。

　PFA（protection factor of UVA）のほうは，製品を塗った皮膚が即時黒化を起こすのに必要な紫外線量と，製品を塗らなかった皮膚が即時黒化を起こすのに必要な紫外線量との比である。表記としては，PFA＝2～4 が PA＋，4～8 が PA＋＋，8 以上が PA＋＋＋ となっている。

③ 紫外線防御剤

　UV ケア化粧品に用いられる紫外線防御剤としては，表 3.4.3 に示すように有機系と無機系のものがある。有機系は，いわゆる紫外線吸収剤である。世の中には多くの紫外線吸収剤が知られているが，安全性の観点から実際に使えるものはきわめて少なく，表 3.4.3 に挙げた紫外線吸収剤を数種組み合わせて用いるのが一般的である。

　無機系のものは，吸収に加えて紫外線散乱剤としても紫外線防御効果を発揮する。実際の UV ケア化粧品では，UV-B に対しては酸化チタン，UV-A に対しては酸化亜鉛がよく用いられる。

④ ダメージの軽減

　紫外線を遮蔽するると同時に，浴びてしまった紫外線の皮膚への影響を最小限にくい止める努力も行なわれている。これは紫外線の影響で示した項目のうち，どれかをねらったものである。すなわち，サイトカイン生成抑制（しみ，老化

表 3.4.3　化粧品で用いられている紫外線防御剤

		種　類	波長域	特　徴
有機系	・UV を吸収 ・特定波長に高効果 ・白くならない ・皮膚刺激がある	ケイ皮酸誘導体 サリチル酸誘導体 2-ヒドロキシベンゾフェノン誘導体 p-アミノ安息香酸誘導体 2-ヒドロキシベンゾトリアゾール誘導体 ジベンゾイルメタン誘導体	UV-B UV-B UV-B, UV-A UV-B, UV-A UV-A UV-A	汎用，吸収効率が高い 吸収効率が高い，刺激性の高いものもある 波長範囲が広い 汎用
無機系	・UV を吸収と同時に散乱（白くなる） ・防御波長範囲が広い ・皮膚への影響少ない	酸化チタン（TiO_2） 酸化亜鉛（ZnO） 酸化鉄（Fe_2O_3） 酸化セリウム（CeO_2）	UV-B UV-A UV-A UV-B, UV-A	汎用，屈折率が高く白浮きしやすい 汎用，透明性が高い 着色顔料なので限定的 反応性が高く配合は難しい

全般），チロシナーゼ活性阻害（しみ），免疫増強（老化全般），DNA 修復促進（老化全般），繊維質合成促進（しわ）などに効果のある成分が報告されている。

(2)　活性酸素対策（フリーラジカル対策）

ヒトのからだのなかで活性酸素はつねに生成している。肺から取り込んだ酸素は赤血球のヘモグロビンによって全身に運ばれ，細胞中のミトコンドリアのなかでこの酸素が糖質から電子を奪い，スーパーオキシド→過酸化水素→ヒドロキシラジカルを経て水に変わる過程で，糖質は ATP（アデノシン三リン酸）に変わる。この生命維持の基本サイクルから出た余剰の活性酸素，つまりフリーラジカルが細胞に損傷を与える。この影響を防ぐために各組織に抗酸化酵素が存在するが，細胞内の酵素で分解しきれない活性酸素は癌や生活習慣病，老化などの原因になるといわれている。

活性酸素への対策としては，抗酸化成分の摂取が一般的である。抗酸化成分としては，ビタミン類（ビタミン C，ビタミン E，ビタミン A など），カロテノイド類（β-カロテン，アスタキサンチン，リコピン，ルテインなど），ポリ

フェノール類（カテキン，アントシアニンなど）がよく知られている。これらを食品や健康食品で摂取するのが一般的であるが，化粧品に配合して皮膚に直接効かせることも行なわれている。これらの抗酸化成分は水に溶けにくいものが多いため，おもに乳化技術を用いてエマルションの形で配合される。

(3) 乾燥対策

角層中の水分量を制御しているのは，水分の蒸散を防ぐ細胞間脂質のほかに，NMF（natural moisturizing factor；自然保湿因子）とよばれる物質群である。NMFは，その分子の周辺に水分子を保持できるような物質の総称であり，具体的には各種アミノ酸，ピロリドンカルボン酸，乳酸，尿素などである。細胞間脂質もNMFも，年齢とともに徐々に低下してくる傾向がある。このため，外界湿度の影響を受けやすくなり，乾燥する環境では肌のかさつき，乾燥肌になりやすくなる。化粧品の大きな役割は保湿である。

①細胞間脂質の補給

細胞間脂質は，角質の細胞と細胞のあいだで層状構造をつくり，水分保持とバリア機能上重要な役割を果たしている。細胞間脂質の機能が衰えると角層は水分を保持できなくなり，かさかさの肌荒れ状態になってしまう。

細胞間脂質は，セラミド，脂肪酸，コレステロールからなり，そのなかでも約半分を占めるセラミドがとくに重要である。角層中のセラミド量は年齢とともに減少し，60歳では20歳のときの半分近くになる。さらに，ストレスによってセラミド分解酵素であるセラミダーゼの活性が高まり，セラミド量が減少することが知られている。また，肌荒れした角層ではセラミドの減少のみならず，セラミドのつくるラメラ層の構造が乱れる結果，水分保持やバリア性はさらに低下する。セラミドを補給すると肌の保湿に大きな効果があることはかなり前からわかっていたが，非常に高価なので実際の化粧品に配合することは困難であった。

そこで，セラミドに化学構造が似て同様な効果があるものや，セラミドと類似の層状構造を形成する物質で比較的安価なものが開発されてきた。図3.4.14には化学構造が似た合成セラミド（擬似セラミド）とセラミド類似物質の例を示す。セラミドは水にも油脂にもほとんど溶けない性質をもっているため，化粧品に配合する際には高度な乳化技術が必要である。

合成セラミド SL-E

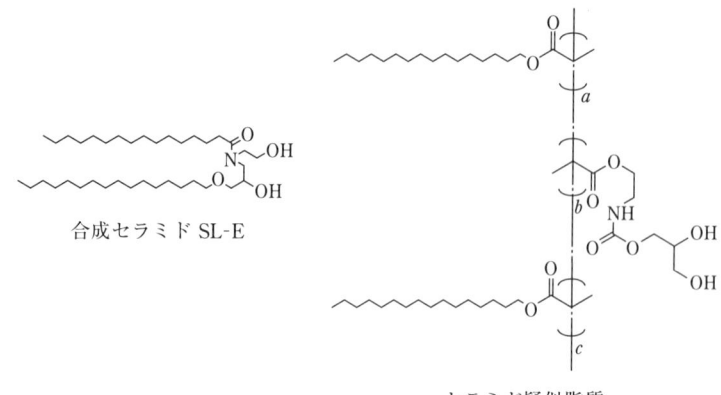

セラミド疑似脂質

図 3.4.14　擬似セラミド類

3.4.4　機能性化粧品エマルションの例

　化粧品に用いられる原料は，化粧品原料基準（粧原基），医薬部外品原料基準（外原基），日本汎用化粧品原料集（JCID），日本薬局方などの公定書に収載されたものおよびメーカー開発原料も合わせると 2000 種以上にもなる。これを大別すると，油性成分，水性成分，界面活性剤などの化粧品基剤と，抗酸化剤など各種有効成分，色材，香料，防腐剤などの添加剤に分けられる。製品には，これらの成分のなかからその目的と性状に応じて 10 種以上の成分を組み合わせて用いる。

　これらの多くの成分を 1 つの化粧品に仕上げるためには，乳化技術が頻繁に用いられる。これは，油性成分と水性成分を均一に，かつ長期間安定に保持する技術である。以下では，「美白クリーム」製品化の例を説明する。

　主剤は，リン酸アスコルビル・マグネシウムであるが，これはビタミン C 前駆体で，皮膚上で酵素によって分解され，ビタミン C として皮膚に供給されるものである。なお，この処方では多種の油を併用しているが，主は天然由来炭化水素系のスクワランと植物油脂であり，マカデミアナッツ油とホホバ油は油脂のほかにアミノ酸類（NMF）や抗酸化成分を含んだ機能性油脂といえる。シリコーン油は皮膚へ塗布した際の滑らかさを与えるために加えられている。

【処方例】

A	ステアリン酸ポリグリセリル-10（高HLB乳化剤）	2.7
	ステアリン酸グリセリル（低HLB乳化剤）	1.8
	ステアリルアルコール（補助乳化剤）	4.0
	スクワラン（油脂）	9.0
	マカデミアナッツ油（機能性油脂）	2.0
	ホホバ油（機能性油脂）	1.0
	中鎖脂肪酸トリグリセリド（油脂）	5.0
	ジメチコン（シリコーン油）	2.0
	トコフェロール（抗酸化剤）	0.1
	防腐剤	適量
B	クインスシードエキス 2%（増粘剤，保湿剤）	3.0
	1,3-ブチレングリコール（保湿剤，防腐剤）	10.0
	精製水	29.3
C	リン酸アスコルビル Mg（美白剤）	3.0
	クエン酸 Na（pH 調整剤）	0.5
	EDTA-4Na（金属イオン封止剤）	0.1
	精製水	26.4
合計		100

【調製方法】

A（油相），B（水相）ともに80℃で加温溶解する。Cは室温で撹拌溶解する。Bを80℃に保ったまま撹拌しながら，Aを徐々に加えて乳化させる。次いで，撹拌しながら50℃まで冷却したところでCを加えて撹拌する。最後に，35℃まで冷却したところで撹拌を止めて，調製を終了とする。

3.4.5 化粧品エマルションの進歩

従来の乳化技術の課題であった調製法や安定化に関しては，適切な乳化剤の選択や温度条件の設定などの技術進歩によりほぼ解決されてきている。現在では，化粧品乳化技術にとくに期待されることは，有効成分をより効率的に届ける技術や新しい外観や感触を求めることである。その試みとして，新たに実用化されてきている2つの技術例を取り上げてみよう。

(1) ナノエマルション

前項で紹介したような簡単な撹拌のみで形成するエマルションは，乳化剤に

もよるが，1～10μm 程度の平均粒径をもつ。エマルションを微細化する方法として，食品や医薬品注射剤などでよく使われている高圧乳化法がある。高圧乳化装置は適切な乳化剤を用いれば，化粧品で用いられる油を水相中に数十 nm まで微細に乳化することが可能である。たとえば，水／油／多価アルコール／界面活性剤という乳化化粧品の基剤の乳化で，高圧乳化装置を用いれば数十 nm 程度のナノエマルションが得られる。

このようなナノエマルションを調製する意義として，外観上透明なエマルションが得られるということ以外に，エマルションの安定化目的でも用いられている。その一例を図 3.4.15 に示す。

ホモミキサー程度の比較的弱いせん断力で乳化した場合，粒径は数ミクロン程度で非常に粘度が高かったが，これを高圧乳化で 30 nm 程度に微細乳化すると外観は透明になり，粘度も著しく低減した。これは，粒径が大きいときはバルク中で界面活性剤と多価アルコールで形成したゲルがバルク全体の流動性を支配して高粘度になっていたが，これを高圧乳化の高いせん断力で微細化したところ，新たにできた界面に多価アルコールと界面活性剤が吸着していくために水相中のゲルが消失し，そのために粘度が下がり，乳化状態としても安定化されたというものである。

	通常エマルション	ナノエマルション
調整法	ホモミキサー	高圧ホモジナイザー
乳化粒子法	4 μm	100 nm
粘度	1000 mPa·s	20 mPa·s
状態(模式図)	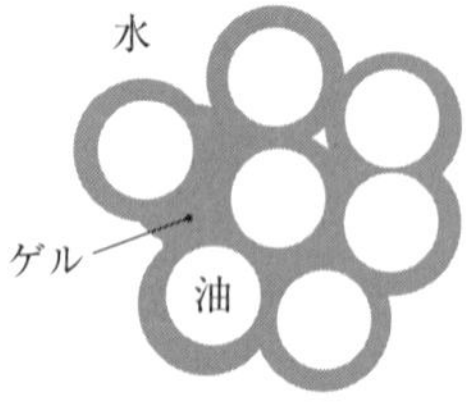 水／ゲル／油	

図 3.4.15 ナノエマルションと粘度

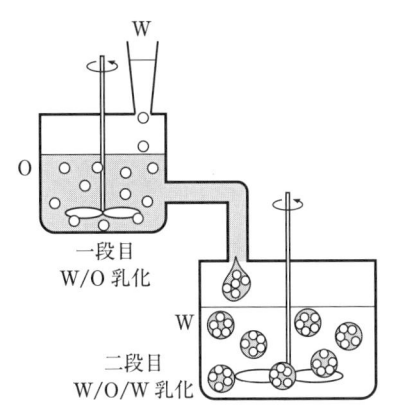

図 3.4.16　多相エマルションの一般的な調製法（二段乳化法）

(2) 多相エマルション

多相エマルション（multiple emulsion）は，分散相中にさらに別の相が分散した多相構造をもつエマルションである。O/W/O 型または W/O/W 型がある。薬学分野では DDS 用キャリアーとして，食品分野ではホイップクリームやマーガリンの食感改良に応用されている。化粧品分野では，おもに肌に塗布したときの使用感に特徴をもたせる目的で実用化されている。とくに，W/O/W 型エマルションでは肌に塗ったときせん断力によって内水相が放出され，最初の油っぽい感触からみずみずしい感触に変化するところが好まれている。

W/O/W 型エマルションのつくり方としては，図 3.4.16 に示すような二段階乳化法が一般的である。すなわち，一段階目で W/O をつくり，これをさらに二段階目で W 中に分散して W/O/W を形成させるものである。通常，一段階目の乳化剤は低 HLB のもの，二段階目の乳化剤は高 HLB のものを用いるが，乳化後に時間経過とともに両方の乳化剤が移行することで，不安定化することが多い。乳化剤が移行しないような安定な界面膜形成が求められる。

[参考文献]
1) 篠田耕三：『溶液と溶解度（第3版）』，丸善（1991）
2) 市橋正光：『お化粧と化学』，大日本図書（1993）
3) Fragrance Journal 編集部編：『香粧品製造学―技術と実際』，フレグランスジャーナル（2001）

第4章

情報と化学

4.1 化学ものづくりにおける有機化学

　人類が，大量に入手できる資源から「有機合成」という技術を使って染料を大量生産できるようになったのは，1856年の英国の化学者パーキン（Perkin）による赤紫色のモーブ染料合成を端緒とする。古代紫に似た色を放つモーブ染料の工業化でパーキンは大成功を収めたが，この工業化こそ巨大産業として発展する近代有機工業化学の初めての成功である。

　染料化学は1970年代後半，わが国の研究者により提唱された「機能性色素」という新しい概念によりさらに発展をとげる。機能性色素とは，染顔料の変色や昇華性あるいは電気的性質を複合的に利用するといった概念に立つものであり，記録用色素や有機ELといった情報の記録や表示に関する色素の実現を可能にした。モーブ染料の工業化以来，さまざまな染料や顔料の生産あるいは機能性色素の発見と実用化を可能にした背景には，ニトロ化，ジアゾ化カップリングといった種々の有機反応の発見が大きく貢献している。

　本節においては，これら有機機能材料を考えるうえで重要であると思われる有機化学の基礎的事項と有機反応について概説する。

4.1.1 ものづくりのなかの有機化学

　精密有機合成を必要とする有機機能材料としては，医薬品に代表される生体に作用するものと，「分子機能材料」とよばれる分子エレクトロニクス分野で重要な有機EL，機能性色素，有機半導体，液晶などがある。

　機能性色素や有機ELのように光吸収または発光する材料は，高度に共役し

たπ電子系有機化合物である。医薬品のように生体に作用する分子が炭素を含む有機化合物であることは、そもそも有機化学が生命を構成する物質群から発展してきた歴史を考えればまったく違和感はない。しかしながら、一見、生体とは無関係な光や電気などの物理的な刺激に特有な反応を示す「分子機能材料」も、炭素を中心とする有機化合物である。

4.1.2 有機分子を構成する原子，結合，官能基

(1) 原子の結合と分極

分子軌道法では、原子軌道（atomic orbital；AO）の一次結合を分子軌道（molecular orbital；MO）と仮定して取り扱い、たとえば水素分子の MO の波動関数 Ψ は、水素原子の AO の波動関数 Φ の一次結合として次のように表現される。

$$\Psi = c_1\Phi + c_2\Phi \quad （水素分子においては |c_1| = |c_2|） \tag{1}$$

係数 c_1 あるいは c_2 の2乗は、新たに形成されたMOの各原子上に存在する電子密度の尺度である。図 4.1.1 に、縦軸をエネルギー準位の尺度としたとき

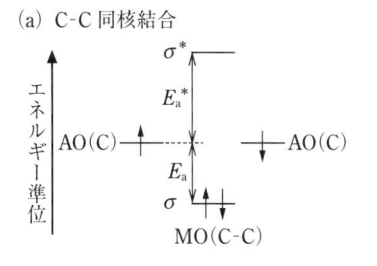

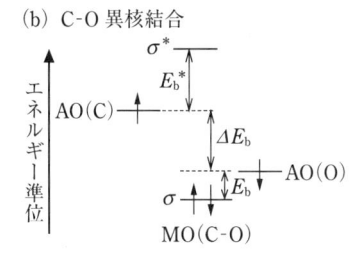

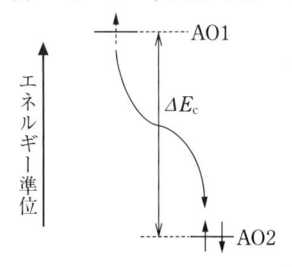

図 4.1.1　AO の相互作用による MO 形成の概念図

の AO から MO が形成されるようすを示す。

図の(a)は，炭素-炭素結合のようなエネルギー準位の等しい同核結合〔AO(C)-AO(C)〕であり，(b)は炭素-酸素結合のようなエネルギー準位に差がある異核間の結合〔AO(C)-AO(O)〕である。いずれも，元の AO よりも安定な結合性の MO(σ) と不安定な反結合性の MO(σ^*) を生じる。すなわち，(a)の場合には元の AO(C) よりも E_a ぶんエネルギーの低い MO(C-C) が形成され，(b)の場合には元の AO(O) よりも E_b ぶんエネルギーの低い MO(C-O) が形成されるが，このエネルギー変化には差がある。重要なことであるが，エネルギー準位に差がある軌道間の相互作用ほどその相互作用は小さく，エネルギー変化が小さい（すなわち $E_a > E_b$）。

図の(c)には，エネルギー差の非常に大きい 2 つの AO 間の相互作用のようすを概念的に示した。この場合には，2 つの AO が相互作用しても AO2 からの安定化はなく，AO1 の電子はただ AO2 に落ちるだけである。この電子の移動は正と負のイオンを生じることであり，(c)の相互作用は完全なイオン結合を形成した場合に対応している。すなわち，相互作用する AO 間のエネルギー差が大きいほどイオン結合性が大きいということになり，(b)のエネルギー差 ΔE_b は，結合に含まれるイオン結合性の尺度となる。また，AO が相互作用して新たな MO を形成する場合，その MO はエネルギー準位の近いもともとの AO の成分を多くもつ。すなわち，同核結合の場合，新たに形成された MO の各原子上のローブの大きさは等しいが，(b)のように関与する AO 間にエネルギー差があると MO は 2 つの原子間で対称でなくなり，ローブの大きさに差を生じるようになる。

図 4.1.2 に，炭素-酸素結合の結合性 σ 結合，反結合性 σ^* 結合の軌道を示した。σ 結合は酸素原子の AO に近いため，酸素原子上での軌道の広がりが大きく，σ^* 結合においてはその逆になる。このローブの大きさは，式(1)の係数 c に対応しており，電子密度と関係がある。2 電子が関与する結合の場合には結

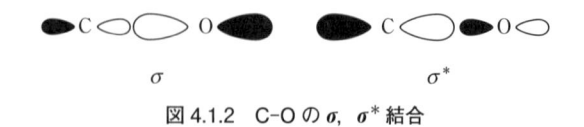

図 4.1.2　C-O の σ, σ^* 結合

合性のσ結合に2電子が入り結合を形成するが，それらの結合電子はローブの大きな酸素原子にかたより，結合を分極させることになる。

この電荷のかたよりによる分極を永久双極子といい，その双極子モーメントの方向を部分電荷$δ^+$から$δ^-$への矢印で表わす（**図4.1.3**）。この分極は，有機分子が反応する際の反応点として，あるいは分子間力などに寄与する。また，その分極はその結合を形成する原子間だけでなく隣接する結合にも分極をもたらし，カルボン酸，アミンなどの酸，塩基性あるいは官能基の反応性に大きな影響を与える。この結合の分極によりもたらされる効果が誘起効果（inductive effect）であり，電子を引き付ける電子求引性と電子を与える電子供与性の置換基に分類される。

表4.1.1に，いくつかの置換基の誘起効果をまとめた。炭素原子より電気陰性度の大きな原子が結合した場合には電子求引性誘起効果を示し，それらの原子が多重結合で官能基を構成したカルボニル基，シアノ基なども電子求引性である。また，sp^2，sp混成炭素も電子求引性誘起効果をもつ。一方，負電荷をもつ置換基，アルキル基は電子供与性を示す。なお，誘起効果は分極した結合から遠くなるにつれてその効果は急激に減少する。

(2) 電荷の非局在化と共鳴効果

有機分子中に存在する正負の電荷，あるいは結合電子対，非共有電子対，不

$$δ^+ \quad\quad δ^+ \longleftrightarrow δ^-$$
$$CH_3―CH_2―F$$

図4.1.3　結合の分極による誘起効果
C-Fの分極によりC-Cの結合も分極し，メチル基のCにもわずかながら正電荷が生じる。

表4.1.1　誘起効果におけるおもな置換基の電子的効果

電子供与性	電子求引性
$-O^-$	$-X$ (X=F, Cl, Br, I)　$-OR$　$-NR_2$
$-CO_2^-$	$-\overset{O}{\underset{\|\|}{C}}-R$　$-C≡N$　$-NO_2$
$-CH_3$	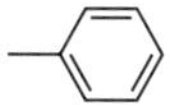 ―⟨◯⟩　$-C≡CR$　$-\overset{+}{N}R_3$

4.1　化学ものづくりにおける有機化学

対電子は，せまい空間に局在化して存在するよりも広い範囲に非局在化したほうが安定である。誘起効果も，ある結合の分極により生じた部分電荷を隣接するσ結合の分極を介していくつかの原子に分散させる電荷の非局在化効果と考えることができる。この電荷の非局在化は，p軌道が平行に並ぶπ電子系でも起こり，有機分子の反応性，物性に大きな効果をもたらす。このπ電子系を介した電荷あるいは電子の非局在化を共鳴効果（resonance effect）とよぶ。

　共鳴効果の例として，図 4.1.4 にエナミンとエノンの電子の非局在化のようすを示す。有機化学では電子の非局在化を曲線矢印で示し，電荷分離した構造には形式電荷を付す。また，電子の移動により生じる構造を共鳴構造といい，両頭の矢印で結ぶ。この矢印は，実際の分子が共鳴構造の混合物ではなく，それぞれの共鳴構造の性質をあわせもった共鳴混成体（resonance hybrid）であることを示している。

　共鳴構造 B あるいは E から予想されるように，エナミンにおいては二重結合の末端炭素は求核性があり，エノンの場合にはカルボニル炭素とともに求電子的反応点となる。先にも述べたように，電子の非局在化は安定化をもたらす。すなわち，共鳴混成体である真の分子は，共鳴混成体に寄与するいずれの共鳴構造よりも安定である。この共鳴効果による安定化エネルギーを共鳴エネルギー（resonance energy）という。共鳴効果においても，電子を非局在化させる電子供与性置換基と，電子を受け入れる電子求引性置換基が存在する。ハロゲン，窒素，酸素のような非共有電子対をもつものは電子供与性に分類され，これらは誘起効果とは逆向きの効果をもつ。

　MO が 2 つの AO の結合により形成されると仮定したように（図 4.1.1 参照），1,3-ブタジエンの π 分子軌道を，2 つのエチレンの π 分子軌道の結合により形

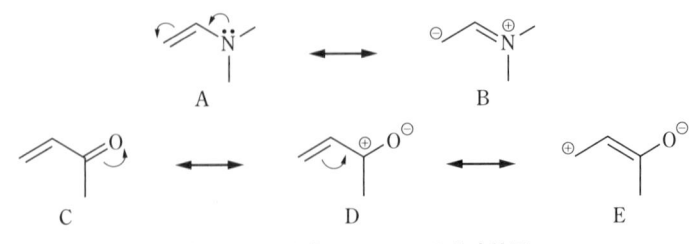

図 4.1.4　エナミン，エノンの共鳴効果

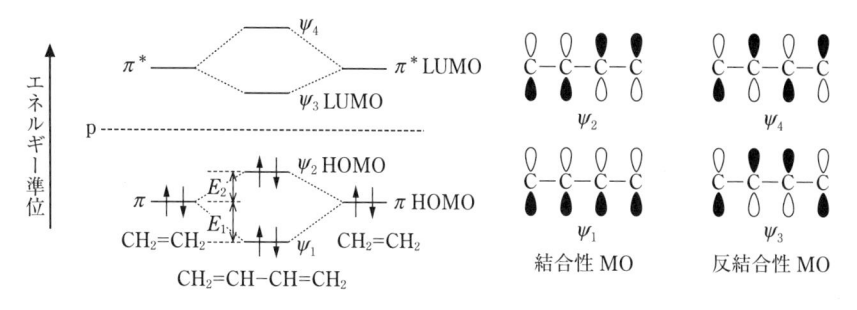

図 4.1.5　1,3-ブタジエンの π 分子軌道

成されると考える。図 4.1.5 に示すように，2 つのエチレンの π 軌道からエネルギー準位の低い Ψ_1 軌道とエネルギー準位の高い Ψ_2 軌道が形成される。同様に 2 つの π^* 軌道から 2 つの Ψ_3 と Ψ_4 が生じる。中央に示した p は炭素原子の 2p 軌道のエネルギー準位であり，この準位よりも低い Ψ_1 と Ψ_2 は，図の右に示したような 4 炭素に広がる結合性 MO である。2p 軌道のエネルギー準位よりも高い Ψ_3 と Ψ_4 は，反結合性 MO となる。ブタジエンの 4 つの π 電子は，エネルギーの低い Ψ_1 と Ψ_2 に 2 つずつ収容される。

π 軌道を基準とした Ψ_1 の安定化エネルギー（E_1）と Ψ_2 の不安定化エネルギー（E_2）では，E_1 のほうが大きい。このエネルギー変化に関しては，ヒュッケル（Hückel）分子軌道法から導くことができる。その結果，ブタジエンの 4 つの π 電子は，エチレン 2 つからなる 4 つの π 電子よりも安定となる。

エチレンからブタジエンに共役系が拡張した際に注目すべき点は，電子が存在する最もエネルギーの高い軌道，すなわち最高被占軌道（highest occupied MO；HOMO）のエネルギー準位が上昇し，電子が存在しない最もエネルギーの低い最低空軌道（lowest unoccupied MO；LUMO）のエネルギー準位が低くなっている点である。この 2 つの特別な軌道をフロンティア軌道とよぶ。このフロンティア軌道こそ有機分子の反応性，あるいは分子機能材料の物性に決定的な影響を与えるきわめて重要な MO である。福井謙一は，このフロンティア軌道論の創始者であり，この業績により 1981 年にノーベル賞を受賞した。

有機機能材料である色素は，可視光（波長が 380～780 nm 程度の電磁波）領域にある波長の光を吸収して色を呈する。この有機分子による光の吸収は，

図 4.1.6　アルケンの付加反応とベンゼンの置換反応

HOMO（π）からLUMO（π*）への電子の遷移（π-π*遷移）により起こるが，吸収される光の波長はこのHOMOとLUMOのエネルギー差に密接に関係している。エチレンは，165 nmの紫外光領域に吸収極大波長をもつが，π共役系が拡張すると徐々にHOMOとLUMOのエネルギー差が小さくなり，吸収される光の波長が可視光領域の方向にシフトする。分子機能材料である色素あるいは有機ELは，この可視光領域に吸収極大波長をもつ分子である必要があり，それらの有機材料のHOMOおよびLUMOのエネルギー準位，またそのエネルギー差はその物性を決定するうえできわめて重要である。

特別なπ共役系として，ベンゼンに代表される芳香族化合物（aromatic compound）がある。芳香族性（aromaticity）は，環状共役系分子でπ電子の数が$4n+2$（$n = 0, 1, 2, \cdots$）のヒュッケル則を満たすとき成立する。これらの芳香族化合物は，鎖状のπ共役系化合物よりも大きな共鳴エネルギーをもち，たとえばベンゼンは同じ6π電子系の1,3,5-ヘキサトリエンよりも安定である。芳香族化合物は，この特別な安定性のため独特な反応性を有する。通常，アルケンと臭素の反応は臭素が付加した化合物を与えるが，ベンゼンの場合には置換反応が起こり，環状共役系の骨格は保持される（図 4.1.6）。

環状共役系分子のπ分子軌道は図 4.1.7 に示すように，1つの安定なMOの

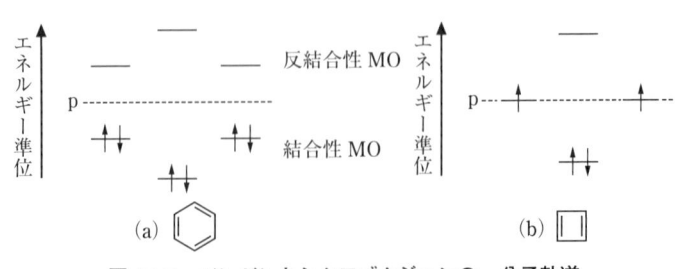

図 4.1.7　ベンゼンとシクロブタジエンのπ分子軌道

上にエネルギーの等しい縮重した軌道が2つずつ，徐々にエネルギー準位を上昇させながら配置する。ベンゼンの場合，3つの結合性MOと3つの反結合性MOがあるが，6つのπ電子は対をつくりながらすべての結合性MOに収容され安定化する。一方，シクロブタジエンは同図(b)に示すように，2つの電子が縮重した軌道にスピンの向きを同じくして1つずつ入るため〔フント(Hund)則〕，ビラジカルのような電子配置となる。そのため非常に不安定となり，芳香族化合物とはならない。4π環状共役系を反芳香族的という。

(3) 置換基の立体効果と分子間相互作用

原子は，外殻原子軌道の広がりに応じたファンデルワールス（van der Waals）半径をもつ。2つの原子がこのファンデルワールス半径の和よりも接近すると，急激な斥力を生じる。このような原子間あるいはいくつかの原子により構成される置換基間の反発を立体反発（steric repulsion）という。立体反発は，分子の安定配座あるいは基質と試薬が反応する際の接近方向や反応性，分子の会合状態などに影響し，分子の空間的な広がりや分子間相互作用を考えるうえで重要である。分子間に働く相互作用は，分子の反応性や機能に大きな影響を与え，それら分子間相互作用に対する理解は重要である。以下に，おもな分子間相互作用について概説する。

①双極子-双極子相互作用（dipole-dipole interaction）

結合の分極により生じた正負の部分電荷間に働く静電的相互作用〔図4.1.8(a)〕。双極子の向きにより引力にも斥力にもなる。無極性分子の場合においても極性分子が接近することにより誘起双極子（induced dipole）を生じ，双極子-誘起双極子相互作用が発生する〔図4.1.8(b)〕。

②水素結合

水素原子は，電気陰性度の大きな原子（酸素，窒素，フッ素）に結合すると，分極により正の電荷を帯びる。この正の部分電荷をもった水素原子と非共有電

図4.1.8　双極子-双極子相互作用

$$D + A \longrightarrow D^{\delta+} \cdots\cdots A^{\delta-}$$

電子供与体(D)　　電子受容体(A)　　　　　CT 錯体

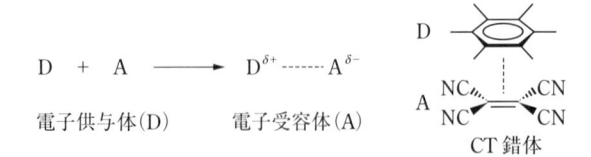

図 4.1.9　電荷移動（CT）相互作用と CT 錯体

子対をもつ電気陰性度の大きな原子とのあいだの静電的相互作用による結合を水素結合という。水素結合の結合エネルギーは，10～40 kJ/mol 程度で共有結合よりは小さいが，他の分子間相互作用に比べるとはるかに大きい。

③ファンデルワールス力（分散力）

　分子中の電子の運動により電子が非対称な電子分布をとると，瞬間的にその場に双極子が発生する。発生した双極子は他の分子に双極子を誘起し，分子間に引力をもたらす。この分子間相互作用がファンデルワールス力（分散力）であり，距離 r の $1/r^6$ に比例する。分子の極性の度合いにかかわらずすべての分子間に働き，分子が大きくなるにつれて強い相互作用となる。

④ π-π スタッキング相互作用

　芳香環が平面を平行に向かい合わせる形で安定化する相互作用のことをいう。静電的相互作用や分散力，電荷移動相互作用などがこの π-π スタッキングに寄与していると考えられている。

⑤電荷移動（charge transfer；CT）相互作用

　電子を与えやすい電子供与体（ドナー；HOMO のエネルギー準位が高い）と電子を受け取りやすい電子受容体（アクセプター；LUMO のエネルギー準位が低い）のあいだで軌道を介した電子の非局在化が起こり，安定化する相互作用のことをいう。この相互作用の結果，ドナーからアクセプターに電子が一部移動し，電荷分離が起こる。この相互作用が強い場合には，電荷移動（CT）錯体を形成する（**図 4.1.9**）。

4.1.3　有機材料創出のための有機化学

　有機機能材料を実際に手に取って評価し，材料として世の中に供給するため

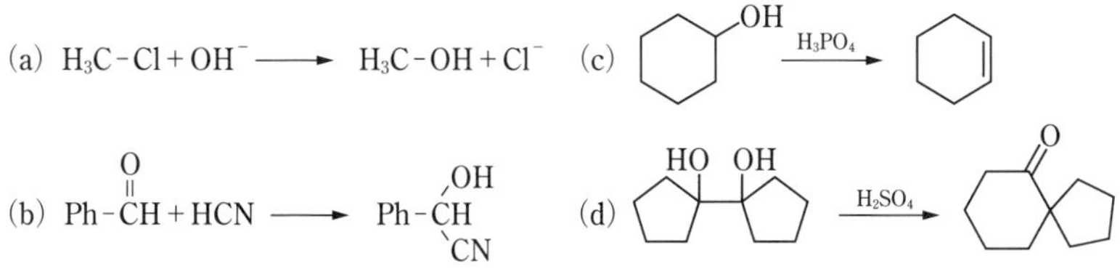

図 4.1.10　4つの反応様式の反応例
(a)置換反応，(b)付加反応，(c)脱離反応，(d)転位反応。

には，材料として分子設計された設計図に従って分子を合成する必要がある。

(1) 有機反応

有機化学の根幹をなす有機合成反応の基礎と，有機 EL，機能性色素分子に関連が深い有機反応および有機分子の励起状態について概説する。膨大な数の有機反応が存在するが，その反応様式により，置換（substitution）反応，付加（addition）反応，脱離（elimination）反応，転位（rearrangement）反応の4つに大別される（図 4.1.10）。置換反応は置換基が別の置換基に置き換わる反応であり，飽和炭素原子上ばかりでなく，カルボニル基，ベンゼン環のような不飽和炭素上でも起こる。

付加反応は，C＝C，C＝O などの不飽和結合に試薬が付加する反応であり，これらの官能基に付加が起こると，二重結合は単結合に変化する。置換および付加反応は，新たな炭素-炭素結合の構築，あるいは官能基を別の官能基に変換する官能基変換反応として重要である。脱離反応は形式上，付加反応の逆反応であり，隣接する原子あるいは置換基が脱離して不飽和結合を形成する。また，転位反応は，官能基変換または分子の骨格を変えるうえで重要な合成反応である。

これらの反応の多くは，電子的に炭素原子が活性化された反応性中間体を経

カルボアニオン　　カルボカチオン　　ラジカル　　カルベン

図 4.1.11　反応性中間体

4.1　化学ものづくりにおける有機化学

由する場合が多い。活性な反応性炭素中間体としては，カルボアニオン，カルボカチオン，ラジカル，カルベンの4つがある（図 4.1.11）。カルボアニオンは負の電荷をもち，結合の分極により生じた正の部分を攻撃する。このような反応剤を，核（正の部分）を求めるという意味で求核体（nucleophile）という。一方，カルボカチオンは正の電荷を有し，非共有電子対や負の電荷を求める求電子体（electrophile）である。ラジカル，カルベンは，きわめて反応性の高い短寿命活性中間体である。反応が起こると新たな結合の生成および結合の開裂が起こる。

　個々の分子中の MO の相互作用により結合が形成されるようすを図 4.1.12 に示す。2つの AO から2つの新たな MO 軌道ができたのと同じように，MO の場合にも MO2 よりエネルギー準位の低い結合性 MO 軌道と，MO1 よりエネルギー準位の高い反結合性 MO 軌道を生じる。その際のエネルギー変化は $E^* > E$ であり，E^* のほうが若干大きい。図には，反応に関与する電子の数によるエネルギー変化を示したが，$E^* > E$ であるため，4電子が関与する反応においては $2E - 2E^* < 0$ となり，反結合性となる。

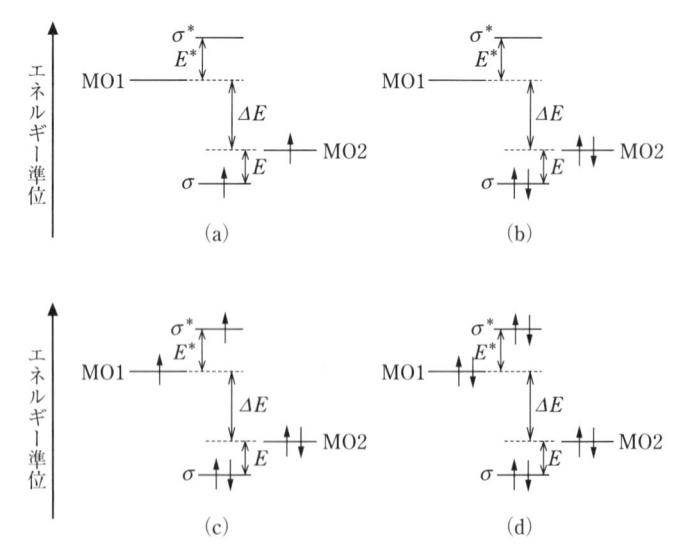

図 4.1.12　MO 間の相互作用による結合形成と関与する電子数

カルボアニオンのような2電子が関与する一般的な有機反応の場合，被占軌道と空軌道間の相互作用となる。その際，最も大きな安定化が得られるのは，相互作用する軌道間のエネルギー準位が近いときである。これは，図4.1.2に示したAO間の相互作用と同じである。分子間の場合には，HOMOとLUMOの相互作用が最も重要である。

　図4.1.13に，2つの分子のフロンティア軌道間の相互作用を示す。どちらの分子にもHOMO, LUMOは存在するが，図に示したように，分子1のHOMOと分子2のLUMOではなく，実線で結んだエネルギー準位の近い分子1のLUMOと分子2のHOMOが重要な相互作用となる。以上より，求核体（電子対供与体）は高いエネルギー準位のHOMOをもち，求電子体（電子対受容体）は低い準位にLUMOをもつ。

　先に示した電荷移動相互作用の強さにも，この原理が大きく影響する。MOが相互作用する際，そのエネルギー準位の差は重要であるが，軌道の広がり（軌道の係数）の大きいところどうしで重なりが得られる場合に最も大きな安定化が得られる。また，相互作用する軌道の位相（波動関数の符号）が一致していることも重要である。

　有機分子の反応性を考えるうえで，もうひとつ重要なことがある。それはクーロン力である。ディールズ-アルダー（Diels-Alder）反応のように，電荷を生じない軌道間の反応の場合にはフロンティア軌道が支配する反応となるが，電荷をもつ反応剤の場合は当然，クーロン力が影響を及ぼす。ピアソン（Pearson）は無機イオンを硬い／軟らかい酸と塩基に分類し，硬酸は硬塩基と，軟酸は軟塩基と反応しやすいとする原理を提案した〔HSAB原理（Hard

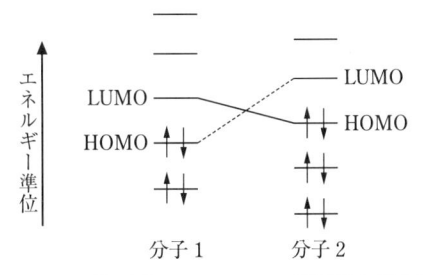

図4.1.13　2分子間のフロンティア軌道間の相互作用

and Soft Acids and Bases principle)〕。硬い酸とは，電気陰性度の小さな原子のカチオン（たとえば Na^+ で，AO の準位が高い）であり，硬い塩基とは電気陰性度の大きな原子のアニオン（たとえば F^- で，AO の準位が低い）である。軟らかい酸／塩基は，この逆となる。

　この原理は，有機反応の反応剤である求核体や求電子体にも適用することができる。すなわち，硬求核体とは低エネルギー準位の HOMO をもつアニオンであり，硬求電子体とは高エネルギー準位の LUMO をもつカチオンである。このような場合には，軌道間の相互作用による安定化はほとんどないが，図 4.1.2(c) に示したようなクーロン力による安定化がある。有機反応は，フロンティア軌道あるいはクーロン力のどちらか一方によって支配されるのではなく，多くはその兼ね合いによって決まる。反応する分子間の HOMO と LUMO のエネルギー準位は，置換基の立体効果〔4.1.2 項(3)参照〕とともに反応速度，反応の位置選択性に影響を与える重要な要因のひとつである。

(2) ものづくりのための有機合成化学

　実際に望みの分子を合成する場合，あらかじめ合成経路を吟味する必要がある。複雑な分子の場合，可能な合成経路は1つではなく複数存在する。そのなかから，最も少ない段階数で高収率・高選択的合成が期待でき，経済的でかつ環境負荷の小さな経路が選択される。合成経路を考える際，分子骨格，官能基の種類，官能基の位置，立体化学が標的分子と完全に合致するように実際の合成経路とは逆向きに結合を切断し，入手できる出発原料にまで分解する。これを「逆合成解析」（retrosynthetic analysis）という。この逆合成解析こそ有機合成の力量が最も問われる過程であり，有機化学に対する深い理解がないとエレガントな合成経路は創出できない。

　結合の切断には，ラジカルを生じる均等開裂（homolytic cleavage）と正負の電荷が生じる不均等開裂（heterolytic cleavage）が可能であるが，多くの逆合成解析においては不均等開裂を用いる。その結果，正の電荷をもった断片と負の電荷をもった断片に分解される。これらの断片をシントンという。このシントンと同じ性質をもつ，またはシントンを生じることができる，実際に使用する基質を合成等価体という。

　単純な分子である 4-ヒドロキシ-2-ペンタノンの逆合成解析を**図 4.1.14** に示

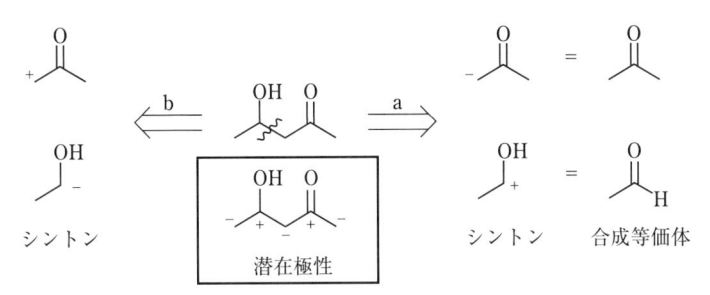

図 4.1.14　逆合成解析例と潜在極性

す。波線部分で切断してaの開裂を行なうと，正あるいは負のイオンをもつ2つのシントンになる。これらは，それぞれ右に示したアセトン（塩基で処理してエノラートアニオンとして使用）とアセトアルデヒドが合成等価体である。開裂bで切断すると，適当な合成等価体は発見できない。これは，電気陰性度を考慮して付した標的分子の潜在極性と一致していないからである。

　実際の有機合成において重要なのは，炭素-炭素結合形成反応である。なぜならば，多くの分子の骨格は炭素-炭素結合で構築されており，標的分子を出発原料にまで分解するためには，この炭素-炭素結合をどうしても切断する必要があるからである。この炭素-炭素結合形成反応のシントンとして，図のエノラートアニオンに代表されるαカルボアニオンおよびGrignard試薬のような有機金属反応剤が多用される。

　分子機能材料に特徴的なπ共役系分子は，sp^2混成炭素が連続的に連結した分子骨格を有し，sp^2-sp^2炭素間の結合形成反応が重要となる。この場合，sp^2混成炭素の炭素-炭素二重結合側での切断がひとつの候補となるが，その場合には脱離反応，Wittig反応，ホーナー-ワズワース-エモンズ（Horner-Wadsworth-Emmons；HWE）反応などの二重結合導入反応が実際の合成の際に考慮される。一方，sp^2混成炭素の炭素-炭素単結合側での切断も可能である。近年，このsp^2-sp^2炭素間の直接的単結合形成反応に関する大きな進歩があり，非常に信頼性の高い方法論がいくつか発見されている。

　これらの反応の多くはPd(0)触媒存在下，sp^2炭素にMgやZnなどの典型金属が結合した金属反応剤とsp^2炭素がハロゲン化あるいはトリフラート化

$$\text{A-X} + \text{B-M} \xrightarrow{\text{Pd(0)}} \text{A-B} + \text{MX}$$

図4.1.15 Pd(0)触媒によるクロスカップリング

A, B：アリールあるいはアルケニル，X：ハロゲンあるいはトリフラート，M：MgX, ZnX, BR_2, SnR_3, SiR_3 など．

〔OTf：$-OS(O)_2CF_3$〕された基質を直接結合（クロスカップリング）させる反応である（図4.1.15）。

遷移金属であるPd(0)が触媒となるが，その反応様式は独特であり，いくつかの素反応の組合せでクロスカップリングが達成される。その典型的な反応機構を図4.1.16に示す．実際には，18電子則を満たしていない配位不飽和のPd(0)が触媒として働き，まずA-XがPd(0)に酸化的付加（oxidative addition）する（段階a）。この段階でPdはPd(Ⅱ)に酸化される．次に，B-Mの反応で金属交換（transmetalation）が起こり，Mの代わりにPdがBに結合する（段階b）。最後に，AとBのあいだに結合が形成されると同時に，Pd(0)が再生される還元的脱離（reductive elimination）により触媒サイクルが完結する（段階c）。

これらのカップリング反応は，Pdと交換する-Mの種類によりそれぞれ発見者の名前が冠せられた反応名があり，-MgXを玉尾-熊田-Corriu反応，-ZnXを根岸反応，$-BR_2$を鈴木-宮浦反応，$-SnR_3$を小杉-右田-Stille反応，$-SiR_3$を檜山反応とよぶ。Pdは不飽和炭素間の結合形成反応でさらに多様な

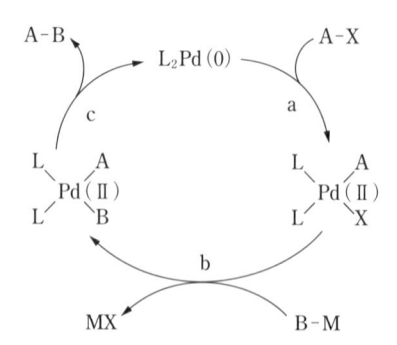

図4.1.16 クロスカップリングにおける反応機構

LはPPh_3のような中性配位子を示す．

反応性を示し，アルケンを直接クロスカップリングに用いる溝呂木-Heck反応や，1-アルキンをアリール化あるいはアルケニル化する薗頭-萩原反応がある。これらの反応名から理解できるように，このクロスカップリングの分野におけるわが国の有機合成化学者の寄与には特筆すべきものがある。これらの反応は，目的とする分子機能材料への簡便な合成経路を可能にし，新しい分子機能材料の創出にきわめて大きな貢献を果たしている。

(3) 有機分子の励起状態

π共役系におけるHOMO (π) からLUMO (π^*) への一電子の遷移による励起状態には，HOMOに残った電子（この軌道をHOMO'とする）とLUMOに遷移した電子（この軌道をLUMO'とする）のスピンが逆向きの励起一重項状態と，スピンの向きが同じ励起三重項状態がある。分子の基底状態が一重項であるため，光を吸収し励起した直後は励起一重項状態にあるが，項間交差により，より安定な励起三重項状態になる場合がある。

有機分子を励起する光は，紫外光から可視光領域の200〜700 nmの光の波長で1モルの光子あたり598〜171 kJのエネルギーをもつ。このエネルギーは，有機分子中の共有結合を均等開裂するのに必要なエネルギーに匹敵する。

このように励起された有機分子は，大きなエネルギーが蓄積された不安定状態にあり，光あるいは熱を放出することにより基底状態に戻る。このような過程で基底状態に戻る場合には分子の構造変化はなく，くり返しその機能の発現が必要な分子機能材料の場合には望ましい経路となる。しかしながら，励起状態が非常に活性な状態であるため，結合の切断による分解や他の分子とのあいだで反応が起こる場合がある。

分子機能材料は，光あるいは電気的に励起された有機分子を発生させ機能を発現するため，励起状態からの分解や反応による分子の変性がその材料の寿命に大きな影響を与える。分子機能材料の実用化のためには，このような分子構造の変性をいかに抑制するかが重要な課題となる。

4.1.4 まとめ

有機ELや機能性色素といった分子機能材料の多くは，分子内あるいは分子間で電子をやりとりして機能を発現している。また，この電子の移動あるいは

かたよりは，誘起効果，共鳴効果といった重要な官能基の性質を発現し，有機反応，さらには分子間力をも支配している．分子中の電子は，量子化されたエネルギーと異方性をもつ分子軌道（MO）に存在するため，MOに存在する電子の相互作用に関する理解が，材料の物性，有機分子の諸性質を考えるうえで重要となる．

[参考図書]
　本節の理解を深めるために参考になると考えられる書籍の例を示す．
Ⅰ．有機工業化学
1) 亀岡弘・井上誠一編，亀岡弘・井上誠一・木地實夫・時田澄男・藤田力・友井正男・三上幸一・宮澤三雄・中谷延二・太田博道著：『有機工業化学―そのエッセンス』，裳華房（1999）

Ⅱ．有機化学
1) S. H. Pine 著，湯川泰秀・向山光昭監訳，奥山格・竹内敬人・花房昭静・望月正隆・吉村寿次訳『パイン有機化学［Ⅰ］，［Ⅱ］第5版』，廣川書店（1989）
2) J. Clayden, N. Greeves, S. Warren, P. Wothers 著，野依良治・奥山格・柴﨑正勝・檜山爲次郎監訳，石橋正己・岩澤伸治・小田嶋和徳・金井求・木越英夫・白川英二・中辻慎一・橋本俊一・松原誠二郎・吉田潤一訳：『ウォーレン有機化学（上），（下）』，東京化学同人（2003）

Ⅲ．有機機能材料
1) 伊与田正彦・横山泰・西長亨著：『マテリアルサイエンス有機化学』，東京化学同人（2007）
2) 荒木孝二・明石満・高原淳・工藤一秋著：『有機機能材料』，東京化学同人（2006）
3) 齋藤勝裕・大月穣著：『有機機能化学』，東京化学同人（2009）

Ⅳ．フロンティア軌道論，HSAB原理
1) I. Fleming 著，福井謙一監修，竹内敬人・友田修司訳：『フロンティア軌道法入門―有機化学への応用』，講談社サイエンティフィク（1978）
2) 友田修司著：『フロンティア軌道論で化学を考える』，講談社サイエンティフィク（2007）
3) A. J. Kirby 著，鈴木啓介訳：『立体電子効果―三次元の有機電子論』，化学同人（1999）

Ⅴ．有機合成
1) G. S. Zweifel, M. H. Nantz 著，檜山爲次郎訳：『最新有機合成法―設計と戦略』，化学同人（2009）
2) C. L. Willis, M. Wills 著，富岡清訳：『有機合成の戦略―逆合成のノウハウ』，化学同人（1998）
3) 有機合成化学協会編，辻二郎著：『有機合成のための遷移金属触媒反応』，東京化学同人（2008）

4) L. Kürti, B. Czakó 著，富岡清監訳：『人名反応に学ぶ有機合成戦略』，化学同人 (2006)
Ⅵ. 分子間力（Ⅲの書籍のなかにもすぐれた記述がある）
1) 西尾元宏著：『有機化学のための分子間力入門』，講談社サイエンティフィク (2000)
Ⅶ. 光化学
1) 杉森彰著：『光化学』，裳華房 (1998)

4.2 有機 EL

有機エレクトロルミネッセンス (EL) 素子は，テレビや携帯電話のディスプレイとしてここ数年で広く普及している。有機 EL という言葉も一般的に認知度も上がっているが，用いられている材料や素子構造に関する科学的・工学的な理解は必ずしも十分ではない。

有機 EL とは，有機材料に電気を流し，それ自体を発光させる素子のことである。ここが液晶ディスプレイと根本的に異なる。有機 EL はどのような物理現象に基づいているのだろうか。また，有機材料としてのどのような性質を使っているのだろうか。これらのことを理解するために，まず有機材料と光の関係および電気的な性質について説明しよう。次いで，応用の成果であるディスプレイについて詳しく述べる。

4.2.1 光と有機分子
(1) 分子のエネルギー状態

炭素原子が他の原子と結合するときには，s 軌道と p 軌道の混成軌道をとる。このとき，p 軌道の混成の寄与により sp^3, sp^2, sp 混成軌道となる。これらは炭素-炭素結合を考えると，一重(単)結合，二重結合，三重結合を形成する。これらの結合形成で，結合性軌道と反結合性軌道が形成される。

結合は，1つでは結合性軌道と反結合性軌道のエネルギーギャップは大きいが，結合が連続して高分子が形成されると，このエネルギーギャップは小さくなる。自由電子モデルにおいて，無限の長さでは 0 となる。これは p 軌道からなる π 電子が分子全体に非局在化することを意味している。一方，一重結合ではエネルギーギャップが大きく，また電子は結合性軌道に局在化している

ポリアセチレン
π電子の非局在化

結合数　$n=1$　　$n=\infty$

ポリエチレン
σ電子は局在化

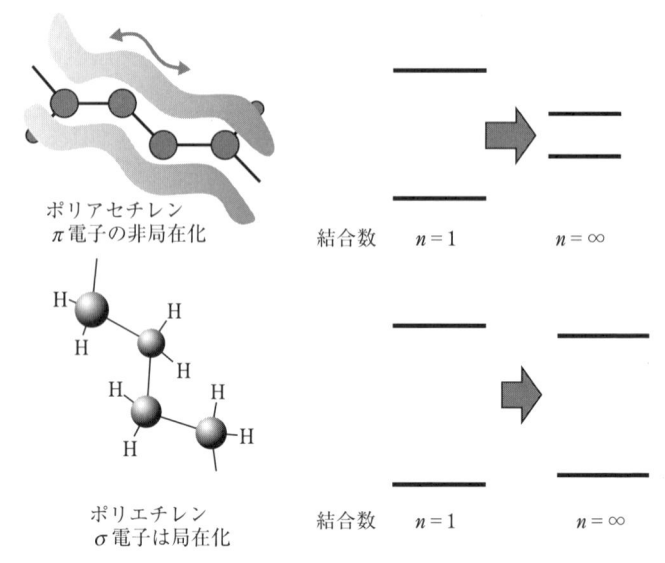

結合数　$n=1$　　$n=\infty$

図 4.2.1　sp^2 炭素の電子の非局在化と sp^3 炭素の電子の局在化構造結合数の増加とエネルギー状態

ために，結合が連続してもギャップは小さくならない。

　図 4.2.1 に示すように，ポリエチレンは主鎖が炭素-炭素の一重結合で形成されている高分子の典型的な例であるが，可視光は吸収せず透明である。一方，ポリアセチレンは炭素-炭素の二重結合で形成されている高分子の例である。黒色の金属光沢を示す高分子である。これは可視光領域の光を吸収していることを示している。π電子が非局在化してエネルギーギャップが小さくなっていることを示している。しかしながら，現実の材料では一重結合と二重結合の結合交替が生じ，エネルギーギャップは 0 とならず，有限の値に収斂する。

　直鎖状の高分子以外にも，二重結合が環状につながったものが，ベンゼンをはじめとする芳香族化合物である。ベンゼンでは各炭素-炭素の距離は等しく，結合交替は生じていない。このために芳香族性を示し，鎖状の化合物とは異なった性質を示す。炭素-炭素の二重結合を含む有機材料は可視光領域に吸収を有することから，生体内での光活性物質や染料などいろいろな分野で利用されている。

(2) 励起過程

炭素原子や酸素原子などが結合した有機化合物の電子状態は，分子軌道で記述される。構成原子の線形結合を考えると，分子軌道の電子が詰まっている最高被占軌道（HOMO）と最低空軌道（LUMO）が形成される。図4.2.2に示すように，分子が光を吸収するとき電子がHOMOからLUMOに移り，その分子は励起状態になる。染料や色素が色を呈しているのは，このような光の吸収が生じ，太陽光などの白色の光から吸収光を差し引いた残りの光（補色）を私たちが見ていることによる。可視光の波長域にさまざまな光吸収帯（エネルギー準位）をもつ二重結合性の化合物（総称してπ電子化合物ともいう）を自由に設計・合成できることから，さまざまな色を呈する材料や蛍光を発する材料がつくりだされる。

一般的な有機材料では，1つの分子軌道には2つの異なったスピンを有する電子が存在している。これを一重項状態といい，同じスピンを有する場合には三重項とよばれる。一重項と三重項のあいだは禁制遷移であるので，光の吸収で生ずる励起状態は一重項励起状態となる。

原子では吸収は輝線となり，吸収は非常に離散的なスペクトルを示すが，有機材料の溶液や固体では振動構造とカップリングすることや分子構造の揺らぎから，幅広いスペクトルを示すことが一般的である。

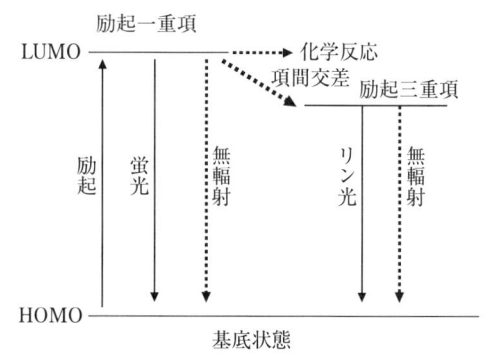

図4.2.2 励起状態の緩和過程

(3) 光の発光・励起状態の緩和過程

①蛍光過程

励起状態は不安定であるので，一定の時間内に基底状態に戻ることになる。図 4.2.2 に示したように，光を発生して戻る蛍光の過程，高いエネルギーを熱エネルギーに変換しながら戻る無輻射過程，さらには励起一重項から励起三重項に項間交差が生ずる場合がある。三重項からはリン光を発して基底状態に戻る。励起状態からの化学反応も同時に生ずることが多い。これを光化学反応とよぶ。とくに，有機材料は酸素との光化学反応によりカルボニル基やカルボキシ基（慣用的にカルボキシル基）が生成する。

励起状態からのこのような緩和過程を調べるには，レーザーパルスを照射し，励起状態を形成したあとの蛍光スペクトルや励起状態の過渡吸収を見ることが必要である。ピコ秒のレーザーパルスで励起した際の蛍光の減衰曲線の例を図 4.2.3 に示す。用いた高分子はポリフェニレンビニレン系の材料である。溶液ではいずれの高分子も蛍光の減衰は数百ピコ秒の時定数を有する一成分であるが，フィルム中では速い成分と比較的遅い成分の少なくとも 2 成分からなることがわかる。溶液中では高分子鎖単独の緩和過程（基底状態に戻る過程）を示

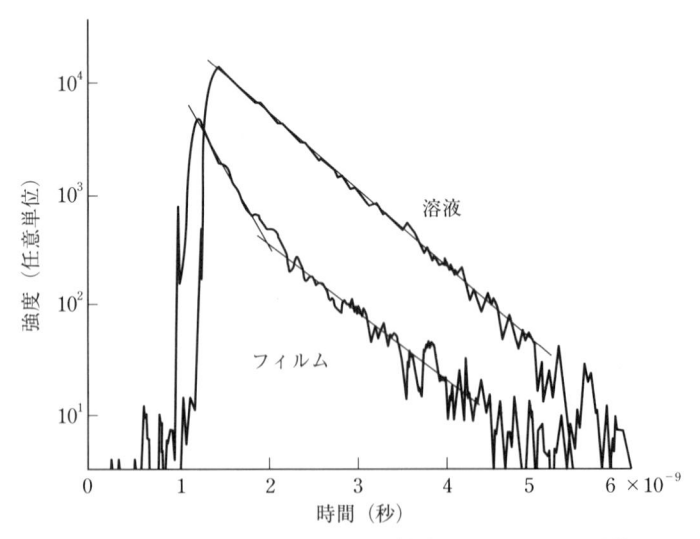

図 4.2.3　ポリマーの蛍光寿命の例（溶液とフィルムとの比較）

すが，固体では励起直後のエネルギーの高い状態では固体中を励起状態が移動し，しだいにエネルギーの低い状態となり，高分子単独の状態に至ると理解される。

励起状態は光吸収以外にもさまざまな過程で形成される。いちばん身近なものは，蛍の発光である。これは化学反応により励起状態が形成され，蛍光を発している。電気的にも励起状態を形成することができる。電気的に励起状態を形成したことに基づく発光をエレクトロルミネッセンス（EL）とよぶ。電子と正孔（プラス電荷）の再結合により励起状態を形成する過程であり，有機ELはこの過程を利用している。

②リン光過程

リン光過程は励起三重項から基底一重項状態への遷移であるので，通常は禁制遷移である。このため，リン光は秒程度の長い寿命をもっており，弱い発光である。光励起では禁制遷移であるので直接は生成しないが，図 4.2.4 に示すように，スピンの統計に従うと有機 EL のような電子・正孔の再結合では励起三重項状態が一重項に対して3倍も生成する。

白金ポルフィリン錯体やイリジウムフェニルピリジン錯体を用いることで，非常に高い発光効率の素子が得られる。原子番号の大きい金属の錯体において，金属とリガンドの電荷移動状態が生成し三重項状態の禁制が解ける場合があり，その場合に三重項状態からの発光が観察される。

③エネルギー移動

励起状態にある分子（A）の近くに励起エネルギーの低い分子（B）が存在

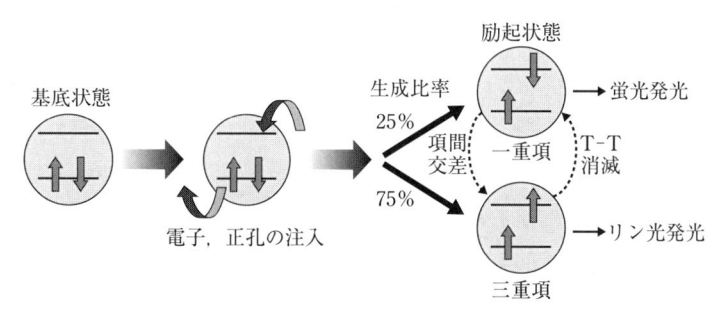

図 4.2.4　一重項と三重項の生成確率

4.2　有機 EL

すると，下式に示すように励起エネルギーがAからBに移動して，分子Aは基底状態に戻り，分子Bの励起状態が形成される。一重項励起状態では双極子-双極子相互作用でエネルギーが移動する。Föerster型エネルギー移動といわれており，移動する距離は10 nm程度である。同様に，三重項でも電子交換相互作用でエネルギー移動が生ずる。

$$A \xrightarrow{光励起} A^*$$
$$A^* + B \longrightarrow A + B^*$$
$$B^* \longrightarrow B + 光 \quad (A^*, B^*:分子Aと分子Bの励起状態)$$

4.2.2 電子と有機分子

(1) 酸化と還元

共役系高分子や芳香族化合物は，酸化剤や還元剤との化学反応あるいは電気化学反応によって，分子から電子をとったり（酸化），電子を入れたり（還元）することができる。この場合に生ずるのは，カチオンラジカルやアニオンラジカルである。分子から電子をとるのに必要なエネルギーはイオン化エネルギーであるが，真空で孤立した分子のイオン化エネルギーとは異なり，固体中では誘電緩和の結果，より小さいエネルギーでイオン化が起こる。イオン化エネルギーは，HOMOのエネルギー準位と真空準位との差に相当する。同様に，電子を分子に入れるのに必要なエネルギーは電子親和力といわれ，LUMOの準位と真空準位との差に相当する。これらの数値は光電子分光法にて測定されるが，より簡便には電気化学的な酸化と還元を行ない，その電位から求めることができる。

(2) 電荷の注入

電極に有機材料が接している場合に，図4.2.5に示すように電極から有機材料へ電荷が移動し，有機材料は酸化あるいは還元されてイオンラジカルとなる。電極からの有機材料への電荷の注入には，熱電子放出とトンネル注入の2とおりが考えられる。熱電子放出はショットキー放出（Schottky emission）ともよばれる。金属のフェルミ準位から有機層のLUMO準位に電子が注入される場合に，金属の仕事関数とLUMOのエネルギー差が注入障壁となるはずであ

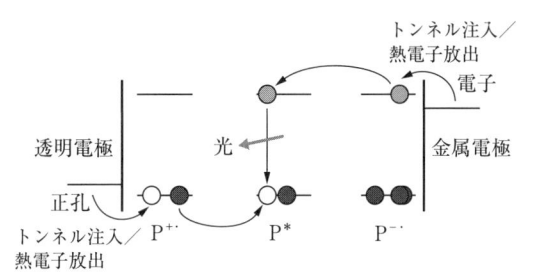

図 4.2.5　高分子有機 EL 素子の電荷注入，移動，再結合，発光プロセスの概要
$P^{+\cdot}$：高分子のカチオンラジカル，$P^{-\cdot}$：高分子のアニオンラジカル，P^*：高分子の励起状態。

るが，金属と有機層の界面に分極が生ずる結果，その障壁の上端部は低くなり，電子の注入がある確率で可能となる。この障壁を乗り越えるとき，熱エネルギーが電子の注入を後押しする。

注入障壁は電圧依存性をもち，電流 J は式(1)で表わされる電圧 V の依存性を示す。

$$J = A^* T^2 \exp\left(-\left(\frac{\phi_B - q\sqrt{q(V-V_{bi})}}{4\pi\varepsilon\varepsilon_0 d}\right)kT\right) \tag{1}$$

ここで，T：温度，ϕ_B：エネルギー障壁，V_{bi}：2つの電極の仕事関数の差，d：膜厚，ε：誘電率，ε_0：真空の誘電率，A^*：定数（1.20×10^6 A/m^2）である。

一方，トンネル注入ではトンネル障壁の幅が小さいときに生ずる。トンネル電流は，三角ポテンシャルでは Fowler-Nordheim の式(2)で表わされる。なお，m^* は有効質量である。

$$J = \frac{q^3}{8\pi h} \frac{V^2}{d^2 \phi_B} \exp\left(\frac{8\pi d(\phi_B)^{3/2}\sqrt{2m^*}}{3qhV}\right) \tag{2}$$

(3) 電荷の輸送

電極から注入された電荷は有機分子中にイオンラジカルを生成させるが，イオンラジカルは分子内や分子間を移動していく。分子内における正孔の移動過程を模式的に**図 4.2.6** に示す。

イオンラジカルが，隣接するユニットに移動する場合には，結合の組み替えを起こし，このくり返しで高分子鎖を移動していく。高分子膜内では分子内の

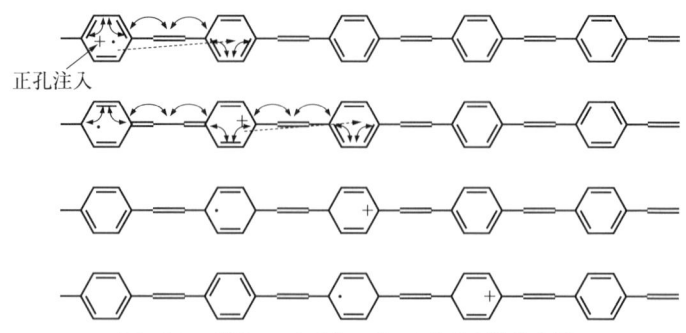

図 4.2.6　ポリマー中のキャリアの注入と移動機構

移動に続いて，高分子鎖間では電荷のホッピング（hopping）で移動する．電子の移動も同様に，アニオンラジカルとして移動していく．

（4）　再結合過程

図 4.2.5 に示したように，発光層中を移動してきたカチオンラジカル，アニオンラジカルが同一分子に入って再結合することで，励起状態が生成する．さらに図 4.2.4 に示したように，電子と正孔の再結合で励起状態が生成する際に統計的に一重項が 1/4，三重項が 3/4，生成する．有機 EL で蛍光のみを利用するとすれば，電子の遷移は励起一重項から基底状態（一重項）へ起こるので，1/4 が実際の発光に利用されることになる．したがって，電子から光への変換効率は 25 ％ が上限ということになる．

生成した励起状態からエネルギー移動で別の分子が励起されて，その分子を発光させることも行なわれている．発光色の変化や色の調整に有効であるが，長寿命化にも効果がある．

（5）　EL 発光特性

以上のような過程を経ることで，有機 EL 素子は発光する．発光の特性は図 4.2.7 に示すような装置を用いて，素子の電圧を印加しながら電流と発光輝度を測定する装置で計測される．

電圧は一定電圧ごとにステップワイズに測定する方法や直線的に増加させる方法がとられ，電圧範囲は 0～20 V 程度が一般的である．電源容量は素子面積が小さければ大きい必要はなく，電流密度として数 A/cm^2 程度以下である．

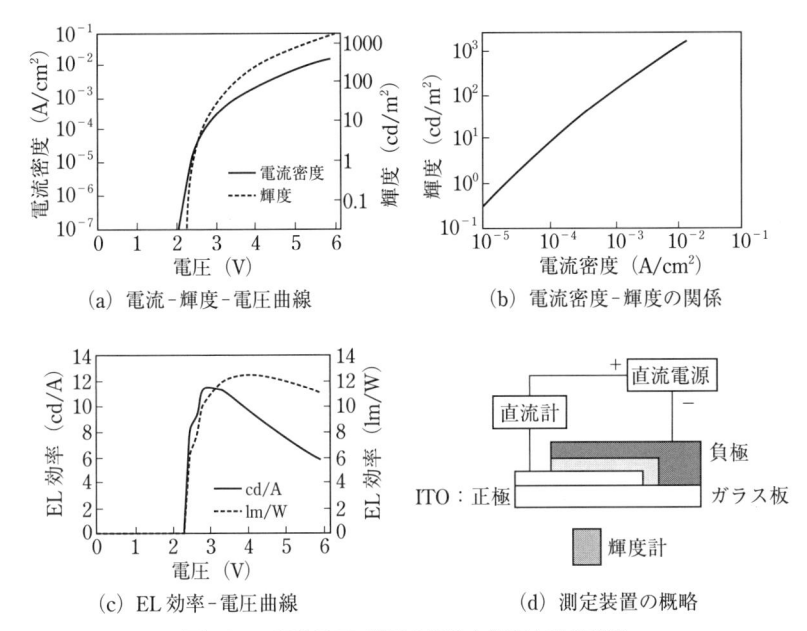

図 4.2.7 高分子 EL 素子の特性と測定方法の概略

電流計は μA 以上が計れるものであれば使用できる。輝度計で cd/m^2 単位で輝度を測定する。この単位は視感度を基にしており、緑色は大きく、青色や赤色は小さい値を与えるので注意すべきである。

このような測定により、図 4.2.7(a)(b) に示した、電流(I)-輝度(L)-電圧(V)の関係や、電流密度-輝度の関係が得られる。発光効率は、電流密度と輝度の依存性の傾きにあたり、

$$電流効率 = \frac{L \ (\text{cd/m}^2)}{I \ (\text{A/m}^2)} \quad (\text{cd/A})$$

$$電力効率 = \frac{\pi L \ (\text{cd/m}^2)}{IV \ (\text{W/m}^2)} = 電流効率 \times \frac{\pi}{V} \quad (\text{lm/W})$$

を計算して求める。ただし、発光面を完全拡散面と仮定しているので、放射に異方性がある場合には注意が必要である。これらの電流効率や電力効率の電圧依存性、電流依存性、輝度依存性などのグラフを求める。

4.2 有機 EL

なお，発光の量子効率は一般的に以下のように表わすことができる。電子から光子への変換効率を表わしている。

$$\phi = \gamma \cdot \eta_{e-h} \cdot \phi_{ph} \cdot Q$$

ここで，ϕ：発光の量子効率，γ：電子と正孔の注入バランス，η_{e-h}：電子-正孔の再結合確率，ϕ_{ph}：発光材料の蛍光量子収率，Q：生成した励起子のうち陰極の消光の影響を受けない確率である。

4.2.3 ディスプレイへの応用

(1) ディスプレイの基礎

パーソナルコンピュータやテレビには，表示デバイスとして図4.2.8に示すように，ブラウン管（CRT）や液晶ディスプレイ（LCD）が使われている。CRTは19世紀末の発明であり，真空の中で電子線を無機蛍光体に当てて発光させている。電気から直接，光を生成している。LCDは，電界による液晶分子の配向状態の変化を利用して，バックライトからの光をさえぎるシャッターとして機能している。

プラズマディスプレイ（PDP）は，減圧された状態でガスが封入されており，蛍光灯に近い発光機構であり，プラズマで発生する紫外線を蛍光体で可視光に変換している。固体で電気から光に直接変換するものとして，化合物半導

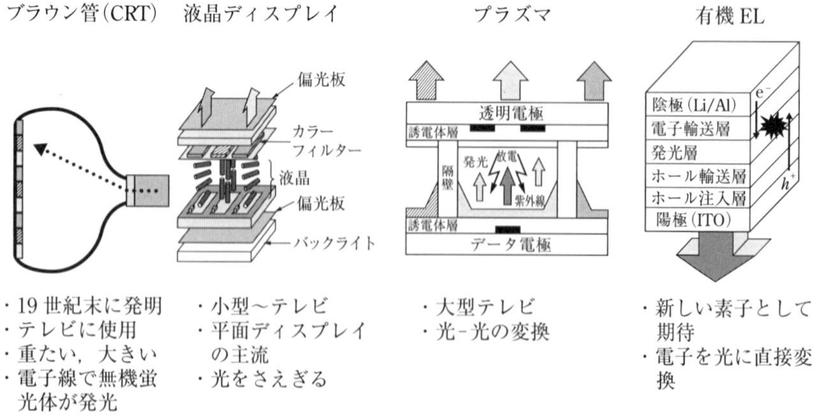

図 4.2.8 ディスプレイの種類と特徴

体からなる発光ダイオードやEL素子がある。現在，パーソナルコンピュータや携帯電話の表示ではLCDがテレビではLCDやPDPが使われるようになったが，LCDやPDPとも固体ではなく，液晶状態や気体状態の材料が使われている。

有機ELは，固体で直接，電気-光の変換をする唯一の平面ディスプレイ（自発光型）の素子であり，青・緑・赤に高輝度で発光させることができるので，フルカラーには適した素子である。さらに，大画面やフレキシブル基板に対応することが可能で，高輝度，高効率，薄い，軽いなど多くのすぐれた特徴をもっているので，表示素子として大きく広がることが期待されている。

(2)　有機ELディスプレイ

図4.2.9に有機ELに用いられる代表的な材料群を整理しておく。低分子系材料では，**図4.2.10**に示すように蛍光を発する材料以外に正孔や電子を注入・輸送する材料が用いられている。一方，高分子では**図4.2.11**に示すように1

- 発光材料
  - 高分子
    - 共役系高分子
    - 非共役系高分子
      - ペンダント型
      - 蛍光色素混合型
  - デンドリマー
  - 低分子……蛍光色素など

図4.2.9　有機ELに用いる発光材料の分類

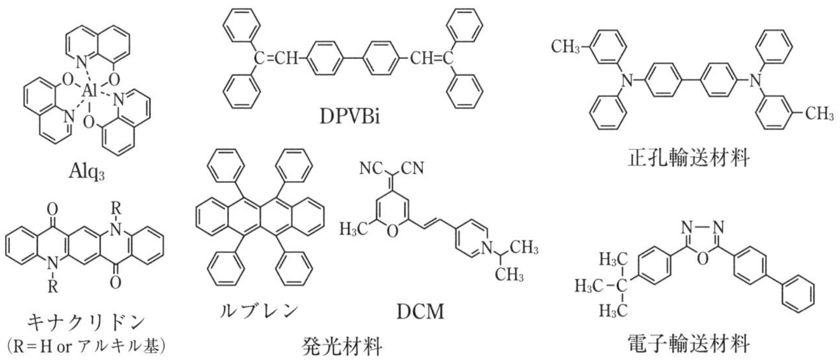

図4.2.10　代表的な低分子EL材料

ポリフェニレン
ビニレン（PPV）

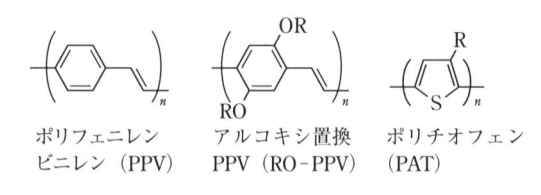

アルコキシ置換
PPV（RO-PPV）

ポリチオフェン
（PAT）

ポリフルオレン
（PF）

ポリフェニレン
（PPP）

図 4.2.11　代表的な高分子発光材料

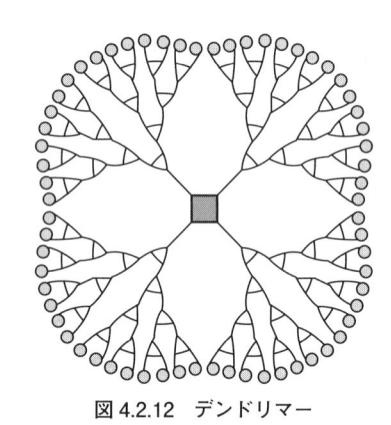

図 4.2.12　デンドリマー

つの高分子で発光と電荷を輸送する機能を組み込んでいるので，共重合体であるが単一の材料が用いられている。図 4.2.12 はデンドリマーとよばれ，中心から規則的に分岐した構造をもつ樹状高分子であり，発光と電荷を輸送する機能を単一分子内に形成することができる。以下に，低分子と高分子の素子構造について述べる。

①分子 EL 素子

　正孔を輸送する芳香族アミン化合物と，電子輸送性の発光材料のアルミニウム・キノリノール錯体（Alq3）を積層することで，効率の高い有機 EL 素子が

実現できることが知られている。2つの異なった性質の材料を積層することで，界面に電子と正孔が蓄積し，再結合確率が高くなる。ここで，芳香族アミン化合物は電子写真で電荷輸送材料として広く用いられていて，比較的小さいイオン化電位を有しており，正の電荷を運びやすい性質をもつ。一方，Alq3はアルミニウム金属イオンの蛍光分析によく用いられている材料であり，強い蛍光を示すことが知られている。

②分子EL

高分子の場合には，1層の高分子膜を電極ではさんだ構造で発光することができる。積層構造でなくても高効率で発光することが特徴である。製造工程の観点から，積層構造が必要ないことは有利である。合成方法と代表的なモノマーユニットを図4.2.13に示す。

③低分子ELと高分子ELの比較

低分子ELと高分子ELの違いを表4.2.1にまとめた。両者の大きな違いは，製造プロセスと素子構造にある。製造するとき，低分子型は有機層が蒸着で製膜されるが，高分子型では印刷などで溶液から製膜される。素子構造の違いについては，積層が必須かそうでないかということである。低分子EL素子の正

山本法　Br-Ar-Br　$\xrightarrow{Ni(0)}$　$-(Ar)_n-$

鈴木法　Br-Ar-Br　+　$(RO)_2B\text{-}Ar'\text{-}B(OR)_2$　$\xrightarrow{Pd(0)}$　$-(Ar\text{-}Ar')_n-$

これら重合で用いられるAr, Ar'の例

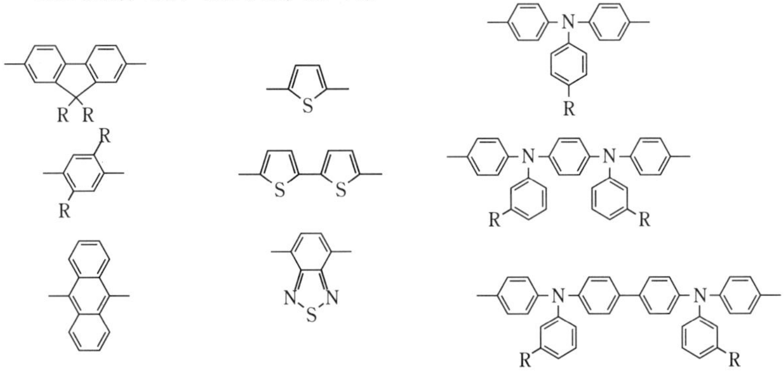

図4.2.13　高分子有機EL材料の合成方法と典型的なモノマー類

表 4.2.1 低分子有機 EL と高分子有機 EL の比較

	低分子有機 EL	高分子有機 EL
塗り分け製造方法	精密真空蒸着 微細化 大面積化難	大気中(インクジェット,印刷) 陰極:単純真空蒸着
材料の特徴	陰極／電子輸送層／発光層／正孔輸送層／正孔注入層／透明電極 機能特化型 →素子として機能集約 →製造複雑	陰極／発光層／正孔注入層／透明電極 機能集約型 →素子構造は簡単、製造容易、スケールによらない
耐環境	不純物に敏感 耐熱性と蒸着性の両立が難 不純物　EL 材料	不純物の影響小さい 高い耐熱性 正孔輸送　再結合・発光　電子輸送 影響小

孔注入層，正孔輸送層，発光層，電子輸送層，電子注入層を積層するとき，それぞれ別のチャンバーで真空製膜する．電流が膜に垂直に流れるので，膜厚の均一性が重要である．

さらに，フルカラー素子では赤・緑・青のピクセルをマスク蒸着でつくり分ける必要がある．すでに量産されており多くの問題は解決されているが，液晶のような大型基板においても蒸着で量産できるようになるには，さらに多くの問題を解決する必要があると思われる．一方，高分子 EL 素子は溶液から有機層を製膜する．ただし，金属電極の製膜には真空蒸着を使うので，全体では有機層のウェットプロセスと金属蒸着のドライプロセスを併用することになる．

(3) 有機 EL ディスプレイの構造

図 4.2.14 に示すように，テレビや PC モニターのように文字や絵を点（ピクセル）の集合として表現される．このピクセルは，フルカラーではさらに青・緑・赤の 3 色のサブピクセルから構成されることになる．有機 EL 素子は，サブピクセルをひとつひとつの素子として集積する必要がある．フルカラーでは赤・緑・青の 3 色のサブピクセルの一組からなるピクセルは，その大きさが画面の大きさや解像度によって変わるが，1 mm に 3 ピクセルを並べるとすると，ピクセルの間隔を 33 μm として 1 画素は 300 μm 程度となる．サブピクセ

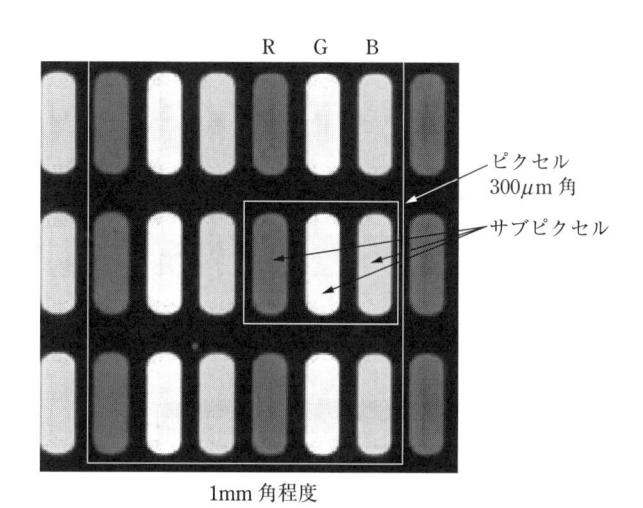

図 4.2.14 フルカラーの表示のピクセルとサブピクセルの関係

ルでは，300 μm をさらに 3 分割して，RGB の発光素子をつくる必要がある。RGB のそれぞれの素子はほぼ 100×300 μm の素子となる。

(4) フルカラー化

フルカラーとするためには，1 つのピクセルに光の三原色，すなわち赤・緑・青（R・G・B）を発光するサブピクセルで構築することが必要である。図 4.2.15 に代表的な 3 つの方式を示す。いちばん単純な方法としては，サブピクセルとして RGB の発光素子をつくり分けることである。三色独立発光方式といわれる。この方式は，効率がいちばん高い。色変換方式は，青色発光素子を作成し，青色を吸収して緑色や赤色の蛍光を発する層を素子に積層する方式である[5]。この方式では，光-光変換過程を含むことから，三色独立方式よりも発光効率は低い。

カラーフィルターを用いる方法では，有機 EL で白色発光させ，LCD と同様のカラーフィルターを組み合わせて使用することによりフルカラー化する。カラーフィルター方式は，1 色のみを透過させ，他の 2 色は吸収してしまうことから，光の利用効率は 3 つの方式のなかでいちばん低い。

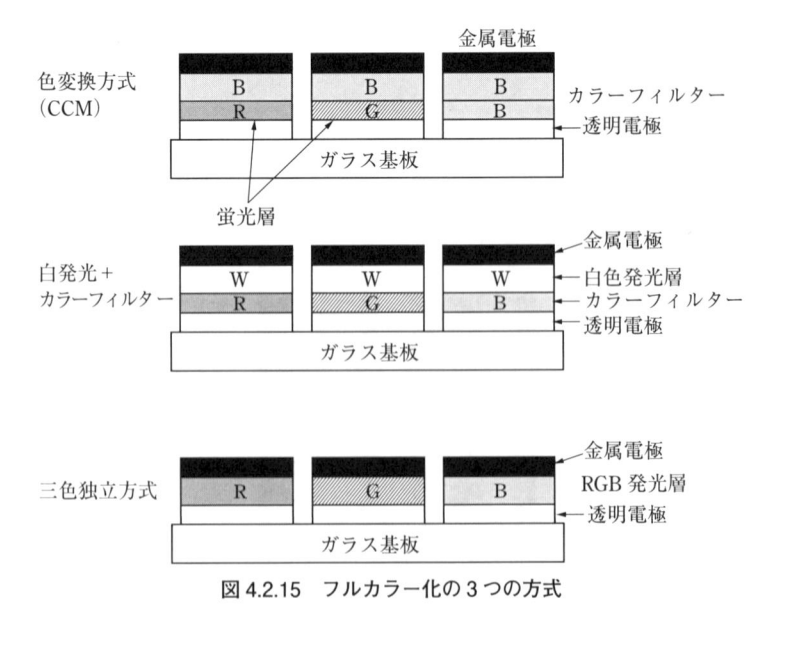

図 4.2.15　フルカラー化の 3 つの方式

(5) 高分子有機 EL の製造方法

高分子層は溶液から製膜する。ほとんどの有機層は絶縁体であることから，$0.1\,\mu m$ 以下の膜厚とすることが必要であり，このような薄膜をピンホールなく大きな面積で製膜することが実用化には大きな障壁となることが予想される。図 4.2.16 に示すように，インクジェット法では数十 μm の分解をもって塗布する位置を制御できるので，三原色の材料を塗り分け，均一の厚みの層を設けることが容易にできる。

(6) 照明への展開

白熱電球は低効率のために蛍光灯に置き換わっているが，寿命が短いことや水銀を使っていることから，新しい照明素子が求められている。最近，LED 電球が販売され，急速に白熱電球に取って代わってきている。しかしながら，無機 LED は点光源のために，蛍光灯など大きな面積を照射する照明にはたくさんの LED を並べる必要があるなど，技術的な改良が必要である。

有機 EL は面発光素子であるので，照明などには非常に向いている素子である。しかも，三重項材料を利用すれば超高効率のデバイスとなることから，$100\,lm/W$ と電力効率のよい蛍光灯に代わることも可能である。照明での課題は，ディスプレイとは異なり高輝度で長時間の使用に耐えることが要求され，しかも低コストが必須である。さらに，高輝度と長寿命の背反する特性を両立させる必要もある。現在，2 個以上の有機 EL 素子を電荷発生層ではさんで積層した構造のマルチフォトン型素子の開発が進められている。1 層あたりの輝度は低くても全体で明るくなるので，長寿命となる。

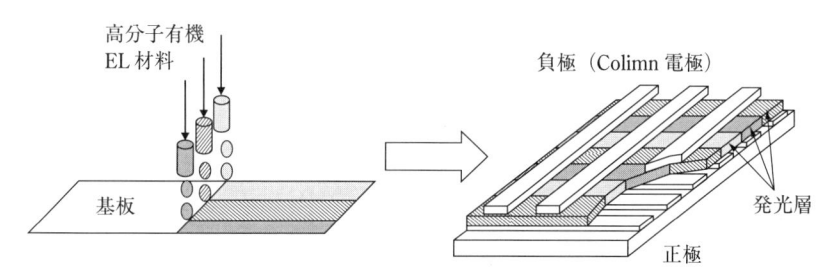

図 4.2.16　インクジェット法による有機膜の作成

[参考文献]
1) 全体的な解説書として，大西敏博・小山珠美著：『高分子 EL 材料―光る高分子の開発』，共立出版（2004）
2) M. A. Baldo, S. Lamansky, P. E. Burrows, M. E. Thompson, S. R. Forrest : *Appl. Phys. Lett.*, **75**, 4 (1999)
3) 城戸淳二監修：『有機 EL 材料とディスプレイ』，シーエムシー（2001）
4) C. W. Tang, S. A. Van Slyke : *Appl. Phys. Lett.*, **51**, 913 (1987)

4.3 機能性色素と応用

4.3.1 色素とは

可視光線を選択的に吸収して固有の色をもつ物質を色素という。

染料・色素の研究の流れを図 4.3.1 に示す。ものを染める色素の歴史は古く，紀元前数千年前から天然物に色素源を求めた。19 世紀中ごろから有機化学が進歩するとともに，「天然色素」の分解・分析によって化学構造の解明と化学合成へと進み，鮮明度，着色力，堅牢度，染着性など天然色素の性能をしのぐ多彩な「合成染料」が数多く開発された。

20 世紀中ごろから，色素の発色・消色メカニズムの解明，理論づけの研究の発展により，色素に秘められてきたさまざまな機能を発掘できるようになり，光・熱・電気などのエネルギーによって発色・消色する色素や物性変化をもたらす機能材料などが，おもにエレクトロニクス関連分野からのニーズとして提

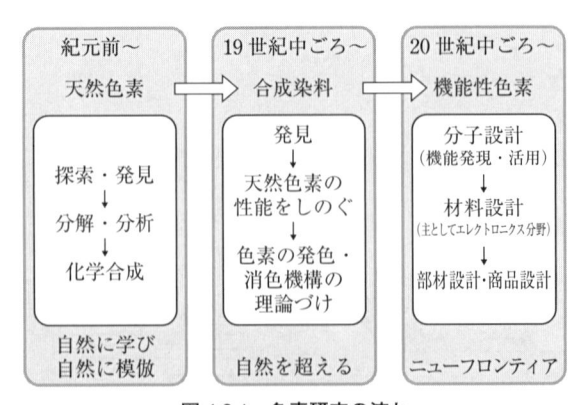

図 4.3.1　色素研究の流れ

案されるようになった。このことは色素化学研究の発想の転換をよび，色素を共役π電子系としてとらえ，新しい機能性をもつ色素の探求と先端ハードウェア技術のニーズから色素分子が設計されるようになった。このような新しい機能を発現するように分子設計された色素は「機能性色素」と命名され，大きく発展してきた。

合成染料の研究の歴史的な成果を2つ挙げる。ひとつは，1857年に発明された「反応性染料」の技術であり，繊維と化学的に反応し共有結合を形成して堅牢な着色を与える。それまでの繊維と染料との結合は，イオン結合，水素結合，ファンデルワールス結合などの弱い結合であり，洗濯時における色落ちが著しく問題があった。それに対し，反応性染料は繊維と共有結合を形成して強固に染まるため，各種堅牢度（洗濯，熱湯，昇華，ドライクリーニング，摩擦など）が高く，永続性のある鮮明な染色物が得られる。図4.3.2にクロロトリアジン系の反応性染料について，セルロース繊維（HO-cell）と共有結合する例を示す。

もうひとつの歴史的な成果は，「アゾ染料」の技術である。1858年に発明された芳香族ジアゾ化合物は「ジアゾ化合物」と命名された。芳香族アミン（たとえばアニリン）の塩酸酸性溶液を0〜5℃に保ち，亜硝酸ナトリウム溶液を加えるとジアゾニウム塩が生成するが，この反応はジアゾ化とよばれる。一般に，芳香族ジアゾニウム塩は強い求電子試薬で，芳香核が置換基で強く活性化される芳香族アミンなどと反応してアゾ化合物（アゾ染料）を与える。この反応はジアゾカップリングとよばれる。アゾ染料は，アゾ基（-N=N-）を発色団とする染料の一種で，アゾ基のほかに発色団・助色団を含む有機分子を組み合わせて構成されるが，有機分子の1つは必ず芳香環である。現在では，全染料の約半数がこの系統の染料であるが，アゾ染料が市販染料の主流を占めるに

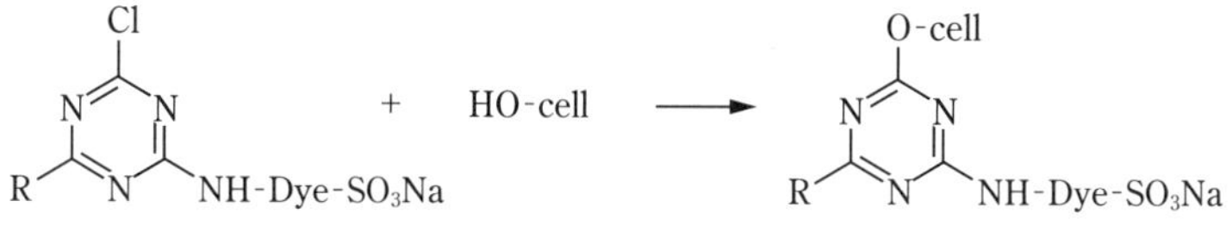

図4.3.2　反応性染料
セルロース繊維との共有結合の例を示す。

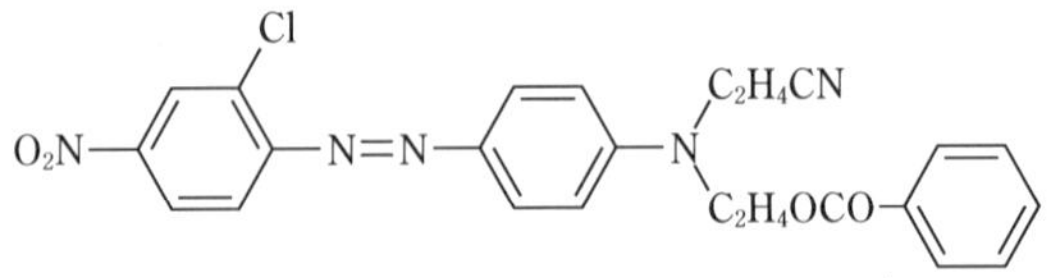

図 4.3.3　ポリエステル繊維用ベンゼン系アゾ染料

至ったのは，芳香族アミンのジアゾ化カップリングという比較的簡単な 2 種類の反応で，しかもほとんど水溶液中で行なえることや，ジアゾ成分およびカップリング成分の組合せしだいで多種多様の色調・染色特性をもった染料・顔料が得られることなどの理由からである．図 4.3.3 に，赤色のポリエステル繊維用ベンゼン系アゾ染料（Colour Index Disperse Red 54）の構造式の例を示す．

4.3.2　機能性色素とは

エレクトロニクス技術の発展に伴い，これまでの染色・着色するという用途以外に，色素分子が π 電子共役系を有するという特徴を生かした，いわゆる「機能性色素」に関する研究が活発化した．色素がもつ機能とは，光吸収（紫外部，可視部，近赤外部での吸収），光放射（蛍光，リン光），光誘起分極（非線形光学特性），光導電性，可逆変化（熱，光，pH，圧力），化学反応などが挙げられる．エレクトロニクス関連色素を分類すると，情報記憶用，情報記録用，情報表示用，およびその他に大別できる．光・熱・電気などの入力に応答していろいろな機能を出力する代表的な機能性色素の例を図 4.3.4 に示す．

色素を用いたエレクトロニクス関連分野への応用例としては，水溶性色素を用いたインクジェットプリンタの特許（1977 年），昇華感熱転写方式プリンタの提案（1982 年），近赤外吸収色素を用いた CD-R 光ディスク規格の提案（1988 年）など，色素を用いる新しいエレクトロニクス関連用途が提案され，今日では身近なオフィスや家庭において多くの実用例を見ることができる．エレクトロニクス用として実際に使用されている色素の具体例として，アゾ色素を図 4.3.5 に示しておく．

(1)　熱応答機能性色素

一般に，有機色素を加熱すると約 350℃ ぐらいまでに熱分解，融解，または

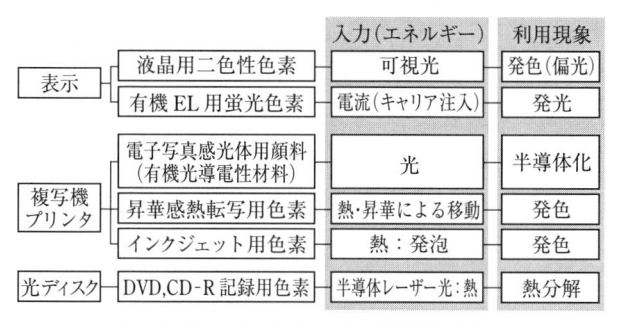

図 4.3.4 エレクトロニクス用機能性色素
入力エネルギーと利用現象を示す。

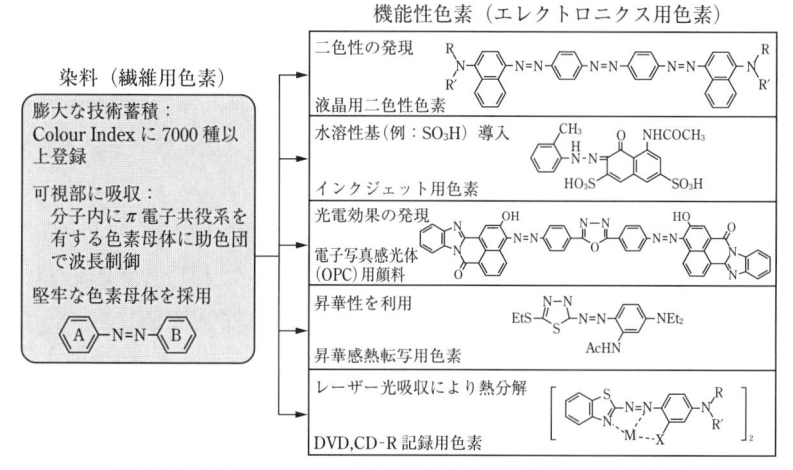

図 4.3.5 アゾ系色素を例にしたエレクトロニクス用機能性色素

昇華により変化する。色素が液体を経ないで気化する「昇華性」は、ポリエステル繊維用転写捺染染色法や感熱転写記録方式では有用な特性である。

情報記録分野では、外部から与える熱を利用して機能性色素に直接変化を起こさせる記録方式がある。代表的な色素として、昇華性・拡散性を利用する昇華感熱転写記録用色素、熱で酸を発生させる感熱紙用色素、熱応答性マイクロカプセルを利用したフルカラー感熱記録用色素が挙げられる。また、情報表示分野では温度変化によって変色または発色する酸解離平衡を利用した有機示温

色素などがある。ここでは，昇華感熱転写記録用色素について詳しく記載する。

①昇華感熱転写記録用色素

　色素の昇華および熱拡散という原理をカラープリンタに応用したのが昇華感熱転写記録方式であり，図 4.3.6 に記録原理を示す。この方式は，転写シートの色材層と受像シートの受像層を対向させ，転写シートの色材層の反対側から発熱素子をもつサーマルヘッドにより加熱（約 300℃）し，色材層中の色素が昇華および熱拡散して受像層に転写されて画像を記録するものである。すなわち，パソコンからの電気信号のデジタル情報をサーマルヘッドに伝え，ベースフィルム（約 6 μm）上に形成した色材層（約 1 μm）から色素が転写して，基材（約 150 μm）に形成した受像層（約 5 μm）に画像を形成する。

　色材層はおもに色素と樹脂からなり，有機溶媒に色素と樹脂を溶解したインクを塗布・乾燥して作製される。受像層は添加剤を含む樹脂からなる。この方式は，サーマルヘッドへの印加エネルギーの大きさに応じて色素の転写量を制御できるため濃度階調表現が可能であり，高画質な写真品質のプリントが得られるという特徴がある。

　昇華感熱転写方式の歴史と色素設計のポイントを図 4.3.7 に示す。1981 年に新しいコンセプトの記録方式「マビカ（電子スチールカメラ）」が発表された。これまでのような銀塩フィルムを使用せず，電子情報を直接 FD（フロッピーディスク）に記録するきわめて斬新な記録方式で，サーマルヘッドの印加エネルギーの大きさに応じて色素の転写量を制御できるため濃度階調表現が可能であり，その特徴を生かしてフルカラープリンタ，とくにフォトグレードプリンタに応用された。開発当初は感度および鮮明性を重視して昇華性を有する小さ

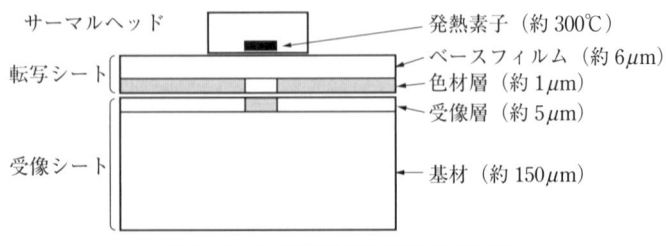

図 4.3.6　昇華感熱転写記録方式の原理

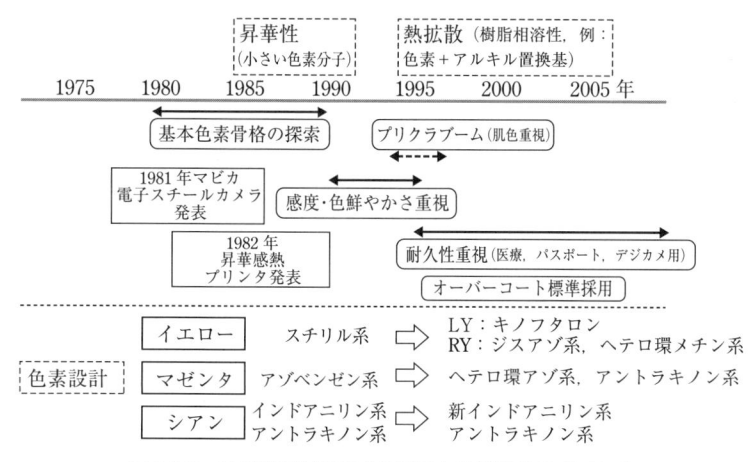

```
        1975    1980    1985    1990    1995    2000    2005 年
                         ┌──────────┐  ┌────────────────────────┐
                         │ 昇華性    │  │熱拡散(樹脂相溶性,例:   │
                         │(小さい色素分子)│色素+アルキル置換基)   │
                         └──────────┘  └────────────────────────┘
                    ←──────────────→
                     基本色素骨格の探索    ←─────→
                                       プリクラブーム(肌色重視)
                    ┌──────────┐
                    │1981年マビカ│
                    │電子スチールカメラ│   感度・色鮮やかさ重視
                    │ 発表      │     ←──────────────→
                    └──────────┘
                         ┌──────┐
                         │1982年 │       耐久性重視(医療,パスポート,デジカメ用)
                         │昇華感熱│         ←──────────────────────→
                         │プリンタ発表│      オーバーコート標準採用
                         └──────┘         ←──────────────→
```

	イエロー	スチリル系	⇒	LY：キノフタロン RY：ジスアゾ系, ヘテロ環メチン系
色素設計	マゼンタ	アゾベンゼン系	⇒	ヘテロ環アゾ系, アントラキノン系
	シアン	インドアニリン系 アントラキノン系	⇒	新インドアニリン系 アントラキノン系

図 4.3.7　昇華感熱転写方式の歴史と色素設計のポイント

い(コンパクトな)色素分子が設計されたが，1995年ごろからは耐久性を重視した，熱拡散性を有する樹脂と相溶性のよい色素分子が設計された。

　デジタルカメラからプリントされる高性能な画質を実現する鍵は色素であり，鮮明性が高く色再現性にすぐれた高感度・高耐久性の色素材料が求められた。色素に対する要求性能としては，熱転写しやすいこと，色特性(色純度，着色力)が良好であること，安定性が良好(耐光性，耐暗退色性，耐薬品性，耐移行性など)であること，安全性が高い(毒性，変異原性，蓄積性がない，生分解しやすい)こと，溶剤に対する溶解性が良好であること，樹脂に対する相溶性・親和性が良好であることなどである。

　これらの特性は基本的には色素の物性に依存するが，とくに画像の保存安定性，転写シートの保存安定性はメディア(転写シート，受像紙)に使用される他の材料との相互作用により大きく影響を受けることがあるため，それぞれの色素の特徴を生かしたメディア全体の設計が重要である。フルカラー画像を記録するためには，イエロー，マゼンタ，シアンの3種類の昇華感熱転写色素が必要である。

　たとえば，**図 4.3.8** に示す色素，すなわちイエロー色素としてはメチン系色素が，マゼンタ色素としてはヘテロ環アゾ系色素が，シアン色素としてはイン

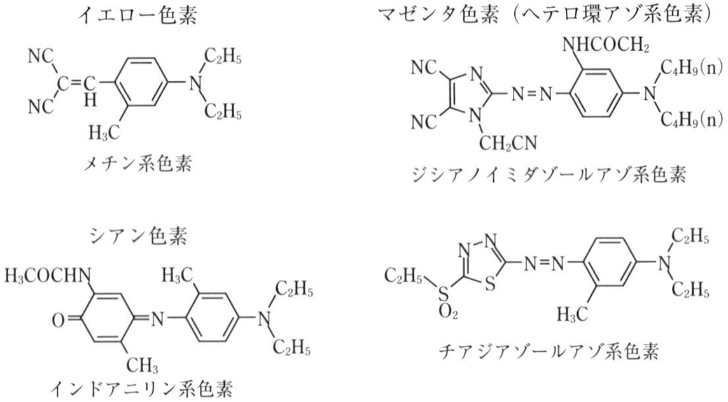

イエロー色素　　　　　　　　　マゼンタ色素（ヘテロ環アゾ系色素）

メチン系色素

ジシアノイミダゾールアゾ系色素

シアン色素

インドアニリン系色素

チアジアゾールアゾ系色素

図 4.3.8　三原色昇華感熱転写色素

ドアニリン系色素が，分光吸収特性，熱特性，熱転写記録特性，耐熱性，耐光性など諸特性にすぐれ，三原色昇華感熱転写色素として適している。

　しかしながら，昇華感熱転写方式は低分子の色素を熱可塑性樹脂からなる受像層中に熱により転写させて記録を行なうという原理上の制約から，色素だけによる画像耐久性の改良は非常に困難であった。受像層中に移行した色素は，受像層を形成する熱可塑性樹脂に化学結合しているわけではなく，ファンデルワールス力により染着しているにすぎないため，長期の画像保存中に色素の移行による画像のにじみが発生したり，指で画像を触れると皮脂成分に色素の移行が起きたり，空気中のオゾンガスなどにより酸化されて画像の変色が起こることなどの問題があった。

　この問題の解決のためにさまざまな技術が検討されたが，それらのなかで実用化された2つの技術を述べる。ひとつは，メタルイオンソースを含む受像層中でキレート染料を形成し固定化させるポストキレート型昇華熱転写記録方式である。キレート化により色素分子の化学的安定性が増すとともに，分子量の増大により色素分子自体が動きにくくなる。その結果，画像のにじみが改良され，耐光性も向上した。

　他のひとつはオーバーコート技術で，イエロー・マゼンタ・シアン染料により受容層に画像を形成したあと，無色透明な樹脂層「オーバーコート層」を受像層上に転写させる技術である。オーバーコート層はサーマルヘッドからの熱

で，インクリボンから剥離して受容層上にヒートシールされる。このオーバーコート層の転写熱により，耐皮脂性・耐ガス性が向上するだけでなく，この再拡散により耐光性をさらに向上させることができる。

(2) 光応答機能性色素

21世紀は光の時代といわれている。20世紀は電子（electron）に基づいたエレクトロニクス（electronics）がめざましく進歩したのに対して，21世紀は光子（photon）を中心とするフォトニクス（光科学技術；photonics）が大きく花開くと期待されている。物質は光吸収により励起状態という高いエネルギー状態に移る。たとえば，スピロオキサジン系フォトクロミック色素は365 nmの紫外光で励起され，発色体に変換される。通常の熱反応では電子状態は基底状態で進行するのに対して，光化学反応は励起状態を経由するために，化学反応の様相は両者で大きく異なることが多い。

光を外部エネルギーとして利用している機能性色素としては次のものがある。情報記録分野では光ディスク用色素，フォトクロミック色素，二光子吸収色素，光導電性を利用した電子写真感光体など。情報表示分野では光の選択的光吸収性を利用した液晶カラーフィルター，二色性を利用した偏光フィルムなど。エネルギー変換分野では光電変換性を利用した有機太陽電池，発光性を利用した色素レーザーなど。また，医療診断分野では光による活性酸素発生能を利用したレーザー治療，選択的光吸収性を利用した臨床検査試薬など。ここでは，光ディスク用色素および二光子吸収色素について詳しく記載する。

①光ディスク用色素

一般に，光ディスクの種類は読み出し専用のタイプと記録可能なタイプがある。記録可能なタイプのディスクには，追記（write once）型とよぶ1回だけの書き込み可能なものと，何度も記録・読み出し（再生）・消去が可能な書き換え（rewritable）型の2つがある。追記型には色素系記録膜が使用されるものが報告されている。

光ディスクの記録方式および材料には種々の提案があるが，大きくヒートモード記録とフォトンモード記録に大別される。ヒートモード記録は光エネルギーを熱に変えて記録材料を昇温させ，物性の熱変化を利用して記録を行なう。フォトンモード記録は光のエネルギーをそのまま光反応に用い，物性変化を誘

起して記録する方式である。

　光ディスクの分野で化学が本格的に活躍しているのは，CD-R，DVD-Rなどの色素系メディアである。これら大容量の記録媒体が実現するために鍵となる材料は，記録層に用いる「色素」である。CD-R，DVD-Rなどの光ディスクの層構成および記録再生原理を図4.3.9に示すが，これらの記録媒体はすべて色素を記録層に使用している。レーザーの光エネルギーを，その色素が熱エネルギーに変換して記録されるしくみである。色素系光ディスクの層構成は，基板，色素層，反射層および保護層の4層からなる。CD（コンパクトディスク）と比べて，構造的に1層（色素層）多いだけである。射出成形ポリカーボネート基板（CD-Rは1.2 mm，DVD-Rは0.6 mm厚を使用）を用い，色素溶液をスピンコートして色素層を形成し，その上に金，銀あるいは合金をスパッタして反射層を形成し，最後に紫外線（UV）硬化樹脂で保護層を形成するものである。

　記録再生原理は次のとおりである。レンズで集光された半導体レーザー光は基板を透過後に色素層に照射され，光エネルギーは熱（約400℃以上）に変化する。その熱により色素は溶融・分解し，ピットとよばれる小孔が形成される。これが，閾値を有するヒートモード記録である。記録部分は屈折率と溝形状の変化が起こるため，位相が変わる。記録前および記録後の反射光の戻り光量が異なるので，その差をデジタル情報として読み取るものである。色素系光ディスクでは，レーザー光を吸収して色素層が発熱することにより生じる屈折率変

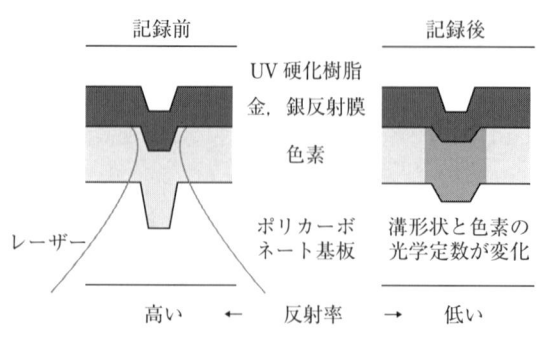

図4.3.9　CD-RやDVD-Rの層構成および記録再生原理

化を読み取る記録再生原理のため，色素の光学特性と熱特性の設計がとくに重要である。

光学特性の点からは，色素が記録・再生に使用する半導体レーザー波長で適度な吸収をもち，吸収の落ち方がシャープであることが必要である。高感度という点からは吸収が多いほど好ましいが，ROMとの互換性に必要な高反射率を確保するためには半導体レーザー波長での吸収が少なく，屈折率が大きいこ

コラム	CD-R誕生物語

CD-Rの開発者のひとりである中島平太郎氏は，開発時の生みの苦労について次のように回想した。

「1982年にCD（コンパクトディスク）を商品化したが，CDにつづく夢として，好みの歌手の好きな曲を集めたCDのアルバム作りやサークルで演奏した音楽のCD化をやってみたい。その夢の実現には，記録したディスクは市販のCDプレーヤーで再生できなければならない。その可能性をもつディスクは，有機色素を記録層とするCD-Rしかないだろう。

ということで，ここに目線を合わせて，記録ディスクの評価装置を作ってもらった。1985年のことで，ディスクメーカー数社から相次いで評価の依頼がきた。しかし，どの会社の試作ディスクも光の反射率をクリアできずにCDプレーヤーにかからなかった。1988年の夏，ディスクの開発に目途がついたとの連絡をうけた。早速それに対応する記録機の実用化プランを練ったが，当時のまわりの反応は，きわめて冷ややかであった。『1回しか記録できない』その技術はむしろ過去のもの，今は記録再生自在のメディア開発が本流であると。『市販のCDプレーヤーにかかる。』という大きな利点を認める人は皆無といってよかった。

それでも数人の技術者が夢を理解し，記録機を作ってくれた。『好みのCDを短期間に1枚から作ります。』というキャッチフレーズを掲げて，ビジネスを開始したのが1989年6月であった。最初の1ヶ月に売り上げたディスクは僅かに27枚，売上金額8万円余りで，8人の従業員を抱えてあまりにもひどいスタートであった。しかしながら，とにもかくにも，CD-Rを商品として世界で始めて世の中にだしたという自負だけが仕事をつづける支えとなった。」

［出典元：JASジャーナル1997年4月号臨時増刊
（日本オーディオ協会発行），筆者：中島平太郎］

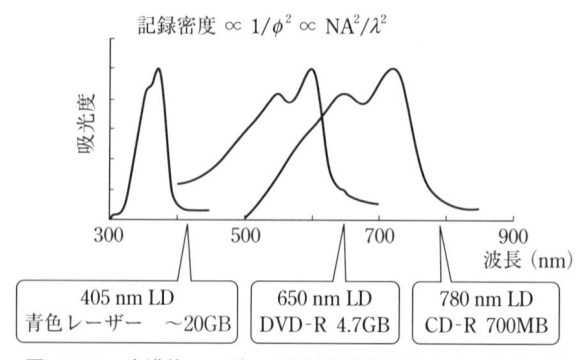

記録密度 $\propto 1/\phi^2 \propto NA^2/\lambda^2$

図 4.3.10　半導体レーザーの短波長化と記録密度の大容量化
λ：レーザーダイオードの発振波長，NA：対物レンズの開口数。

405 nm LD　青色レーザー　〜20GB
650 nm LD　DVD-R 4.7GB
780 nm LD　CD-R 700MB

とを必要とする。また，良好な記録ピット形成の点からは熱特性の減量のシャープさが必要であり，対環境光・対再生光の点からは高耐光性が必要である。また，バインダーを使用すると感度が落ちるので，バインダーなしの状態でのアモルファス薄膜状態が高安定性であること，さらにスピンコート塗布に適するために塗布溶媒に対して約2〜6％の高い溶解性を有すること，色素製造プロセスが量産性にすぐれていることなどが求められる。

　半導体レーザーの短波長化と記録密度の大容量化の関係を図 4.3.10 に示す。半導体レーザーの波長（λ），スポットサイズ（ϕ），記録密度（capacity）の関係は，図に示した式のとおりである。半導体レーザーの波長（λ）が短波長化するとスポットサイズ（ϕ）が小さくなり，記録密度の容量が増大する。CD-R には 780 nm のレーザー，DVD-R には 650 nm のレーザーを使用する。それぞれの半導体レーザーの波長に合致させるため，色素の光学特性を設計する必要がある。

　CD-R の記録層に使われる色素は大別すると，シアニン系，フタロシアニン系，含金属アゾ系色素の3系統がある。図 4.3.11 に代表的な CD-R 用色素の一般的な化学構造を示す。シアニン色素は直線の化学構造をとるため，分子構造の中心にある二重結合が光や熱により壊れやすいが，記録素材として考えた場合，書き込み時にそれほど強いレーザーを当てる必要がないために扱いやすく，初期の CD-R メディアは大半がこのシアニン色素を使っていた。その後，

シアニン色素　　　　フタロシアニン色素　　　含金属アゾ色素
（塩形成タイプ）

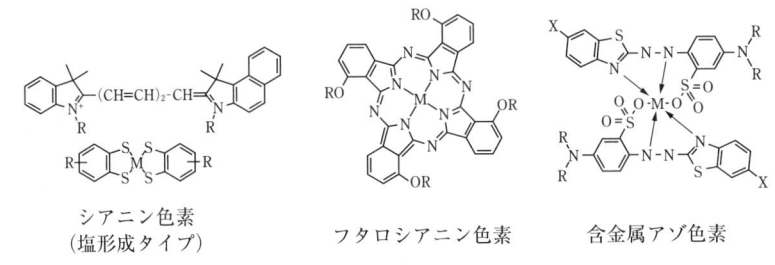

図 4.3.11　代表的な CD-R 記録層用色素の化学構造

シアニン色素がイオン性の色素であることに注目し，一重項酸素クエンチャーと塩を形成させた安定化シアニン色素が開発され，耐光性の改善がみられた。フタロシアニン色素は環状の分子構造をしており，これまで顔料として用いられ，その耐候性，信頼性，耐熱性の高さには定評がある。CD-R 用色素として使用するために，立体的に大きな置換基を導入して色素どうしのスタッキング（stacking；積み重なり）を防止して溶解性を向上させるなどの工夫を行なっている。含金属アゾ系色素は，金属イオンの高感度呈色試薬をヒントに開発されたものであり，アゾ配位子に金属イオンが配位した錯体は正八面体の構造を形成する。遷移金属の d 軌道の寄与により 10 万以上の高いモル分子吸光係数（ε）を示す。また，この系統の色素は，金以上の反射率を示す銀反射膜との組合せですぐれた保存安定性を示す。

　色素系光ディスクの特徴は，金属系材料を用いた光ディスクと比較して，材料設計が多種多様に可能であり，要求される光学特性・熱特性を有する高機能な記録媒体用色素を設計できること，また比較的安価な塗布装置により薄膜が製造でき生産性が高いことなどが挙げられる。**図 4.3.12** に，DVD-R 光ディスクの層構成および製造プロセスの概略を示す。実際に製造するには，長いあいだ積み重ねてきた多数のノウハウを含む複雑な技術を，色素を中心として多面的に組み合わせて活用しなければならない。

　CD-R が普及した大きな理由は，既存の CD 規格に合わせるというコンセプトがユーザーの利便性を高めたこと，また音楽やインターネット情報などをデジタルで記録することによりコンピュータによる利用が可能となったことなどである。映像・音声を含むマルチメディア情報はメモリの大容量化をますます

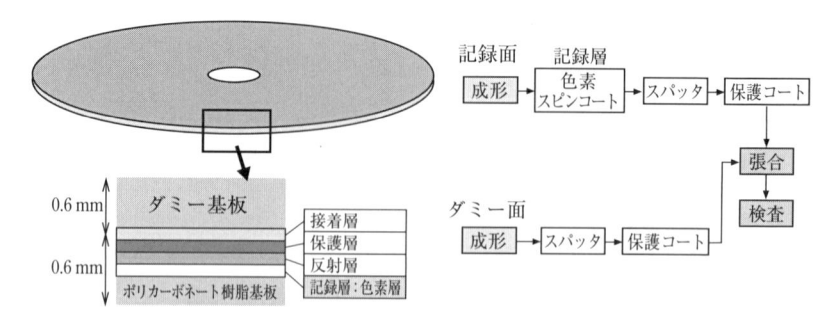

図4.3.12　DVD-R光ディスクの層構成および概略製造プロセス

促進している．そのため近年，青色半導体レーザーを用いた光ディスクが実用化されつつあるが，さらなる短波長レーザーの開発は当面難しいと考えられている．この微小スポットによる記録方式は限界に近づいており，さらなる高密度化のためには新たなブレークスルーが必要である．図4.3.13に示すように次世代の光メモリをめざした高密度化手法として，ホログラム記録技術，多層・多光子記録技術，あるいは近接場記録技術などが提案されている．

②二光子吸収色素

一般に光吸収は1個の光子が物質に吸収される現象（一光子吸収）であるが，レーザー光のようにきわめて強い光を物質に照射すると，一光子吸収以外に同時に多数の光子が吸収される現象（多光子吸収）が起こる．二光子吸収とは多光子吸収のうち，とくに二光子が同時に吸収される現象である．一光子吸収で

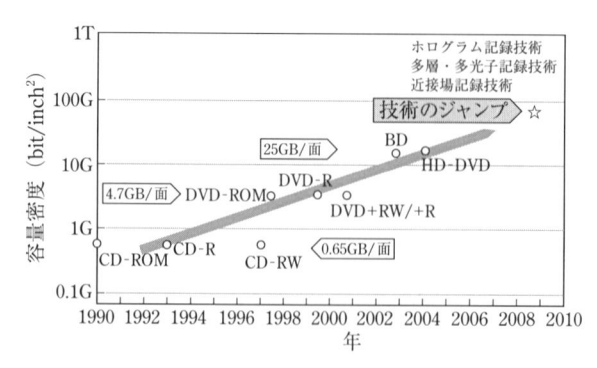

図4.3.13　次世代光メモリ技術

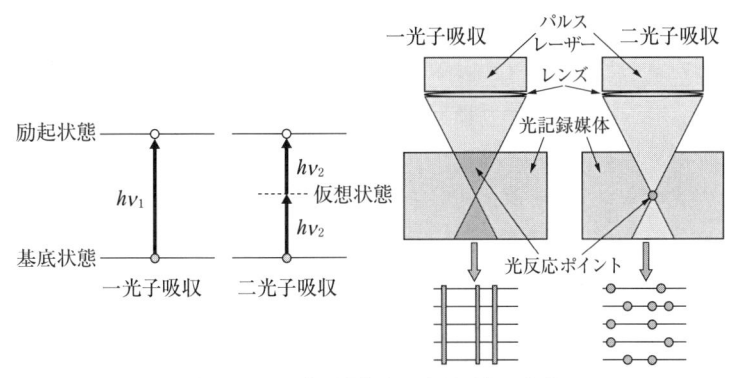

図 4.3.14　一光子吸収と二光子吸収の比較

は分子の有するエネルギー差に相当した光子のみが吸収されるが，二光子吸収ではエネルギー差の半分のエネルギーの光子が 2 個同時に吸収される。一光子吸収と二光子吸収の比較を図 4.3.14 に示す。この現象はパルスレーザーをレンズで集光して照射するような場合に，光子密度の高い焦点付近でのみ起こるため，結果的に三次元空間内部のある限られた領域のみ励起分子を生成させることが可能となる。二光子吸収は空間選択性をもつのである。

この現象は，1931 年に Maria Göppert-Mayer の理論的な予見に端を発する。ノーベル賞を受賞した彼女の功績をたたえ，一分子あたりの二光子吸収効率を表わす二光子吸収断面積（σ）は通常，GM（1 GM = 1×10^{-50} cm^4 s/photon molecule）という単位を用いて表わす。二光子吸収過程では，分子は高密度の光を照射することによって 2 個の光子の合算されたエネルギーを利用し，いわゆる「仮想状態」（virtual state）を経由して分子は励起状態へと到達する。仮想状態とは，光照射によって生じると考えられる数フェムト秒の寿命を有するエネルギー状態のことである。この状態が失活するよりも早く 2 個目の光子が到達することによって生じる現象が二光子吸収である。

1990 年代に入り，Ti：サファイヤレーザーなどの高出力な超短パルスレーザーが開発され，比較的容易に二光子吸収を誘起することができるようになり，二光子吸収の特性を利用した研究が盛んになってきた。たとえば，二光子吸収による三次元光記録が挙げられる。従来の光ディスクでは，情報はディスク面内に二次元的に記録されるのに対して二光子吸収の原理を利用すれば三次元的

な光記録が可能となり，多層化によって記録容量を大幅に向上させることができる．光がレンズによって記録媒体内の三次元記録層ボリューム内の一点に集光されることで情報の記録・再生が行なわれる．また，二光子吸収を利用することで記録層において光エネルギーを熱エネルギーに変換する従来の方法とは異なり，光エネルギーを直接利用することができるようになるため熱拡散を伴わずに記録が行なえ，精密な記録マークが形成できる．

このような二光子吸収による三次元光記録を実現するうえでの最大の課題は，「いかにして二光子吸収効率を高めるか」であり，色素の分子設計が重要である．近年，二光子吸収色素の高効率化のための分子設計指針が活発に研究されている．図 4.3.15 に，二光子吸収色素の具体的な最近の研究例を示す．高効率な二光子吸収色素が開発されれば安価な半導体レーザーが使用できるので，その応用が飛躍的に広がることが期待される．

ここ 20 年くらいのあいだに，時代の風はアナログからデジタルへ，ユビキタス社会に向けた大きなパラダイムシフトが起きた．たとえば，ビデオテープの世界需要レコーダー台数は DVD 光ディスクレコーダーに 2005 年に逆転され，また銀塩カメラの世界出荷台数はデジタルカメラに 2002 年に逆転された．このようななか，機能性色素の研究開発が行なわれ，要求性能にあった光ディスク用色素やデジタルフォトプリンタ用色素が開発された．

エレクトロニクス分野での色素開発の醍醐味は，新しい高機能の色素をデザインできる知恵比べ，そしてよい材料が見つかれば数年後には市場に出せる開発スピード競争にある．色素材料の大きな特徴は，多数の元素の組合せが可能で材料設計の自由度が広く，投資金額が少ない比較的単純なプロセスで成膜形成できる点にある．

色素の開発も新しい時代を迎えようとしている．最近では，フォトンとエレクトロニクスの相互作用の科学技術（フォトニクス）が注目され，有機 EL ディスプレイ技術や有機系太陽電池技術などの早期実用化が期待されている．さらに，光合成や視覚のような驚くべき精緻なバイオのシステムに学んだ超分子化学が著しく進歩し，分子集合体の構造を設計し，分子間相互作用を思いのままにコントロールできるようになっている．エレクトロニクス，バイオとケミストリーの融合がさらに機能性色素の化学を発展させていくであろう．

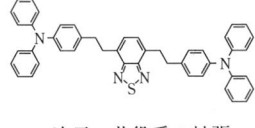

一次元π共役系の拡張

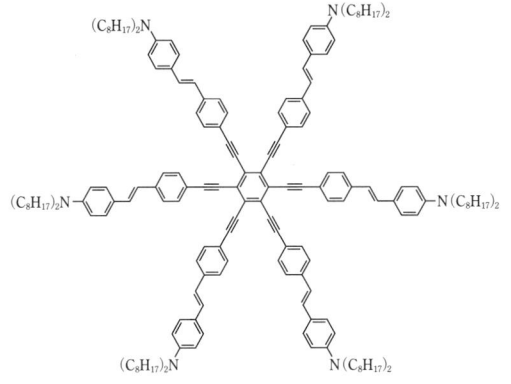

分岐状構造

図 4.3.15　二光子吸収色素の具体的な最近の研究例
（左）D-π-A-π-D 型，ベンゾチアゾール系，$\sigma = 211\,\mathrm{GM}$（800 nm）。（右）フェニルエチニル-6 置換体（starburst タイプ π 共役分子），$\sigma = 818\,\mathrm{GM}$（800 nm）。

[参考文献]
1) 中澄博行：機能性色素の基礎とニュートレンド，色材協会誌，**74**（8），404（2001）
2) 前田修一：CD-R，DVD-R 色素系光ディスクの開発動向，色材協会誌，**75**（4），172（2002）
3) 田口信義・今井章博・美馬総一郎・弓場上恵一・松田宏夢・下間亘：電子写真学会誌，**24**（3），17（1985）
4) 村田勇吉：『情報記録システム材料（染料転写型熱記録用色素）』，p.127，学会出版センター（1989）
5) 阿部隆夫・朝武敦・吉沢友海：染料熱転写記録の画像保存性の向上，有機合成協会誌，**58**，31（2000）
6) 前田修一：次世代色素系光メモリ，化学と工業，**56**（7），777（2003）
7) 浜田恵美子：日本発—CD-R の開発と発展，応用物理，**76**（9），995（2007）
8) H. Mustroph, M. Stollenwerk, V. Bressau：Current developments in optical data storage with organic dyes, *Angew. Chem. Int. Ed.*, **45**, 2016（2006）
9) S. Kawata, Y. Kawata：Three-dimensional optical data storage using photochromic materials, *Chem. Rev.*, **100**, 1777（2000）
10) K. Kobayashi, Y. Kita, M. Shigeiwa, S. Imamura, S. Maeda：Synthesis and optical properties, including two-photon absorption cross-sections of differentially functionalized starburst-type π-conjugated molecules, *Bull. Chem. Soc. Jpn.*, **82**, 1416-1425（2009）

第5章

医療（バイオ）と化学

　現在の産業の動きから明確に感じられるのは，地球温暖化をはじめとした環境問題への対応とエネルギー問題，高齢化社会への移行に伴う健康と医療の問題であろう。この両者にバイオテクノロジーは深く関与しており，たとえばバイオエタノール生産やバイオプラスチックの利用は前者の代表であり，再生医療やゲノム，遺伝子解析技術は後者の代表である。ここではとくに化学的・生化学的技術を用いた分野のなかでも，医療を中心に据えた「ものづくり」について取り上げる。5.1節では生化学のなかでもとりわけ重要な知識について，専門でない読者が理解できるようにまず平易に概説し，次にその知見が現在のバイオを含むさまざまな産業に利用されている，または将来利用される可能性があることを示す。5.2節以降ではバイオポリマー，生体適合性材料，再生医療技術などの材料について説明するとともに，ゲノム・遺伝子解析技術では重要な位置を占めるDNAマイクロアレイ（DNAチップ）技術について実際に生産に関与している立場から詳細に記載する。

5.1　生物化学・遺伝子

　DNAは物質に与えられた名前で，デオキシリボ核酸の頭文字をとったものであり，一方，染色体とはDNAを含むが他にヒストンタンパク質も含む巨大な遺伝情報を含む構造体を意味している。また，遺伝子とは遺伝をつかさどる機能の単位である。一般に小さなDNAからなるプラスミドは，遺伝子はもつが染色体とはよばずにDNAプラスミドとよばれている。真核生物の細胞内小器官であるミトコンドリアや葉緑体にもDNAがあり，これらもミトコンドリ

ア DNA や葉緑体 DNA とよばれる。

ところで，DNA だけが遺伝子の本体であるかというと，例外もあり，植物やカビに感染するウイルスなどは RNA（リボ核酸）に遺伝情報を蓄えている。遺伝についてはエンドウ豆の形質を通じて遺伝の法則を発見したメンデルの仕事がよく知られているが，物質として遺伝子が解明されはじめたのは 20 世紀に入ってからである。ここでは，生化学・分子生物学上の重要な発見で，かつ，その概念が研究のうえでも物質生産のうえでも欠くことができない内容について説明したい。

5.1.1 核酸と遺伝子
(1) 形質転換の発見

遺伝子の本体が DNA であることの手がかりは，1928 年，グリフィス（Frederick Griffith）による肺炎双球菌の形質転換の実験である。この実験では，細胞表面が平滑な病原性菌（S 株）を加熱して殺し，これをネズミに注射した場合や，細胞表面が粗な非病原菌（R 株）をそのまま注射してもネズミは生存するが，2 つを混ぜて注射した場合にはネズミは死亡し，さらにネズミの体内から S 株が回収された。それゆえ，S 株から何かの因子が R 株に入り，R 株の形質が変化して S 株型になったと考えた。

1944 年，エーブリー（Oswald Avery），マクロード（Colin MacLeod），マッカーティー（Maclyn McCarty）はグリフィスの実験をさらに推し進めた。そして，形質転換に使う成分をトリプシンやキモトリプシンのタンパク質分解酵素で処理しても，またリボヌクレアーゼで RNA を分解しても形質転換に影響はなかったが，デオキシリボヌクレアーゼで DNA を分解したときには形質転換がまったく起こらないことを確認した。この実験により，遺伝子の本体が DNA であることが最初に証明されたのである[*1]。

(2) ハーシーとチェイスのバクテリオファージの実験

DNA が遺伝子の本体であることは，細菌ウイルス（バクテリオファージ）

[*1] 形質転換は遺伝子の本体が DNA であることを証明する歴史的な発見であるとともに，現在でも大腸菌，枯草菌，酵母，カビなどの微生物とともに，動物細胞，植物細胞への遺伝子導入技術として広く用いられている。

を用いたハーシー（Alfred Hershey）とチェイス（Martha Chase）の実験によっても明らかにされた。実験に用いた大腸菌のファージは，タンパク質からなる頭部，カラー，尾部とともに，頭部にはDNAを含んでいる。この尾部の繊維で細胞種を認識し，感染したときにはDNAが細胞内に注入される。言葉を換えれば，細胞認識装置をもつDNAを含む注射器である。

　大腸菌に注入されたDNAは，T2ファージの場合はすぐに子孫をつくりはじめ，20分も経過しないうちに数百の子孫のファージをつくり，その後，大腸菌は溶菌する。ハーシーとチェイスはDNAの成分であるリン（P）を放射性 ^{32}P でラベルし，一方，タンパク質システインの成分である硫黄（S）は ^{35}S でラベルしておいて大腸菌に感染させ，すぐにブレンダーでファージの外被を大腸菌から切り離すと，細胞の中には ^{32}P のみを含み，^{35}S は認められなかった。細胞内に入ったのはDNAで，その結果，子孫のファージができたため，遺伝子の本体はDNAがあることがわかる[*2]。

(3) 核酸成分

　核酸は，糖とリン酸の骨格からなるヌクレオチドに，塩基が糖の1′に結合したもので，DNAの場合の糖はデオキシリボース，RNAの場合はリボースがそれらの成分である（**図 5.1.1**）。塩基は，DNA，RNAともに4種類で，そ

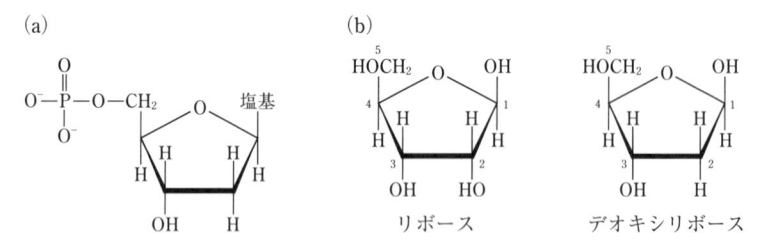

図 5.1.1　ヌクレオチドと糖成分[1]
(a) ヌクレオチドの化学構造。(b) ヌクレオチド中に含まれる2つの糖。塩基が結合した場合は，塩基の原子と区別できるように糖の番号にダッシュ（′）が付く。

[*2] ウイルスには，ここで述べたDNAウイルスと，RNAを遺伝子としてもつRNAウイルスとがある。病気に関係するレトロウイルス（エイズウイルスなど）はRNAウイルスで，増殖するときにはRNAからいったん逆転写酵素（リバーストランスクリプターゼ）によりDNAに換えられたのち，ウイルス由来のタンパク質がつくられる。

(a) ピリミジン　　　　　　　　　　　(b) プリン

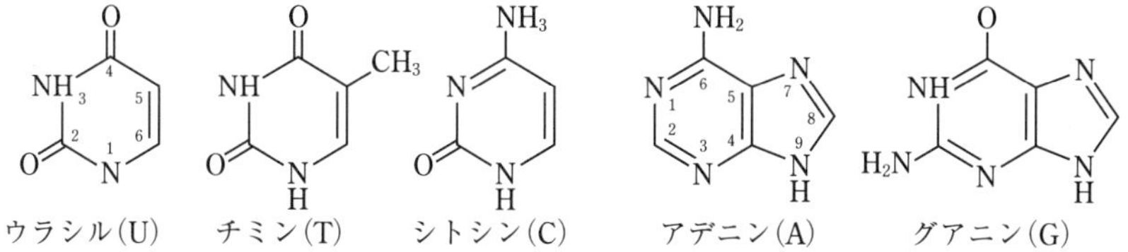

ウラシル(U)　チミン(T)　シトシン(C)　アデニン(A)　グアニン(G)

図 5.1.2　塩基成分[1]

のうちの3種類〔アデニン（A），グアニン（G），シトシン（C）〕は共通しているが，残りの1種類は，DNAではチミン（T），RNAではウラシル（U）である（図5.1.2）。AとGをプリン誘導体，TとCとUをピリミジン誘導体という。

(4) シャルガフの経験則とX線結晶解析

シャルガフ（Erwin Shargaff）は種々の生物種のDNA成分中の塩基の種類と量を測定し，AとTおよびGとCの割合が生物種にかかわらずおよそ1に近いことを発見した（シャルガフの経験則）。一方，AとG，TとCの割合は生物種によって大きく変動する（表5.1.1）。1952年，英国キングスカレッジのフランクリン（Rosalind Franklin）はDNAのX線回折像を発表した。これは複雑と思われたDNAが，意外にも3.4 nmと2.0 nmの規則的な構造をもつことを示唆するものであった。

表 5.1.1　シャルガフの経験則[3]

生物	アデニン対グアニン	チミン対シトシン	アデニン対チミン	グアニン対シトシン	プリン対ピリミジン
ウシ	1.29	1.43	1.04	1.00	1.1
ヒト	1.56	1.75	1.00	1.00	1.0
ニワトリ	1.45	1.29	1.06	0.91	0.99
サケ	1.43	1.43	1.02	1.02	1.02
コムギ	1.22	1.18	1.00	0.97	0.99
インフルエンザ菌	1.74	1.54	1.07	0.91	1.0
大腸菌 K12 株	1.05	0.95	1.09	0.99	1.0

(5) ワトソンとクリックの提唱した DNA の二重らせん構造

1951 年，ポーリング（Linus Pauling）らはポリペプチドの構造として α ヘリックスを示唆する構造データを得ていた。一方，英国ケンブリッジ大学のワトソン（James Watson）とクリック（Francis Crick）はシャルガフの経験則とフランクリンの X 線回折像をもとに，1953 年，分子生物学の金字塔ともいわれる DNA の相補的二重らせん構造を発表した（図 5.1.3）。

糖-リン酸骨格に結合している塩基がそれぞれ二重らせんの内側に位置し，塩基間ではシャルガフの経験則に沿って，AT, GC, TA, CG が結合している。規則的な回折像である 3.4 nm は DNA 二重らせんの 1 ピッチに相当し，2.0 nm は二重らせんの幅に相当する。1 本の DNA のひもはストランド（strand；鎖）とよばれ，DNA 二重らせんはダブルストランド（2 本鎖）ともよばれる。この DNA 二重らせん構造提唱のときには，すでに親から子供に遺伝子が伝わるしくみが推定された。すなわち，片方の鎖があればそれと相補的

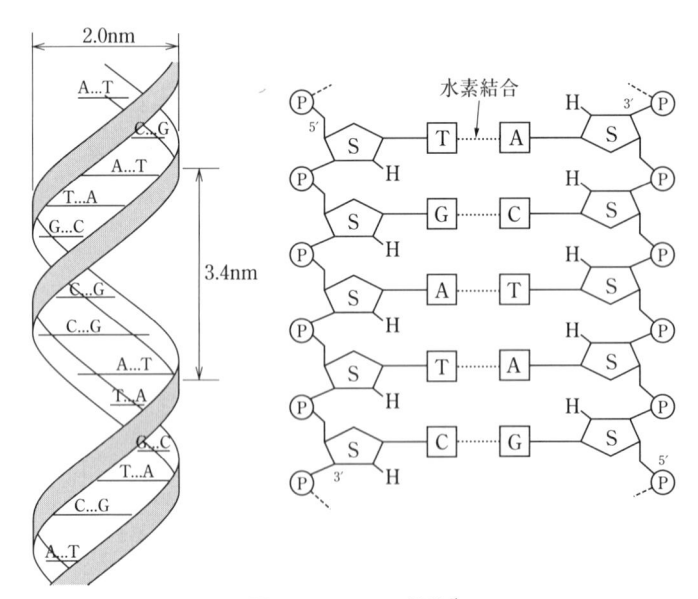

図 5.1.3　DNA の構造[2]

P：リン酸，A：アデニン，T：チミン，G：グアニン，C：シトシン。塩基間の複数の点線は，実際の水素結合数を示している。

な鎖の配列が決まってしまうことになり，片方のDNAをもとに親と同一の2本鎖をつくることが容易なのである．

(6) **DNAの半保存的複製，DNA依存DNA合成酵素（ポリメラーゼ）とセントラルドグマ**

1958年，メセルソン（Matthew Meselson）とスタール（Franklin Stahl）は親の2本鎖DNAから子供の2本鎖DNAをつくる方法は半保存的に行なわれることを実証した．これによりDNA複製の原理が解明されたことになるが，このDNA合成に関与する酵素DNAポリメラーゼも，1956年，ワシントン大学のコーンバーグ（Arthur Kornberg）により発見された（図5.1.4）．この時期までに鋳型非依存的にデオキシリボシヌクレオシドをつなぐDNAポリメラーゼは報告されていたが，相補的な塩基を認識してDNA合成を行なう酵素の発見は，二重らせん構造をもとに子孫のDNAを複製できる実験的証明となった[*3]．

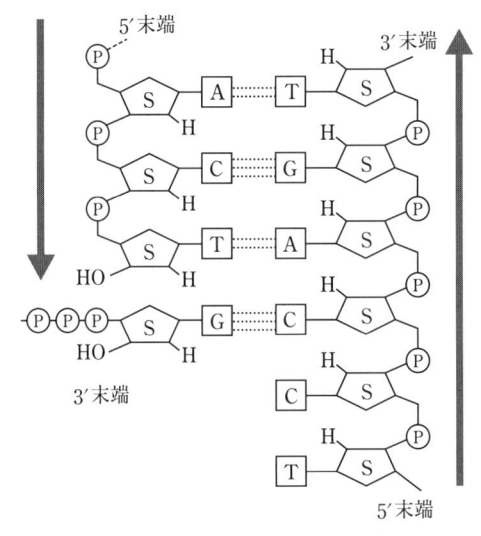

図5.1.4　DNAポリメラーゼ[2)]

[*3] 現在では，複製にはDNAの二重らせんを巻き戻すDNAヘリカーゼや，DNAのラギング鎖，リーディング鎖で生合成法が異なり，RNAプライマーのあとDNAを合成するDNAポリメラーゼにも種類があることがわかっている．

二重らせんを提唱したクリックは1956年，次にタンパク質がいかにつくられるかを推論した。当時すでにRNAは知られており，真核生物の細胞質にはRNAがあることがわかっていたため，DNA情報がRNAに写されることは容易に推定できても，RNAからタンパク質がつくられるメカニズムはまったく知られていなかった。彼はそこにアダプターとよぶ因子があることを予言し，RNAの情報はアダプターを介してタンパク質の情報に変えられるという教義（セントラルドグマ）を提唱した（図5.1.5）。

現在，アダプターはトランスファーRNA（tRNA）に相当する。いまではセントラルドグマに合わない事例も認められるが，遺伝子からタンパク質への流れを明確に予測した功績は，二重らせんの提唱とともに分子生物学の歴史に名をとどめることになった。

セントラルドグマに合わない事例としては，DNAレベルで起こる遺伝子の再編成，最初につくられたRNAがスプライシングにより編集されて成熟RNAができること，などである。

(7) 試験管内でのタンパク質合成と遺伝コード

RNAにも種類あることがこのころからわかってきたが，1961年，NIH（National Institutes of Health；米国国立衛生研究所）のニーレンバーグ

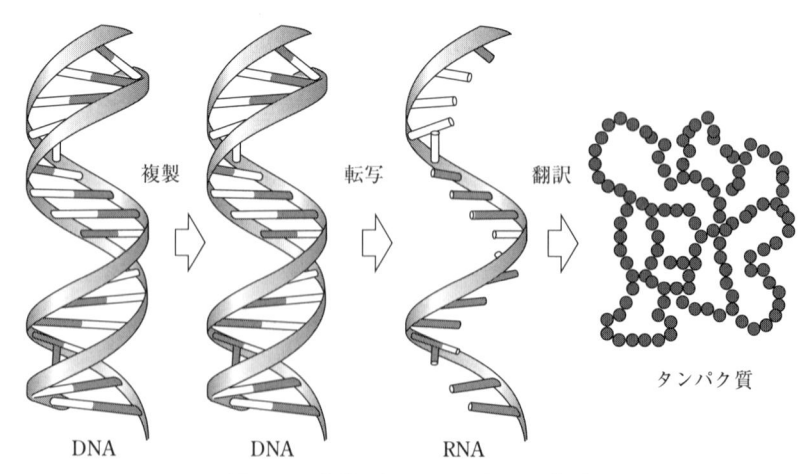

図5.1.5　クリックのセントラルドグマ[4]

(Marshall Nirenberg) らは試験管内でポリペプチドを合成する翻訳システムを開発した。その実験ではメッセンジャー RNA（mRNA）として合成ポリヌクレオチドを用い，大腸菌の無細胞抽出液に加えるとタンパク質合成が起こる。合成ポリヌクレオチドは，ウラシルのみからなる単純なホモポリマーを用いた場合はフェニルアラニンからなる長鎖ポリペプチドが合成されるが，合成ポリヌクレオチドの配列を変えることにより 20 種類のアミノ酸に対応する配列を決定した。

その基本は，ヌクレオチド 3 つからなる配列が 1 つのアミノ酸を指定することであった。配列の 5′ 末端側から 1 番目のヌクレオチド，2 番目のヌクレオチド，3 番目のヌクレオチドは，それぞれに 4 つの種類（A，U，G，C）があるために 3 つの配列は 4×4×4 ＝ 64 種類のアミノ酸に対応する暗号（コドン）をもつことができる。そのうちの 3 つの配列（UAA，UAG，UGA）には対応するアミノ酸はなく，その配列がくると翻訳は停止する。それゆえ，UAA，UAG，UGA は終止コドンとよばれる。また，タンパク質中のアミノ酸は 20 種類しかないため，複数のコドンが 1 つのアミノ酸に対応している。

例外はメチオニンとトリプトファンのコドンで，それぞれたった 1 つのコドン AUG と UGG に対応する（表 5.1.2）。その後，タンパク質の最初のコドンは AUG がほとんどであり，最初の AUG のみホルミルメチオニンが選択され，その後 3 つ組ごとに読まれ，途中に AUG が出てきた場合はメチオニンとなる。ポリペプチドの最後に対応する配列は終止コドンである。いまでは，16 S のリボソーム RNA（rRNA）を含む 30 S の RNA-タンパク質複合体と，23 S の rRNA を含む 50 S の RNA-タンパク質複合体が結合して 70 S の複合体（原核生物の場合）をつくり，タンパク質の工場の役割を担っている。30 S，50 S RNA-タンパク質複合体は細胞内にたくさん存在し，電子顕微鏡で見ると 70 S 複合体が mRNA に数珠玉状に結合しているのがわかる。いわゆるポリソームを形成しながらタンパク質が合成される。

クリックの想定したアダプターはトランスファー RNA（tRNA）に相当し，mRNA のコドンに対応して tRNA のアンチコドンが合成時に結合する。実際はタンパク質合成時にはアミノアシル tRNA（アミノ酸が tRNA の 3′ 末端に結合）になっているので，コドンに応じたアミノアシル tRNA がリボソーム

表 5.1.2 遺伝暗号表[5]

第1文字 5′末端	第2文字				第3文字 3′末端
	U	C	A	G	
U	Phe	Ser	Tyr	Cys	U
	Phe	Ser	Tyr	Cys	C
	Leu	Ser	終止	終止	A
	Leu	Ser	終止	Trp	G
C	Leu	Pro	His	Arg	U
	Leu	Pro	His	Arg	C
	Leu	Pro	Gin	Arg	A
	Leu	Pro	Gin	Arg	G
A	Ile	Thr	Asn	Ser	U
	Ile	Thr	Asn	Ser	C
	Ile	Thr	Lys	Arg	A
	Met*	Thr	Lys	Arg	G
G	Val	Ala	Asp	Gly	U
	Val	Ala	Asp	Gly	C
	Val	Ala	Glu	Gly	A
	Val	Ala	Glu	Gly	G

* 翻訳開始コドンとしても使用される。

上で，前のポリペプチドにアミノ酸を結合させて，mRNA の情報どおりのポリペプチドが生合成される[*4]。

(8) オペロン説

染色体上には多くの遺伝子が存在するが，それらの遺伝子が秩序だって制御されていなければ細胞は生きていけない。どのように制御されているのかに答えを出したのが，パスツール研究所のジャコブ（Francois Jacob）とモノー（Jacques Monod）で，1961 年にオペロン説として発表した（図 5.1.6）。

調節遺伝子 *lacI* からつくられる LacI 抑制タンパク質（リプレッサー）は，

[*4] この歴史的な成果とともに，現在では小麦胚芽などの *in vitro*（試験管の中で）のタンパク質合成系を使って，細胞では生産が難しいタンパク質などを生産させることが可能となっている。

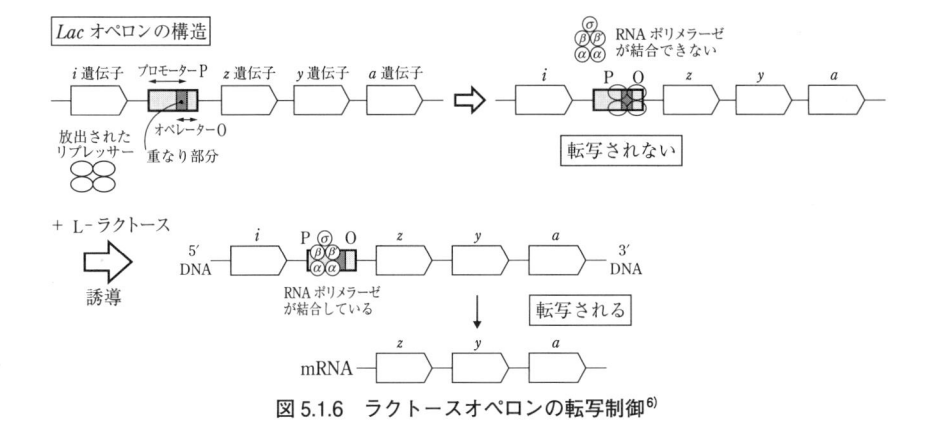

図 5.1.6 ラクトースオペロンの転写制御[6]

　乳糖（ラクトース）の代謝にかかわる *lacZYA* オペロン（オペロンとは転写単位の遺伝子を意味する）の調節部位（上流のオペレーター部位）に結合する。さらにオペレーター上流のプロモーター配列に結合して転写を行なう RNA ポリメラーゼは，オペレーターに結合した LacI に阻害されて転写を行なうことができない。LacI はつねにつくられていると考えられており，そのため，*lac* オペロンはネガティブ（負）に制御されている。

　しかし，ラクトースを利用して増殖することが必要になった場合は，ラクトース（実際はラクトースの異性体アロラクトース）が LacI に結合し，抑制がはずれて *lac* オペロンが転写される。このようなラクトースの役割をする物質を誘導物質（インデューサー）とよぶが，最近ではラクトースの代わりに代謝されない誘導物質であるイソプロピルチオガラクトシド（IPTG）が用いられる。栄養源を利用しようとすると，栄養源を資化（栄養源にして利用）するための酵素が必要となり（ここではラクトースを分解する β-ガラクトシダーゼ），必要なときに目的酵素をつくるこのシステムは生物界に広く認められている。

　一方，資化しやすいグルコースがラクトースと共存する場合には，最初にグルコースを利用するシステムが働き，IPTG が存在してもグルコースにより *lac* オペロンの転写が抑えられる。調節はネガティブ制御以外にポジティブな制御のシステムがあり，大腸菌の *trp* オペロンはその一例である。トリプトファン抑制タンパク質はトリプトファンがない状態ではトリプトファンオペロン

のオペレーターに結合できなくて、それゆえ転写が行なわれるが、トリプトファンが存在するとトリプトファンと抑制タンパク質が結合し、複合体の構造が変わり、trp オペロンに結合できるようになる。その結果、トリプトファン存在下では転写が抑制される。このタイプのトリプトファンをコリプレッサーとよぶ。遺伝子発現の調節は、タンパク質の生産においてとくに重要である[*5]。

(9) DNA の制限修飾系と制限酵素，修飾酵素

私たちは日々食事を通じて多量の DNA を摂取している。消化器官を通してかなりの DNA が細胞内に入ってくる。外来 DNA でヒトの遺伝子が簡単に換わることになれば、種としての維持はできなくなってしまうであろう。外来の異種 DNA を細胞はどのように排除しているのかを解明したのが、1962 年のアーバー（Werner Arber）とスミス（Hamilton Smith）による DNA 制限修飾酵素の発見である。制限修飾系とは以下のような現象をいう。λ ファージを大腸菌 B 株に感染させたとき、細胞内に入ったファージ DNA が分解されてしまい、子孫のファージが認められないのに対し、大腸菌の異なる株では子孫のファージが認められる。そこで、生成したファージを B 株に感染させると、こんどはファージ DNA が分解され子孫のファージが認められない。この現象は、細胞内には制限系があり、それをもつ B 株では外来 DNA は分解されるが、制限系をもたない株では外来遺伝子も分解されず、子孫のファージが生じたためである。制限系をもつ B 株では、自己の染色体 DNA が分解されていないため、自己の染色体を守る修飾系もあると考えられる。その後、ヘモフィルス菌をはじめ多くの微生物から、制限酵素や修飾酵素が発見された（**表 5.1.3**）。

配列を正確に認識して真ん中から平滑に切るタイプや、切り口を残す（付着

[*5] 現在，lac オペロンの調節部位（プロモーター，オペレーター部位）下流に目的の遺伝子を連結し，抑制タンパク質遺伝子 lacI と IPTG で任意の時期に遺伝子発現を行なわせる技術は汎用性が高い。IPTG などで人為的に遺伝し発現させる方法は，ほかにキシロースによるキシロースプロモーターの制御，金属による転写誘導プロモーターなども知られているが，ラクトース，キシロースのプロモーター以外での人為的制御の例は乏しい。多くの代謝にかかわる酵素は，基質になる物質で遺伝子誘導が起こることが多く，一方，生産物で転写抑制がかかることが多い。これなども物質生産においては注意をはらう必要があろう。

表 5.1.3　Ⅱ型制限酵素の例[1]

起源	酵素[a]	認識配列[b]
Acetobacter pasteurianus	*Apa* I	GGGCC↓C
Bacillus amyloliquefaciens H	*Bam* HI	G↓GATCC
Escherichia coli RY13	*Eco* RI	G↓ÅATTC
Escherichia coli R245	*Eco* RII	↓CC̊TGG
Haemophilus aegyptius	*Hae* Ⅲ	GG↓CC
Haemophilus influenzae Rd	*Hind* Ⅲ	Å↓AGCTT
Haemophilus parainfluenzae	*Hpa* Ⅱ	C↓CGG
Klebsiella pneumoniae	*Kpn* I	GGTAC↓C
Nocardia otitidis-caviarum	*Not* I	GC↓GGCCGC
Providencia stuartii 164	*Pst* I	CTGCA↓G
Serratia marcescens S$_b$	*Sma* I	CCC↓GGG
Xanthomonas badrii	*Xba* I	T↓CTAGA
Xanthomonas holcicola	*Xho* I	C↓TCGAG

[a] 制限酵素の名前は，それを生産する生物の名前に由来する。ローマ数字は，その株で発見された順番を表わす。
[b] 認識配列は 5′ から 3′ の方向に書く。矢印は切断する箇所，＊印は塩基がメチル化される位置を表わす。

末端を生じさせる）タイプ，認識配列では 4 塩基の配列を認識する *Hae* Ⅲ タイプから *Not* I のように 8 塩基を認識する酵素もある。これらⅡ型制限酵素は認識配列が左右回転対称構造をもつ。一方，I-*Sce* I のように 30 塩基を認識するタイプでは，染色体にこの配列が現われる確率は 4^{30} で，巨大な染色体であってもこの配列をもつことはない。そこで，認識配列を染色体上に埋め込み，I-*Sce* I で染色体を 1 カ所切断する道具に使っている。表には修飾酵素による塩基のメチル化部位も示すが，この修飾により制限酵素は従来切断できていた配列を切断できない[*6]。

[*6] 現在，部位特異的変異導入法はタンパク質の配列を特異的に変えることができるため広く用いられている。その一例として，Kunkel 法ではプラスミド DNA を鋳型にしてプライマーを置換，欠失，挿入の目的に応じてデザインして合成し，それをもとにインバース PCR（PCR については後に説明）を行ない，直鎖状 PCR 産物をつくる。次に *Dpn* I により消化すると，大腸菌のプラスミドはメチル化されているため，*Dpn* I の基質になり分解される。最後に直鎖状 PCR 産物を連結して大腸菌に導入すれば，デザインした領域をもつプラスミドが構築できる。

（10） 遺伝子工学と組換え DNA

　遺伝子組換え技術はいまやあたりまえの技術となっているが，この基本は制限酵素を用いて DNA を目的の位置で切断し，次にプラスミドベクターとよばれる比較的小さなサイズの自立複製起点をもつ DNA を制限酵素で切断し，切断部位を合わせて連結（ライゲーション；ligation）させたのち，この組換えプラスミドを宿主の細菌に形質転換して発現させる方法である。ライゲーションに使う連結酵素（リガーゼ）は 1967 年に知られており，大腸菌でのプラスミド形質転換も，マンデル（Morton Mandel）と比嘉（Akiko Higa）により 1970 年に報告された。

　1970 年代初頭，最初の組換えプラスミド実験がバーグ（Paul Berg）によりなされた。この実験では環状の SV40 DNA と大腸菌のプラスミドを Eco RI で切断し，ターミナルトランスフェラーゼ法によりポリ A のテイルを SV40 の末端に，ポリ T のテイルを大腸菌プラスミドの末端に付加し，両者を混ぜて環状の組換え DNA をつくった。

　切れ目は DNA ポリメラーゼと DNA リガーゼにより埋めて完成させた。彼は遺伝子導入により生じる危険性から，このプラスミドを動物細胞の形質転換には使わなかった。一方，コーエン（Stanley Cohen）とチャン（Annie Chang）は抗生物質テトラサイクリン耐性の大腸菌プラスミド pSC101 を用いた。一方の相手はカナマイシン耐性の pSC102 で，pSC101 と pSC102 をともに Eco RI で切断し，連結させたのち大腸菌に形質転換された。その結果，テトラサイクリンとカナマイシンの両薬剤に耐性の大腸菌が発生した。1973 年には pSC101 の Eco RI 部位にカナマイシン耐性遺伝子をのせる実験も行なわれ，今日最もよく用いられる組換え技術がここに完成した。ボイヤー（Herb Boyer），コーエン，チャンの実験として知られている[*7]（図 5.1.7）。

（11） DNA の塩基配列決定と次世代シーケンサー

　DNA の塩基配列決定で 1977 年，マキサム（Allan Maxam）とギルバート（Walter Gilbert）による化学分解法と，サンガー（Frederick Sanger）による

[*7] 組換え技術は種を越えて遺伝子を発現させることができるため革新的な技術であり，大腸菌におけるインターフェロンやヒト成長ホルモンの生産はとくに注目された事象である。

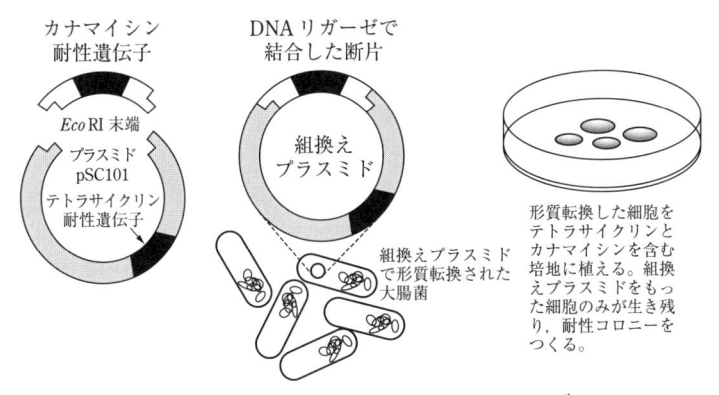

図 5.1.7　ボイヤー，コーエン，チャンの実験[4]

サンガー法（ジデオキシ法）が開発された。両者に共通しているのは，1000塩基程度までを正確に分離できるアクリルアミドゲル電気泳動法を用いたこと

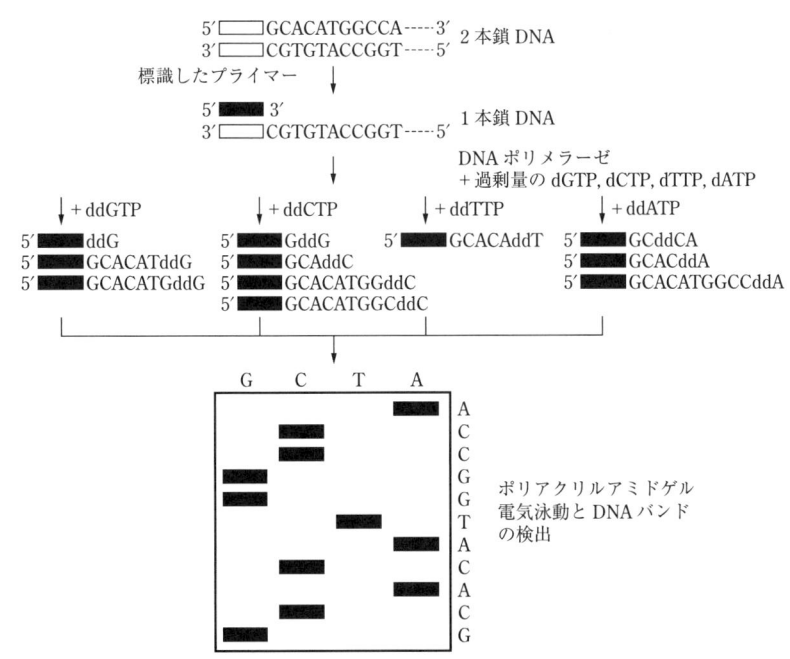

図 5.1.8　サンガーらの DNA 鎖伸長反応停止法による塩基配列の決定[5]

である。現在多くの研究室で使われるのはサンガー法で，ジデオキシヌクレオチド（ddNTP）の1種類（ddATP, ddTTP, ddGTP, ddCTP）の少量を正常なデオキシヌクレオチド（dNTP）混合物に加え，DNAポリメラーゼによりDNA鎖の合成を行なう（図5.1.8）。

たとえば，ddATPがdATPの代わりにDNA鎖に取り込まれたものは伸長が停止してしまう。その位置は，相補鎖ではTにあたる。ddATPに比べて正常なdATPのほうが多いので，大部分のdATPが入ったものは伸長を続ける。次のTの位置でも同じことが起こり，相補鎖Tの位置で合成が止まった種々の長さのDNA混合物が生じる。これを他の3種の塩基でも行ない，計4つのレーンで電気泳動を行なうと，1塩基ごとにA, T, G, Cのどれかのレーンにバンドが現われるため，それをたどっていくと相補鎖の配列が決定される[*8]。

(12) ポリメラーゼ伸長反応（PCR）

1986年，マリス（Kary Mullis）は，DNAポリメラーゼを使ってDNAを増幅する方法を開発した（図5.1.9）。

鋳型2本鎖DNAを95℃で10秒間加熱して1本鎖にしたあと，55℃で30秒間冷却し，増幅したい両サイドの配列からデザインした2つの内向きのプライマーと結合（アニーリング）させる。次に温度を上げて，72℃で1000塩基に対して1分間の割合でDNAポリメラーゼを働かせると，プライマーからのDNA伸長が起こる。1回目の増幅では，伸長はプライマーの位置を越えて進む。次に再度加熱して冷却するとプライマーが過剰のためアニーリングし，2回目の増幅が起こる。2回目の増幅では半分は2つのプライマーを含む断片の長さになる。これを20〜30サイクルくり返せば十分量の増幅産物が得られる。

[*8] この方法も現在改良され，ddA, ddT, ddC, ddGに異なる蛍光をつけ，1つのレーンで電気泳動を行なう。また，アクリルアミドゲル電気泳動の代わりにキャピラリー電気泳動を使い，検出をレーザービームで行なう。1レーンあたり1000塩基までの決定が可能であり，仮に1日30ランで8本タイプで240サンプル程度が可能であるとすると，24万塩基程度が決定できる。2005年からは次世代シーケンサーが開発され，3社（ロッシュ社FLX，ABI社SOLiD，イルミナ社Solexa）の機器が市場で使われており，それぞれ塩基配列決定法は異なるが，どれも短い配列を多量に読むというコンセプトは共通している。最新鋭のものでは，1ランで60ギガベース（600億塩基）の配列データが得られるものもある。

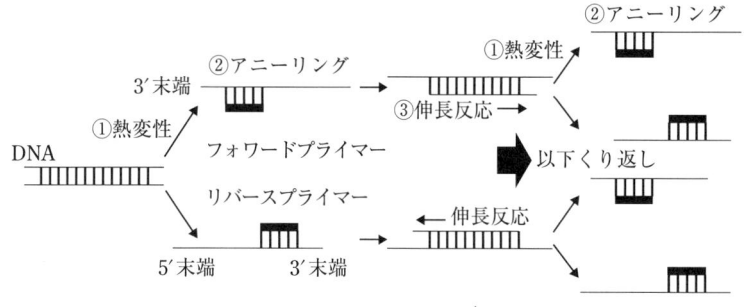

図 5.1.9　PCR の原理[8]

①熱変性，②アニーリング，③伸長反応を 20〜30 サイクルくり返すことによって，プライマー間の長さの DNA が大量に合成される。

最初の PCR 法ではコーンバーグの見つけた大腸菌ポリメラーゼを使ったため，加熱ごとに酵素が失活し酵素を毎回加える必要があったが，その後，耐熱性の DNA ポリメラーゼが使用されるようになり，広範囲に利用されるようになった。現在，この技術は遺伝子のクローニング，ヒトの遺伝解析，犯罪捜査，転写量測定など幅広い分野での利用が進んでいる。

(13) マイクロアレイ，DNA チップ技術とゲノム研究の進展

細胞に含まれる遺伝子のすべての転写量を測定する技法が開発されている。マイクロアレイ法は，異なる PCR 増幅産物などをスライドグラス上に 10000 個程度スポットし，その結合した DNA 断片に対してラベルした転写 RNA をハイブリダイズ（結合）させる方法であるが，いまでは mRNA から cDNA を逆転写酵素で合成し，これを蛍光標識してハイブリダイズさせる。結合した cDNA の蛍光をアレイ検出器で測定する。

一方，最近マスコミにも頻繁に使われるようになった「ゲノム」という言葉は 1 つの生物がもつすべての 1 セットの遺伝子のことを意味しており，プラスミド，ファージ，真核生物ではミトコンドリア DNA，葉緑体 DNA をも含んだ単位である。生物の全ゲノム配列は 1995 年にベンター（Craig Venter）らにより，肺炎菌（*Haemophilus influenzae*）で最初に報告された（**表 5.1.4**）。

従来法ではマーカーのある領域，またはその隣接領域を含む断片を選び，塩基配列を決定していた。ベンターらは物理的せん断で DNA を分解し，ある範

表 5.1.4　配列決定されたゲノム[7]

生物種	ゲノムの大きさ (kb)	染色体数
Mycoplasma genitalium（ヒトに寄生）	580	1
Haemophilus influenzae（ヒトに病原性）	1830	1
Synechocystis sp.（シアノバクテリア）	3573	1
Escherichia coli（大腸菌, ヒトに共生）	4639	1
Saccharomyces cerevisiae（パン酵母）	11700	16
Arabidopsis thaliana（双子葉類植物）	117000	5
Drosophila melanogaster（ショウジョウバエ）	137000	4
Homo sapiens（ヒト）	3200000	23

囲にサイズにそろえ，次に切断断片 DNA を大腸菌ベクターにランダムにクローン化して塩基配列を決定した。この方法をランダムシーケンシング法という。ランダムであるがゆえに自動化でき，多数の断片のシーケンスを行なえたことと，多量のデータを並びあわせて1本の染色体にするアセンブリーに成功したことは，これ以後のシーケンシング方法論を変えてしまった。

Haemophilus influenzae のゲノム自体は 180 万塩基対 (1.8 Mb) と小さいものであるが，その後，2004 年にヒトのゲノムが約 30 億塩基対 (3 Gb) であることが報告された。小さな生物ゲノムとしてはマイコプラズマで約 58 万塩基対であり，予想される遺伝子の数は約 500 程度となる。重要なことは，わずか 500 程度の遺伝子でも生命活動を営めるということであろう。

さらに遺伝子から推定されるタンパク質との類似性をもとに遺伝子の機能を類推したところ，アミノ酸合成や細胞壁合成にかかわる遺伝子は含んでおらず，このことはマイコプラズマの生息場所が動物細胞であり，浸透圧はいつも一定しており，アミノ酸などの栄養分が豊富なことを考えればうなずけるものである[*9]。

[*9] 現在，シーケンシングは，次世代シーケンサーにより大量に生産される遺伝情報と，コンピュータの情報処理速度の進歩と歩調を合わせながら発展している。

5.1.2 生物の成分と代謝解析

タンパク質は細胞中に含まれる重要な高分子であり，20種類のL型標準アミノ酸で構成され，リボソームが関与するタンパク質合成系でつくられる。タンパク質の性質はまずアミノ酸の性質とその結合の順番で1次的に決まるが，この並び方のことを1次構造とよぶ。タンパク質はさらに局所的な2次構造（αヘリックス，β構造，ターン構造），さらに3次構造により立体構造を形成するが，タンパク質がサブユニット構造をもつ場合（いくつかのポリペプチドが結合して機能性のあるタンパク質ができる場合）はとくに4次構造とよぶ。1次構造が決まれば2次構造以降も原則として自然に形成され4次構造までつくられるが，ときには分子シャペロン（介添えタンパク質）が必要な場合もある。タンパク質のなかには，細胞の形成・形態にかかわる繊維状タンパク質もあるが，最も重要なのは酵素としての役割である。

ヒトはデンプンやショ糖などの糖質からエネルギーをつくり，また代謝を通じて種々の有機物に変換している。糖質は植物により生み出される物質であり，植物は太陽光を使って糖質をつくる。糖質は生命にとって欠くべからざるもので，エネルギーを発生させ，代謝をつかさどる酵素は複雑に制御されている。脂質もまた代謝によりエネルギーを発生させるとともに，逆に中間代謝物から細胞膜に必要な脂質をつくっている。二次代謝物もまたたくさんの酵素が関与して合成される。アミノ酸，核酸，有機酸，ビタミン，抗生物質などは複数の酵素がみごとなまでに調和して生合成されるが，これらの物質を多量に生産することになれば，1つの酵素タンパク質を増やすだけでは目的を達することができない。グルタミン酸などのアミノ酸発酵では，代謝の律速となる遺伝子のフィードバック抑制（mRNAの抑制），フィードバック阻害（酵素の活性の阻害）のため，最終生産物量を高めるにはこれらの制御をはずす必要がある。いままでに行なわれた有効な方法は代謝拮抗剤で，抑圧や抑制を起こす最終生産物と類似した物質（アナログ）を加えたとき，それを克服して生育してくる変異株は抑制がはずれていることが多く，物質生産に好都合であった[*10]。

5.1.3 現在注目されている分野

2006年，京都大学の山中伸弥らはマウスの繊維芽細胞からいくつかの遺伝

子を導入し，iPS 細胞（人工多能性幹細胞）を開発した．この細胞は ES 細胞（胚性幹細胞）のように多くの細胞に分化できる分化万能性と細胞の自己複製能を保持させた細胞であり，再生医療に利用できる可能性があり，たとえば肝臓，心臓，目などの臓器や神経，皮膚を患者自身の細胞からつくることができれば，臓器移植そのものがこの方法にとって代わることになり，世界的に大きな注目を浴びている．

一方，クローン化技術は 1996 年，英国ロスリン研究所において雌ヒツジの体細胞を飢餓状態にしたのち，その核を未受精卵の除核細胞に核移植することにより，クローン羊ドリーを誕生させた．クローン化技術は，この方法以外に，受精後発生初期の細胞（胚細胞）からの核を使う場合がある．ウシなどの家畜の生産に期待されているが，ヒトクローンへの利用は法律のうえからも厳しく禁止されている[*11]．

[参考文献]
1) H.R.ホートン他著，鈴木紘一他訳：『ホートン生化学　第 4 版』，東京化学同人 (2008)
2) 石田寅夫：『ノーベル賞からみた遺伝子の分子生物学入門　第 3 版』，化学同人 (2001)

[*10] しかし現在では，代謝の流れを調べるのに細胞全体の物質を網羅的に同定することにより達成しようとする試みがある．そこでは超微量の成分分析が可能な質量分析計と，微量のサンプルも分離できるキャピラリー電気泳動を融合することにより，低分子物質の多くを同定できるようになっている．一方，代謝の各段階ごとに酵素が関与するが，この酵素の種類とタンパク量を網羅的に同定・定量する 2 次元電気泳動も広く用いられるようになった．さらに，それらの酵素をつくる遺伝子の発現が，次節で述べる DNA マイクロアレイやさらに進化したタイリングアレイにより網羅的に測定され，定量することができる．トランスクリプトーム解析，プロテオーム解析，メタボローム解析などを用いて，刻々と変化する代謝の全貌を明らかにするのが，まさに今日の課題である．

[*11] ゲノム時代となり簡単かつ安価に多量の塩基配列決定が可能となったことから，一塩基多型（SNPs）の解析など DNA 診断が容易にできる状態になりつつある．その情報は遺伝病や生活習慣病の治療に，個別化医療として利用される方向にある．一方，ヒトの遺伝情報が漏洩することになれば，企業の採用人事，保険への加入，結婚などにも影響することになり，社会的な影響はきわめて大きい．ゲノム研究，クローン技術，再生医療など生命倫理と関係するところが多く，負の側面にも注意をはらいながら発展させていくことが必要である．

3) J. D. ワトソン他著，松原謙一他訳：『ワトソン遺伝子の分子生物学（上）第4版』，トッパン（2004）
4) R. A. ウォーレス著，石川統訳：『ウォーレス現代生物学（上）』，東京化学同人（1991）
5) 大嶋泰治他編著：『バイオテクノロジーのための基礎分子生物学』，化学同人（2004）
6) A. R. リース，M. J. E. スタンバーグ著，野田春彦訳：『図解分子生物学』，培風館（1986）
7) D. ヴォート他著，田宮信雄他訳：『ヴォート基礎生化学 第2版』，東京化学同人（2007）
8) 梅澤喜夫他監修：『先端の分析法』，エヌ・ティー・エス（2004）
9) T. A. ブラウン著，村松正實監訳：『ゲノム』，メディカル・サイエンス・インターナショナル（2000）
10) Antelmann, *et al.*: *Proteomics*, **2**, 591-602（2002）

5.2 DNAチップ

5.2.1 遺伝子の解析

ヒトの身体は60兆個の細胞からなり，細胞の核の中には染色体がある。染色体は，クロマチン，ヌクレオソーム，そしてDNAという単位で構成される。細胞の中では，ゲノムDNA（デオキシリボ核酸；deoxyribonucleic acid）から発現遺伝子RNA（リボ核酸；ribonucleic acid）が転写され，またRNAからタンパク質が翻訳される。この情報の伝達をセントラルドグマ（central dogma）といい，分子生物学の基本原則となっている。産生されたタンパク質が適切に存在し機能することにより，ヒトは健康を維持することができる。そのため，ゲノムDNAは生命の設計図と位置づけられ，DNA，RNA，タンパク質の種類や量の検出は，生物の状態や生命を維持する機構の解明に重要な情報を与えることとなる。

たとえば，遺伝子解析により，がんになるリスクの予測や，がんになったときの抗がん剤の効き具合，副作用の予測，数年後の生存率の予測（予後予測）ができるようになると期待されている。米国ではすでに，遺伝子解析による乳がんの予後予測検査などが進められている。また，遺伝子と疾患との関係が解明できれば，新しく画期的な薬の開発が加速される可能性もある。さらに，個々の遺伝子情報を参考とすることによりそれぞれに応じた治療が可能となり，

いわゆる個別化医療（personalized medicine）の実現にも大いに貢献できる。

遺伝子解析技術の検出対象は，DNAやRNAなどである。おもな遺伝子解析技術としては，未知のDNAの配列を調べるシーケンサー，特定の配列のDNAの有無を調べるPCR（ポリメラーゼ連鎖反応；polymerase chain reaction），既知のDNAやRNAの有無と量を一斉に調べるDNAチップなどがある。表5.2.1に示すように，最初にPCRが開発され，次いで国際的なゲノム解読プロジェクトに並行してシーケンサーやDNAチップ[1)～4)]が開発されてきた。現在では，それぞれの技術のコンセプトや特徴を活かし，より進化した技術も開発されてきている。

この領域の研究の進展は著しく，新しい発見とともに，検出対象は塩基配列，ゲノムDNAのコピー数，SNPs（single nucleotide polymorphism；一塩基多型），転写物（mRNA；細胞中でタンパク質合成部位であるリボソームにDNAの情報を伝える役割をするRNA），マイクロRNA（miRNA；細胞内に存在する長さ20～25塩基ほどの1本鎖RNAで，他の遺伝子の発現を調節する機能を有する），DNA結合タンパク質の結合領域など，多岐にわたっている（表5.2.2）。これらの検出対象はいずれも分子生物学上の重要な要素であり，

表5.2.1　遺伝子解析技術の進展

年	1995	2000	2005
解析対象	ゲノム配列（DNA） ────────────────────→		
		発現遺伝子（mRNA）	（miRNA） ──→
解析技術	● PCR ──────────────────────→		
	シーケンサー ───────────────→		
		● DNAチップ ──────────→	

技　術	概　要
PCR	特定の配列のDNAの有無を検出する方法
シーケンサー	おもに未知の配列を解読する装置
DNAチップ	特定の配列のDNA，RNAの有無と量を一斉に検出するツール

表 5.2.2　DNA チップの検出対象

検出対象	概　要
塩基配列	ハイブリダイゼーション反応，鎖長合成反応などを用いた DNA の塩基配列解析。
ゲノム DNA のコピー数	ヒト染色体のコピー数の変化（欠失，過剰，増幅）の測定。数十 kb～数 Mb レベルの異常を検出する。
SNPs	遺伝子の多型（1 塩基置換）解析。SNP は 1000 塩基に 1 個の割合で存在する。個体間の形質の差の原因と考えられている。
転写産物（mRNA）	遺伝子発現の変動解析。サンプル中に含まれる mRNA のプロファイルを取得し，比較する。
マイクロ RNA（miRNA）	miRNA の発現量の変動解析。転写・翻訳機構に関与し，遺伝子の機能発現を制御するとされている。miRNA と mRNA との同時解析が注目されている。
DNA 結合タンパク質の結合領域	DNA 結合タンパク質のゲノム DNA 上における結合領域の同定。

これら遺伝子の情報とタンパク質の情報を包括的にとらえることにより，基礎研究や創薬，医療・産業応用に大きな進歩をもたらすと考えられる。

5.2.2　DNA チップの作製法

DNA チップは遺伝子解析技術のひとつで，数十種から数百万種の検出用

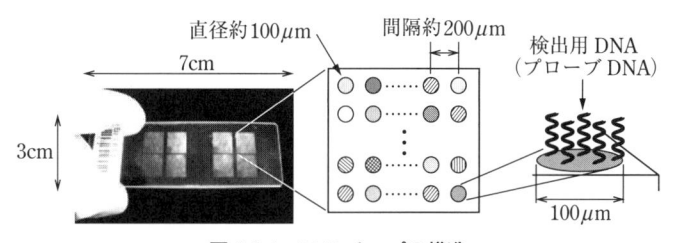

図 5.2.1　DNA チップの構造

従来の一般的な DNA チップの構造を示す。ガラス平面基板に数百～数万種類の検出用 DNA を高密度にスポットする。

DNA（プローブ DNA）を固体基板に固定したものである。図 5.2.1 に DNA チップの一般的な構造を示す。DNA チップの構成要素とそのおもな作製法を以下に記す。

(1) 基板

基板材料には，検出方法との関係からガラスや樹脂が用いられ，形状は理科学ツールとしてよく使われるプレパラート大が主流である。たとえば蛍光標識を用いて検出する場合，検出感度（シグナル対ノイズ比）を高くできるよう，検出波長における自家蛍光（基板そのものからの蛍光）が小さい材料が用いられる。一般に DNA チップに用いられる蛍光標識の検出光の波長は 500〜550 nm，600〜650 nm であるため，これらの波長において自家蛍光が小さいことが重要となり，自家蛍光を抑制する技術が用いられている。

(2) 固定方法

基板とプローブ DNA の結合は強固である必要がある。従来は，DNA が負に帯電している特徴を活かして基板表面をポリ-L-リジンなどで処理し，静電気的な結合によりプローブ DNA を固定する方法が用いられる場合もあった。しかし，この方法では結合力が十分でなく，DNA チップの検出アッセイの段階でプローブ DNA が剥がれ，欠落することがあった。現在では，結合力を強固にするため，プローブ DNA と基板を共有結合させる方法が主流となっている。基板表面の均一性や反応性が DNA チップそのものの性能に影響を及ぼすことから，基板表面の化学状態や結合状態などが工夫されている。

(3) プローブ DNA の作製方法

プローブ DNA には，製造コストや作製法との関係から 20〜100 塩基のオリゴ DNA を用いる方法が主流となっている。オリゴ DNA は，検出したい DNA の塩基配列の相補鎖を，アデニン（A），グアニン（G），シトシン（C），チミン（T）の 4 種類の塩基から合成してつくる。プローブ DNA は，基板上で DNA を合成する方法や，あらかじめ合成したオリゴ DNA を基板上に固定する方法によって作製される（図 5.2.2）。各方法についての詳細を以下に記す。

①基板上でプローブ DNA を合成する方法

半導体製造法などに用いられる光を用いた微細加工法（光リソグラフィー法）と，微量の液体を精度高く供給できるインクジェット法がおもな方法とし

図 5.2.2　プローブ DNA の作製方法

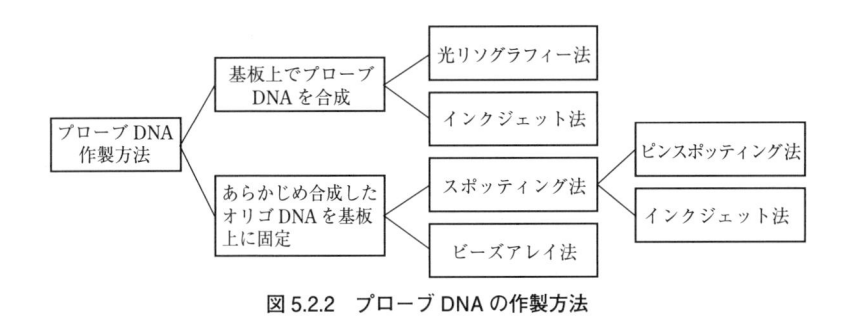

て知られている。いずれも基板上で反応を行なわせるため，反応制御，反応時間，合成収率などが重要となる。

a) 光リソグラフィー法

　半導体製造技術をバイオツールに適用した光リソグラフィー法では，1 塩基を合成するために A，G，C，T のパターンにそれぞれ相当するマスクを用いる（図 5.2.3）。現在，プローブ DNA の長さが 20〜25 塩基ほどのチップが市

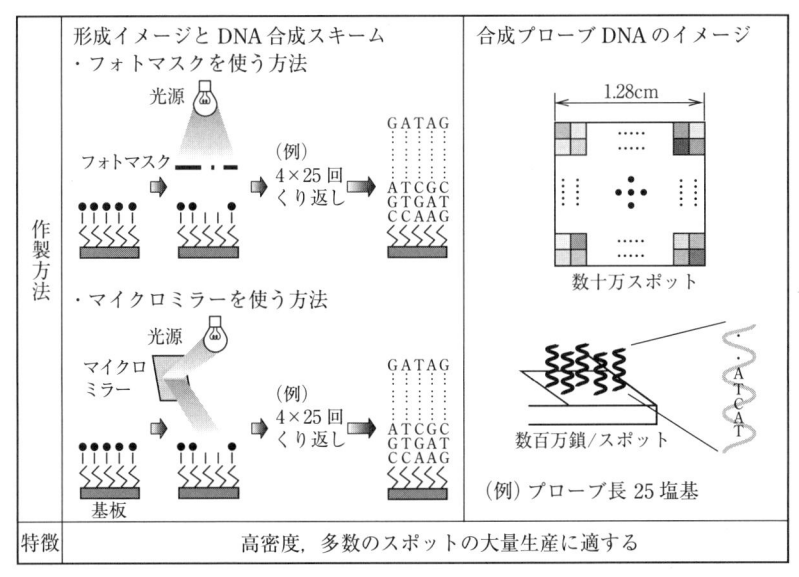

図 5.2.3　光リソグラフィー法

販されている。このチップは，高密度に多数のプローブを形成できることに特徴がある。多数のプローブを形成できる特徴と，多数のプローブから得られる多くの情報を解析する手法を工夫し，精度を確保している。

また最近では，マスクを使わずにマイクロミラーによる光の制御で高密度に基板上でDNAを合成する方法も実用化されており，設計の自由度にメリットがある。

b) インクジェット法

インクジェット法は，A，G，C，T，それぞれに対応する原料液滴を微量，高精度に制御して供給し，1塩基ずつ反応をくり返すことにより，基板上でプローブDNAを合成する方法である。この方法は，プリンタで開発された技術を活用したものである。マスクを用いないため基板上での合成のメリットが活かせ，設計や作製上の自由度が高い（図5.2.4）。

②あらかじめ合成したオリゴDNAを基板上に固定する方法

基板上でプローブDNAを合成する方法では，プローブDNAの合成収率が性能に影響を及ぼす場合がある。一方，あらかじめオリゴDNAを合成する方

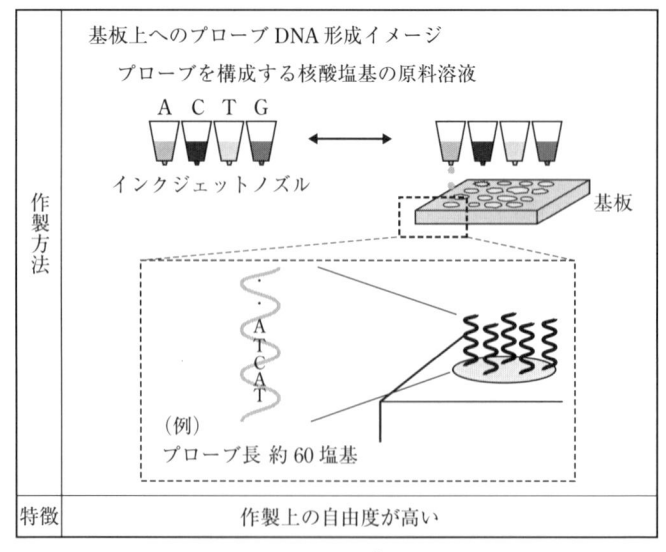

図5.2.4 インクジェット法

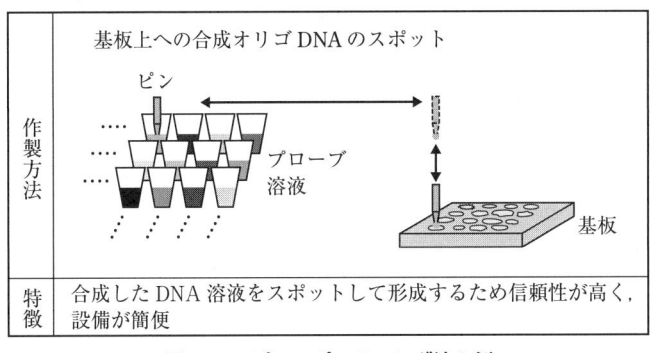

作製方法	基板上への合成オリゴDNAのスポット ピン　プローブ溶液　基板
特徴	合成したDNA溶液をスポットして形成するため信頼性が高く，設備が簡便

図 5.2.5　ピンスポッティング法の例

法は，その純度，配列，性能を確認でき，信頼性が高いプローブ DNA を形成できる。したがって，検査ツールや診断ツールなどのように少数の遺伝子で高い精度の検出が要求される使われ方においては，とくに強みを発揮する技術と考えられる。おもな作製法には，スポッティング法とビーズアレイ法の 2 とおりがある。

a) スポッティング法

あらかじめ合成したオリゴ DNA を基板に点着させ結合させる方法である。オリゴ DNA は各種の修飾が可能であり，基板との結合様式を種々設計できる。また近年，合成装置の進歩によりオリゴ DNA を安価に合成できるようになり，比較的長い DNA の合成も可能となっている。スポッティング法には，ピンスポッティング法とインクジェット法がある。

・ピンスポッティング法（**図 5.2.5**）　インク壺の中のインクのように容器に入ったプローブ DNA 溶液を準備し，万年筆の先端のように液をある程度保持できる構造のピンをプローブ DNA 溶液が入った容器に漬け，それを基板に接触させることにより液滴を基板上に点着させる。また，ピンの構造を工夫し，小さなリングをプローブ DNA 溶液が入った容器に漬けてリング内に液膜を形成させ，それをピンで突き抜いたあと基板に接触させ，液滴を基板上に点着させる方法もある。

・インクジェット法　基板上でプローブ DNA を合成する方法の場合のインクジェット法と類似である。ただし，基板上に作製するプローブ DNA

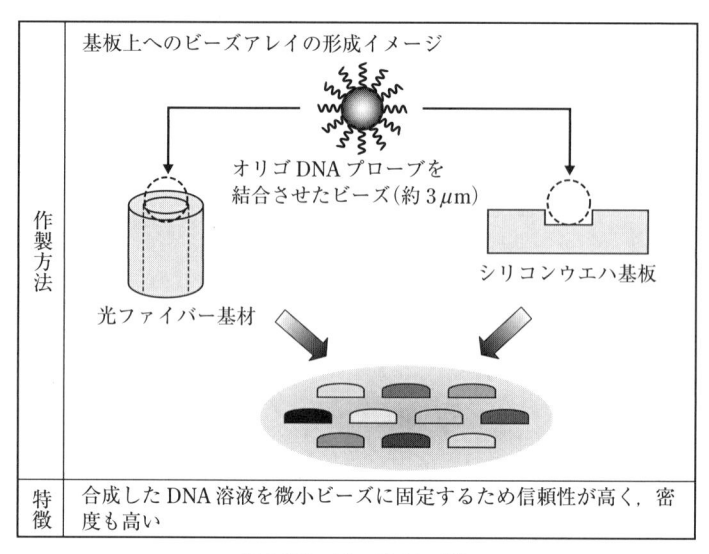

作製方法	基板上へのビーズアレイの形成イメージ オリゴDNAプローブを結合させたビーズ(約3μm) 光ファイバー基材　　シリコンウエハ基板
特徴	合成したDNA溶液を微小ビーズに固定するため信頼性が高く，密度も高い

図 5.2.6　ビーズアレイ法

の数に対応してプローブ DNA 溶液を準備することとなり，これら DNA 溶液を吐出するため多数のノズルが必要となる。インクジェットのヘッド構造，制御法の工夫も必要である。

b) ビーズアレイ法（図 5.2.6）

数 μm の小さなビーズの周囲に，あらかじめ合成されたオリゴ DNA を固定し，このビーズを，基板に形成された数 μm の凹部にはめ込み，DNA チップを形成する。DNA チップに搭載するプローブ DNA の数だけビーズを準備し，基板にはめ込む。

この方法では，1 種類のプローブ DNA に対して一度に多数のビーズが処理でき，また基板の凹部構造を密度高く形成できることから，高密度な DNA チップが実現されている。

5.2.3　DNA チップの使用原理と使用法

DNA チップの検出原理は，DNA が A-T，G-C の水素結合に基づき 2 本鎖を形成する特徴を利用している。相補的な特定の配列の DNA どうしが結合し

て2本鎖を形成する反応（ハイブリダイゼーション）が重要となる。あらかじめ配列がわかっているプローブDNAが固定されたDNAチップにターゲットDNA溶液をアプライし，一斉にハイブリダイゼーションさせ，その後，洗浄して特異的に結合している2本鎖の部分のみがDNAチップ上に残る状態とする。ターゲットDNAに蛍光色素を結合させて蛍光量を光学的に検出したり（蛍光検出法），結合による電流の変化を電気的に検出したり（電流検出法）することにより，特異的に結合しているターゲットDNAの量がわかり，その結果，検体に含まれている遺伝子の種類と量を知ることができる。

(1) 蛍光検出法

図5.2.7に，蛍光方式で検出する場合の概略を示す。この図を参考に使用法の一例を解説する。患者などから採取した検体から遺伝子を抽出し，蛍光色素で標識したのち，DNAチップ上でハイブリダイゼーションさせ，反応後のシグナル強度を調べることにより，どのような遺伝子がどの程度発現しているかを調べることができる。

すなわち，DNAチップを用いて疾患時の遺伝子の状態を解析することにより，その疾患を遺伝子レベルで検査・診断することが可能となる。ターゲットDNAが結合した蛍光標識による画像データとして検出機で読み取り，画像データから各プローブDNAの位置の光量を数値データとして得ることができる。その後，必要に応じてデータを補正し，ターゲットDNAの量が求められる。たとえば，2つの検体におけるターゲットDNAの増減は，数値化された特定のプローブDNA位置の数値データを比較することにより得られる。

蛍光検出法では，使用できる蛍光色素の種類が複数あり，それぞれのターゲットDNAを異なる色素で標識できるため，目的に応じて1色法あるいは2色法を用いることができる。

① 1色法（図5.2.8）

1種類の蛍光標識を用いて，あらかじめターゲットDNAに蛍光標識を結合させてからハイブリダイゼーションを行ない，その後，洗浄して，DNAチップ上に残った標識体を検出したり，蛍光標識をターゲットDNAへ結合させてシグナルを検出したりする方法である。2つの検体間の遺伝子状態を解析する場合，2回の実験を行ない，各実験間での蛍光標識の光量の変化，すなわちプ

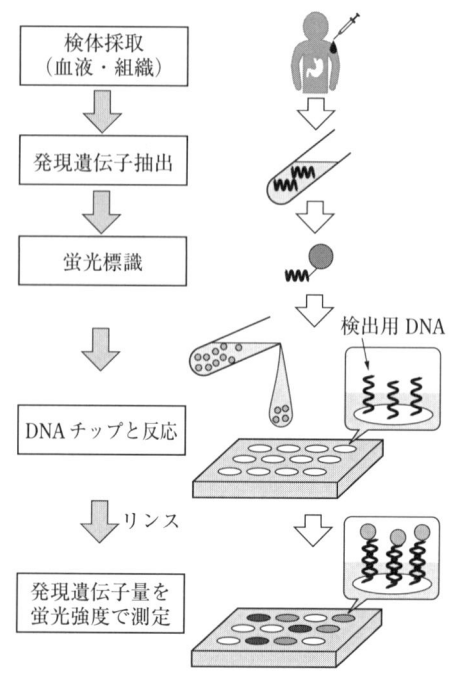

図 5.2.7　DNAチップの使用原理とイメージ
蛍光検出法による発現遺伝子解析の場合を例に説明。

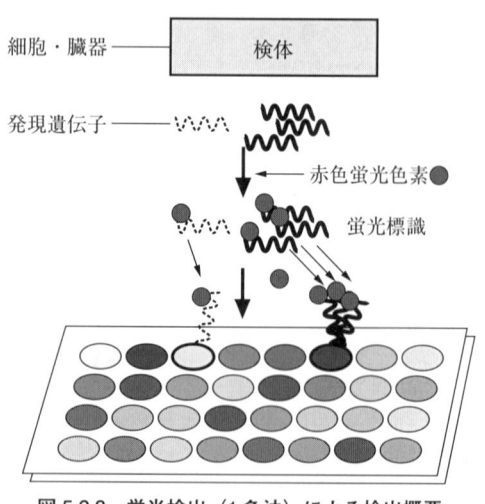

図 5.2.8　蛍光検出（1色法）による検出概要

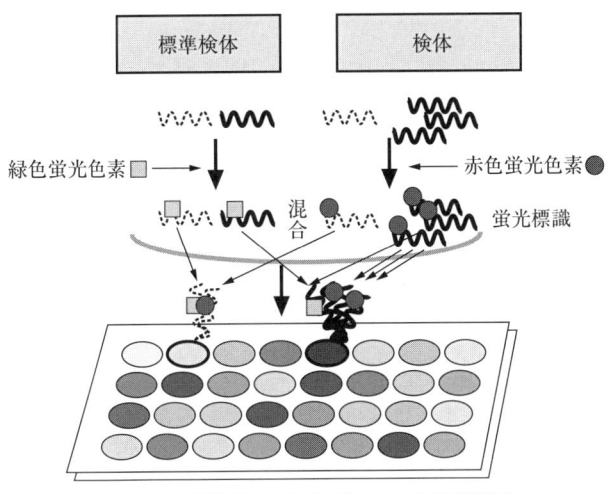

図 5.2.9　蛍光検出（2色法）による検出概要

ローブ DNA と結合しているターゲット DNA の量の変化をとらえることとなる。

② 2 色法（図 5.2.9）

　2 種類の蛍光標識を用いて，2 種類のターゲット DNA にそれぞれ異なる蛍光標識を結合させてからハイブリダイゼーションを行ない，その後，洗浄して，DNA チップ上に残った標識体を検出する方法である。各検体に含まれるターゲット DNA が DNA チップ上の 1 つのスポットに同時に結合しようとすることから，競合ハイブリダイゼーションと称されている。

　各標識体をターゲット DNA に結合させる結合効率の違いや，標識体によるハイブリダイゼーション効率の違いなどがバイアスとなる場合があるが，2 色法を用いるとプローブ DNA と結合する 2 つの検体間の遺伝子の状態の違いを 1 回の実験で解析できることから，実験間の再現性の影響を考慮しなくてもよい。また，各プローブ DNA の位置におけるそれぞれの標識体の蛍光波長での光量を検出してデータ化し，2 つの検体間での DNA の有無や量の変化をとらえることができる。

(2) 電流検出法

ハイブリダイゼーションによりプローブ DNA がターゲット DNA と結合して 2 本鎖となった場合に，電気的に変化（電流変化）が生じることを利用した検出方法である（図 5.2.10）。変化があったプローブ DNA を検出することにより，ターゲット DNA の有無を調べることができる。ただし，2 本鎖を形成させただけでは電気的変化が小さく検出が難しい。そのため，2 本鎖部分に挿入する物質を用いる。この物質は 2 本鎖に対して多数結合することから検出シグナルの増幅に寄与し，該物質による電気的な変化を信頼性高く検出できる。

この方法のメリットは，DNA チップの作製に電極の形成など半導体微細加工技術が活かせること，また電気信号で検出できるため蛍光検出法の場合に比べてシステム全体が小型にできる可能性があることなどが挙げられる。

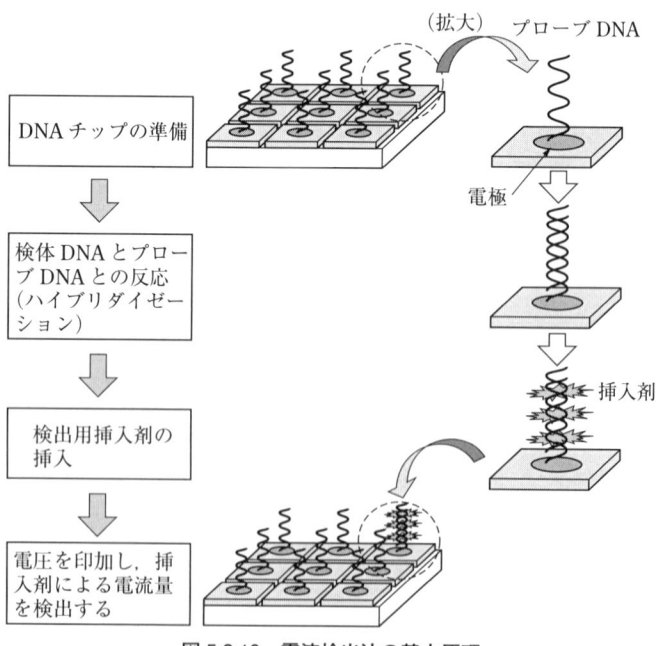

図 5.2.10　電流検出法の基本原理

5.2.4　DNA チップの実用化

(1)　研究用途

1990年代中ごろ，スタンフォード大学のブラウン（P. O. Brown）博士により遺伝子発現解析の報告が行なわれ，また同じころ，Affymetrix 社による最初の製品化が行なわれた。その後，多数のメーカーが市場に参入した。しかし，すべてのメーカーが順調に拡大できたわけではなく，その後，撤退する企業も現われている。現在では製法や構造，性能などに特徴のある DNA チップが市場を構成している。

(2)　医療用途

DNA チップは遺伝子診断分野におけるキーツールのひとつであり，この遺伝子診断分野は今後，市場が拡大すると予測されている。

米国では，すでに DNA チップ技術を活用して医薬品開発や診断応用への展開が始められている。その代表的な例として，Roche 社の AmpliChip CYP450 や，Agendia 社の MammaPrint などが挙げられる。

AmpliChip は Affymetrix 社の DNA チップ技術をベースとしている。従来の方法では，CYP（cytochromepigment；薬物代謝酵素）について複数の多型を正確に判定しようとすると煩雑な操作を要したが，本ツールの開発により簡便に多型を判定することができるようになった。

一方，MammaPrint は乳がんの手術を受けた患者の転移・再発の可能性について情報を提供するサービスであり，手術によって切除された腫瘍組織中での特定の 70 種類の遺伝子の活性を測定し，患者の疾病の転移・再発リスクを調べるものである。

ほかにも，医薬品開発における臨床試験の成功確率向上のために，安全性，有効性，毒性などに関する情報を得るツールとして期待されている。DNA チップにより，正確かつ適切に対象患者集団を把握することが可能となり，遺伝子プロファイルに応じた集団を再現よく同定できるようになる。

(3)　環境・食品関係の用途

環境・食品の分野においても遺伝子解析は重要な位置づけとなる。たとえば，機能性食品の開発や，アレルギー関連遺伝子の検出，遺伝子組換え作物の検出，産地・品種の同定，食品工場における工程管理なども対象の範囲に入る。環境

に関しては，土壌中の有害物分解微生物の有無検出など，種々の用途が期待されている。

ただし，検出すべき対象が必ずしも定まっていないこともあり，また他の競合技術に対する優位性についての比較検討が必要となることから，現在では実用化例はまだ少ない。しかし，医療用途に比べて各種制度に関するハードルが低いと考えられるため，早期の実用化が期待される。

5.2.5 高感度 DNA チップの開発

DNA チップが応用面で普及するためには，感度，再現性，定量性のさらなる向上が必要である。たとえば，感度や再現性が十分でないため患者に負担が少ない低侵襲(しんしゅう)な微量検体による解析や，ごくわずかな遺伝子の存在に関する精度の高い解析が難しいという課題があり，高感度化はとくに重要な課題である。高感度化の開発には DNA チップの構成材料に立ち戻っての研究が必要となる。

先述のとおり，従来，DNA チップの基板としてはガラス平板を用いるものが一般的であり，その基板上にプローブ DNA をスポットしている。ガラス平面基板を用いた場合，基板とプローブ DNA 溶液とのぬれ性からスポット形状が安定しなかったり，中心が抜けたような形状（ドーナツ化）になったりする

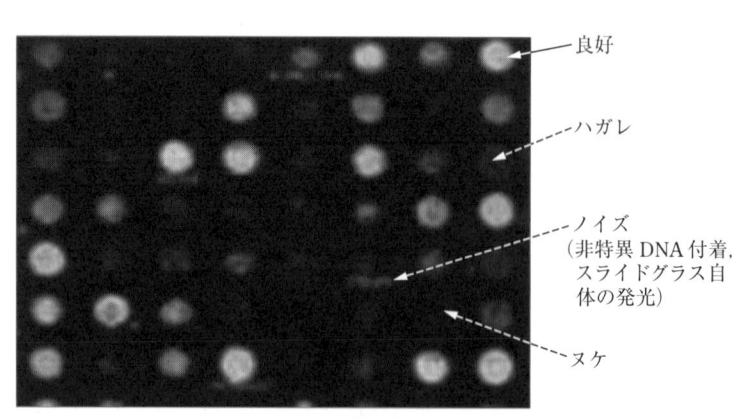

図 5.2.11 従来の DNA チップの課題
安定性（再現性）や感度に課題が残る。

場合があった。これらの現象は、検出シグナルの再現性や定量性低下の原因のひとつとなっている。また、スポット以外の領域にターゲットDNAの非特異吸着が起こるとノイズとなり、検出感度を低下させる原因となる（図5.2.11）。

　高感度DNAチップ開発のためには、感度を向上させるだけではなく、検出精度を向上させることも重要な課題であり、スポット形状を安定化させること、基板表面への非特異吸着を抑制させることが必要となる。

　また、DNAチップ上のプローブDNAと検体中のターゲットDNAの反応（ハイブリダイゼーション）の効率、反応に要する時間にも留意しなければならない。通常、ハイブリダイゼーションではターゲットDNAの拡散が遅いため、12～18時間程度かけて行なわれるが、必ずしも反応が十分に進んでいるとは限らない。ハイブリダイゼーションにおいてはターゲットDNAの拡散が律速となっている場合が多い。この反応を何らかの手段で加速させることも高感度化のための開発課題のひとつとなり、同時に反応時間の短縮にも効果が期待される。

　以下では具体的な開発事例について説明する[1]。

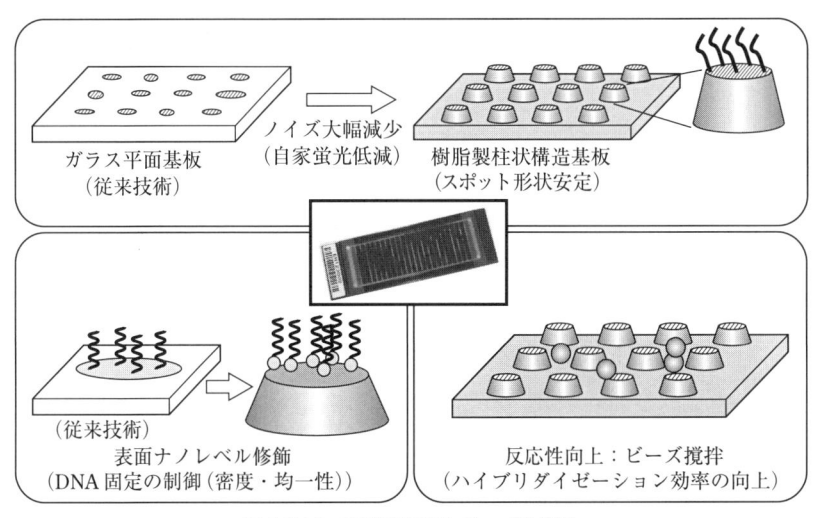

図5.2.12　高感度DNAチップの特徴
さまざまな工夫を施すことで高感度化が実現できる。

高感度DNAチップの開発には，①チップ形状の検討，②プローブDNA結合量の制御，③ターゲットDNAとの反応性向上，の3点が鍵となっている。そして，これら3点を具体的に解決する手段として，図5.2.12に示すように，DNAチップ基板をこれまでの平板から凹凸形状（柱状構造配列体）にする技術や，基板表面のプローブDNA結合を基板表面のナノレベル修飾により制御する技術，およびハイブリダイゼーションを強制的に加速させる技術が開発された。これら技術の開発により，従来のDNAチップと比較して最高で100倍の超高感度化に成功し実用化に至った。このことは微量検体からの検出を可能とすることを意味し，たとえばがんの検査などにおいて，手術をして疾患部位を採取しなくても胃カメラのような内視鏡技術で微量の検体を採取するだけで検査ができる可能性を示唆するものである。患者のQOL（quality of life）の改善，医療費削減の観点から大幅な用途拡大につながると考えられる。

　技術の内容について詳細を以下に記す。

①チップ形状の検討

　スポット形状安定化のためには，より平坦な基板を開発する方向が主流であるが，検出部に凹凸構造をもたせた革新的な柱状構造チップが考案された。それぞれの柱の上端面にプローブDNAを固定することにより，スポット後の形状安定化が期待される。柱状構造チップの基材には，安価かつ加工が容易な合成樹脂を用いている。

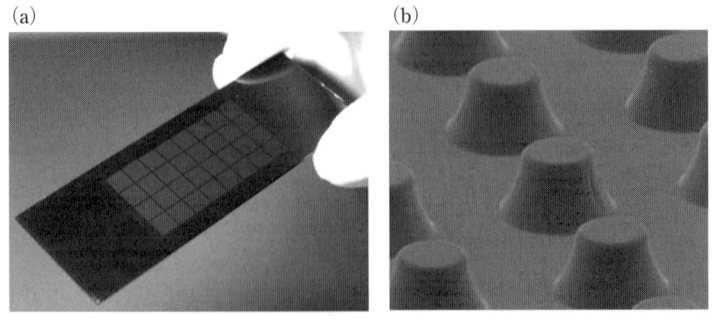

図5.2.13　高感度DNAチップの構造
(a)高感度DNAチップの外観，(b)検出部分の柱状構造．

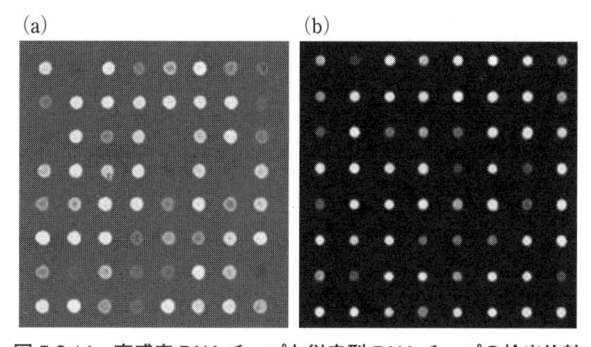

図 5.2.14　高感度 DNA チップと従来型 DNA チップの検出比較
(a)ガラス平面基板従来型 DNA チップ，(b)柱状構造高感度 DNA チップ。

　図 5.2.13 に，樹脂を用いて作製した柱状構造チップの写真を示す。チップの表面に直径・高さともに数十から数百 μm の多数の柱状構造が形成されている。この柱状構造の上端面にさまざまな種類のプローブ DNA をスポットし，ターゲット DNA と反応させたのちスポットを検出する。検出イメージを図 5.2.14 に示す。このイメージから，高感度 DNA チップではスポットとそれ以外の部分のコントラストが明瞭で，シグナル対ノイズ比が良好であることが確認できる。

　また，安定したスポット形状でシグナルが観察され，柱の上端面全体にDNA が固定されていることが確認できる（先述のとおり従来のガラス平面基板にスポットした場合，スポット形状にバラツキが観察され，いくつかのスポットではドーナツ化も観察される）。

　さらに，合成樹脂からなる柱状構造チップでは，表面加工・修飾の自由度が高く，ナノレベルで表面化学状態の設計を行なうことにより DNA との相互作用を制御する技術を開発している。その結果，市販の従来型 DNA チップ（ガラス平面基板）の場合と比較して，スポットおよびスポット周辺のノイズが 1 桁近く減少できることが観察された。このように柱状構造チップを用いることにより，スポットの形状が安定化できるばかりでなくノイズも低減でき，精度の高い検出が可能となる。

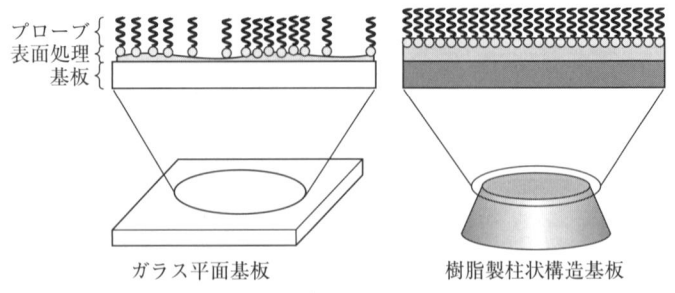

図 5.2.15　プローブ DNA 固定のための表面ナノレベル修飾の効果

②プローブ DNA 結合量の制御

　高感度 DNA チップでは，柱状構造の上端面の化学的活性状態がナノレベルで設計され，適度な密度で強固にプローブ DNA が結合されている。また，DNA との結合様式を種々設計できることを利用して，非特異な DNA の吸着抑制も実現している。その結果，図 5.2.15 に示すようにガラス平面基板で課題となる均一性もまったく問題とならず，良好なプローブ固定が実現され，検出感度，再現性，定量性の向上に貢献している。

③ターゲット DNA との反応性向上

　一般的な DNA チップでは，反応時にターゲット DNA を含む溶液中の

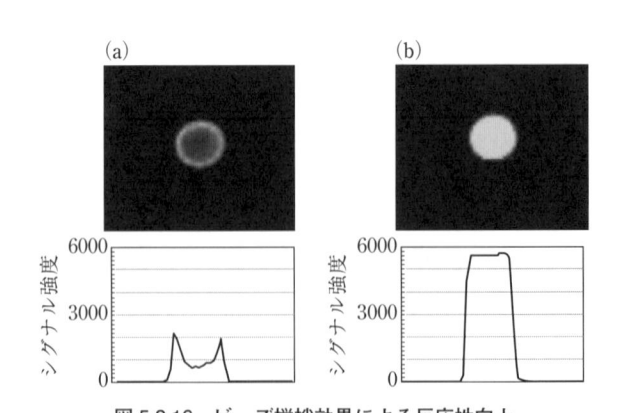

図 5.2.16　ビーズ撹拌効果による反応性向上
(a)高感度 DNA チップ（撹拌なし），(b)高感度 DNA チップ（撹拌あり）。

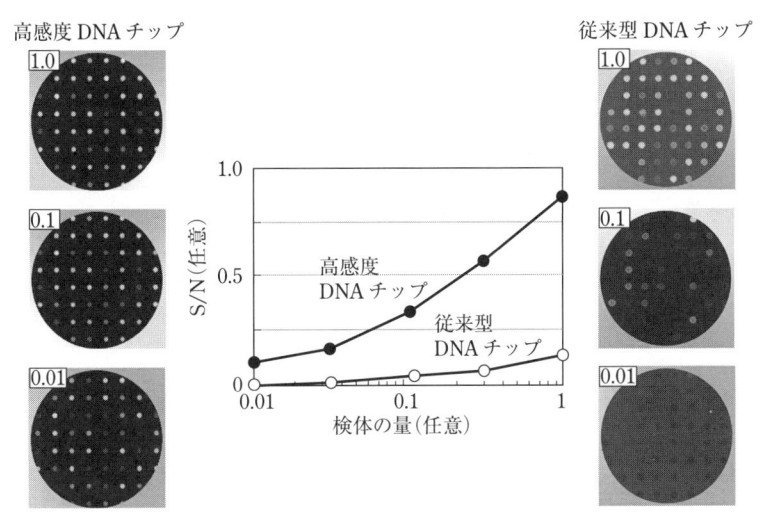

図 5.2.17　従来のガラス平面基板 DNA チップと柱状構造をもつ DNA チップの感度曲線比較
検出感度は従来の最高 100 倍に達する。

DNA の拡散が遅く（～200 μm/時間），希薄な溶液を用いた場合，十分な反応が期待できない。このことは，微量な検体や低発現遺伝子では十分な検出ができないことを意味する。そこで，反応時に，ターゲット DNA が DNA チップの全面を移動できるように撹拌手段を考案した。この方法により，プローブ DNA の固定化面に損傷を与えることなく反応溶液を撹拌することが可能となる。具体的には，図 5.2.16 に示すように，柱間に数百 μm の粒子が移動可能となるようにチップ全体を振とうして撹拌させながらハイブリダイゼーションを行なう。ターゲット DNA の拡散が格段に向上して反応が促進され，感度が上昇するだけでなく，均一性も向上した。

図 5.2.17 に，上記 3 点の改良により作製した DNA チップの性能〔ターゲット DNA の濃度を変化させたときのシグナル対ノイズ比（S/N 比）〕を示す。また，1.0，0.1，0.01 量（任意）のターゲット DNA を用いたときの検出イメージを示している。従来のガラス平面基板 DNA チップと比較して，顕著なシグナルの上昇およびノイズ低減が観察された。

とくに検出限界において，ガラス平面基板ではターゲット DNA が 0.01 量

相当ではシグナル検出が困難であるにもかかわらず，今回開発した柱状構造の高感度 DNA チップでは検出できており，従来技術の約 1/100 のターゲット DNA 量でも十分に検出できることが確認された。

[参考文献]
1) K. Nagino, O. Nomura, Y. Takii, A. Myomoto, M. Ichikawa, F. Nakamura, M. Higasa, H. Akiyama, H. Nobumasa, S. Shiojima, G. Tsujimoto：*J. Biochem.*, **139**, 697（2006）

5.3 再生医療材料

医療の現場では，さまざまな材料が使われている。メス，ピンセット，ガーゼ，包帯，手術着，縫合糸，針，絆創膏など金属材料，繊維，プラスチックで構成される製品群，これらに加えて最近は高度に発達した医療機器製品があり，カテーテル，内視鏡をはじめとする最先端の医療器具や装置が開発されている。

これらの医療用具や医療機器を構成する部品には，化学の英知を結集して産み出された最先端の材料が活用されている。とくに人工血管や人工皮膚など私たちのからだの一部として用いられる材料においては，生体適合性や安全性にすぐれ，血管や皮膚の特性に近くなるようさまざまな加工が施された材料が利用されている。しかし残念ながら，現状の医療材料は課題も多く，人体の臓器や組織と置き換わるような理想の医療材料や人工臓器に至るには，まだ多くの課題が残っているといってよいだろう。

従来の医療材料を超える技術として，1990 年代より「再生医療」という概念が確立された。再生医療は，事故や病気で失った組織や臓器を取り戻すことができる夢の治療法であり，すでにやけどの治療に使う培養皮膚など一部の技術は日本でも実用化されている。

再生医療を成功させる大きな要因として，細胞，成長因子，足場材料という 3 つの要因が挙げられている。足場材料とは，細胞の接着，増殖，分化，組織化に適した材料のことをいい，最先端の加工技術が駆使されて新しい足場材料が開発されている。バイオ（細胞）と材料（化学），加えて培養やシステムの技術（工学）の連携は，再生医療の発展においてきわめて重要な技術となりう

るだろう。

それでは、医療の現場に用いられる材料にはどのようなものがあり、画期的な医療材料、人工臓器を産み出していくためには何をすればよいか。そして未来の医療といわれる再生医療を実現可能とする材料とはどんなものだろうか。これらを考えていくには、材料をよく知り、生体適合性を理解し、材料を加工する技術を駆使することにより、細胞や組織との親和性にすぐれた材料を設計していく必要がある。

5.3.1　医療の現場で用いられる材料

(1)　医療の現場で用いられる材料

医療に用いる材料は安全でなければならない。たとえば、その材料を傷口にあてたとき、痛みやしびれ、かゆみが起こるような刺激性の強い材料を使ってはならない。どのような材料でも消毒さえすれば問題ないというわけではない。たとえば金属材料を例にすると、長時間、水に触れることにより表面がさびついてきて、少しずつイオンや溶出物が溶け出すような材料は、生体に悪影響を与える可能性が高い。また、ある種のプラスチックにはプラスチックをやわらかくする可塑剤や添加剤が含まれており、それらが少しずつ溶け出すこともありうる。これらの溶出物が細胞や生体に悪影響を及ぼす場合は、医療用材料として用いることはできない。

医療材料のなかでも、とくに人工臓器や再生医療に関連するような生体適合性が高く安全性の高い素材や、からだの中に入れることができる素材は限られている。

(2)　生体適合性材料

生体適合性材料とは、生体と触れたとき、とりわけ生体内の血液や体液と触れる環境下においても、激しい炎症反応を示さず、毒性が認められず、時間の経過とともに材料のまわりに新たな組織が新生されて、やがてはからだの一部としてなじむことのできる材料のことである。

生体適合性材料には、合成高分子や金属材料、天然より得られる天然高分子やこれらを化学修飾した誘導体などがあるが、その種類はけっして多くない。生体適合性材料のおもなものを表5.3.1にまとめた。

表 5.3.1 生体適合性ポリマーの分類

特 徴	種 類	具体例	作成方法
体内で分解性を示すもの	タンパク質, ペプチド	コラーゲン, ゼラチン, エラスチン, フィブロイン, セリシン	動物, 魚の鱗, 蚕の繭からの抽出, または発酵法
	多糖類	ヒアルロン酸, キチン, キトサン, コンドロイチン硫酸, デキストラン	動物, 甲殻類からの抽出, または発酵法
	合成ポリマー	ポリ乳酸, ポリグリコール酸, ポリカプロラクトン, ポリアミノ酸など	化学合成(モノマーの一部は発酵により製造される)
	セラミック	トリリン酸カルシウム	化学合成
水溶性で体外に排出されるもの	合成ポリマー	ポリエチレングリコール	化学合成
	多糖類	カルボキシメチルセルロース	植物からの抽出, 化学修飾
体内で分解性を示さないもの	合成ポリマー	ポリテトラフルオロエチレン(PTEE), ナイロン, ポリプロピレン, ポリエチレン, ポリウレタン, ポリエチレンテレフタレートなど	化学合成
	多糖類	セルロース(コットン)	植物から単離・化学精製
	金属, セラミック	チタン, ヒドロキシアパタイトなど	化学合成

　合成高分子には,このほかにもたとえば歯科材料にはアクリル酸系のポリマーが,コンタクトレンズにはメタクリル酸ポリマーなどが用いられるなど,さまざまなポリマーが発明されており実際に応用されている。

　PTFE(polytetrafluoroethylene;ポリテトラフルオロエチレン)は細胞接着が起こりにくい不活性な表面特性があり,脳外科手術で使用する人工硬膜などに用いられている。ナイロンやポリプロピレンは縫合糸,ポリエチレンテレフタレートは人工血管に用いられている。合成高分子のなかで生分解性を示すものとして,ポリエステル,ポリアミド,ポリカーボネート,ポリオルトエステルなどが知られている。

　金属類では,チタンやその合金類が整形外科,とくに人工関節を中心に多く

用いられている。天然高分子のなかでも動物のからだを構成する材料には，生体適合性が高く安全な材料が多い。代表的な材料として，細胞外マトリクスに含まれるコラーゲンやヒアルロン酸，エラスチン，骨を形成するヒドロキシアパタイト，細胞膜に含まれるリン脂質，血液凝固成分であるフィブリンなどを挙げることができる。人体を構成する材料は生分解性を示し，生体内の酵素により徐々に分解され，代謝・排泄され，やがては消えてなくなる。

人体には本来含まれないが，昆虫や植物に含まれる生体適合性の高い材料として，絹のタンパク質であるフィブロイン，カニやエビなど甲殻類に含まれるキチンやキトサン，植物に含まれるセルロースを化学修飾したカルボキシメチルセルロース，その他，プルランなどの多糖類を挙げることができる。

生分解性の速度は材料によって異なるだけでなく，その高次構造や立体構造によっても影響を受ける。たとえば，コラーゲンのハイドロゲルはコラーゲンでできた縫合糸よりも分解が速く，ポリ乳酸でも表面積の大きい多孔体のほうが分解は速い。キチンやキトサンの分解速度は，その結晶構造によって影響を受ける。タンパク質や多糖類の分解は主として体内に存在する酵素類によって分解されるが，ポリ乳酸などの脂肪族ポリエステルでは加水分解や酵素分解によって分子量が低下するとされている。

(3) 生体内での材料認識

それでは，材料をからだの中に入れた際，生体側はどのような反応を示すのだろうか。私たちのからだは本来，からだの中に存在しない人工物が入り込むと，これを異物として認識し，からだの外に出そうするさまざまなメカニズムをもっている。これは拒絶反応や免疫応答とよばれる。拒絶反応が激しい場合，痛みや発熱の原因となる。からだの中に入れた人工物が経時劣化することにより発生する分解物も，拒絶反応や免疫応答の原因物質となりうる。そのため，体内に入れてもほとんど分解せず不活性な表面を有する材料や，酵素的あるいは加水分解的に徐々に分解されたとしても分解物が生体内で代謝できるような安全な材料が求められる。このような生体適合性の高い材料は比較的拒否反応が小さく，痛みや発熱を最小限にとどめることができる。

生体適合性の高い医療材料は，人工血管や人工骨，人工臓器に用いられてきた。材料そのものは高分子やセラミックや金属でできているものがほとんどで

あり，生理活性を有しない。そのため，人工材料で治療できる範囲は限定され，一度機能を失った臓器や組織を再生するには材料だけでは限界があった。

5.3.2 再生医療と生体材料
(1) 再生医療とは

人工材料で治療できる限界を打ち破る技術として，再生医療という新しい治療法が発展してきた。これは人体の細胞や成長因子，細胞外マトリクスや人工材料を巧みに組み合わせ，生体組織を培養容器やシャーレの中，あるいは人体内で人為的に再構築していく方法である。1993年にランガー（R. Langer）とバカンティ（J. P. Vacanti）によって提唱された"tissue engineering"が語源であり，組織再生工学あるいは再生医工学ともいわれる。

これまで何らかの外的要因あるいは感染などにより損傷を受けた人体はほとんど再生されることはなく，人工義足などの補助材料でまかなわれているのが現状であった。再生医療は，損傷を受けた組織を自分の細胞（あるいは他人の細胞）により組織を形成させ，人体を元の状態に復元することを目的とした医療行為である。

再生医療を行なううえで必要な3つの因子として，細胞（cell），成長因子（growth factor），足場材料（scaffold）が重要であるとされている。

細胞を培養させる過程では何かしらの基材が利用されることが多く，再生を促すための細胞の足場材料が用いられる。足場材料には，組織の再生が進むに従って血中の酵素などにより分解・代謝されたほうが，患者自身の組織に置き換わることができるため理想的な材料といえる。分解する高分子には，ポリグリコール酸やポリ乳酸などの脂肪族ポリエステル，コラーゲンやゼラチンなどのタンパク質類が多く用いられている。

培養する細胞としては，さまざまな細胞に分化しうる幹細胞とよばれる細胞がよいとされている。幹細胞には，骨髄の中に含まれる間葉系幹細胞（mesenchymal stem cell ; MSC）が実用化段階にある。MSCは骨，軟骨，血管や心筋の再生への応用が進められている。患者自身の自己細胞を用いることで，免疫拒絶反応の心配は低い。すべての臓器に分化することが可能な万能細胞として，ES細胞（embryonic stem cell）が知られている。ES細胞は受精卵または胎児

から細胞を取り出す必要があるため、倫理上の問題を抱える。近年日本で発明された iPS 細胞（人工多能性幹細胞）は、多くのブレイクスルーを予感させる貴重な発明であり、一日でも早く医療現場に用いられる日がくることを期待しているが、実用化にはまだ長い年月を必要とするであろう。

幹細胞は、活性因子によって分化が誘導・促進される。幹細胞が特定の細胞に分化誘導され組織化が進むことにより、目的とする人体組織の再生が達成される。成長因子はサイトカインとよばれ、塩基性線維芽細胞増殖因子（basic fibroblast growth factor；bFGF）、上皮成長因子（epidermal growth factor；EGF）、血管内皮細胞増殖因子（vascular endothelial growth factor；VEGF）、肝細胞増殖因子（hepatocyte growth factor；HGF）などが知られている。

(2) 再生医療の足場材料に求められる特性

損傷した臓器の欠損箇所を覆うために埋め込まれることを目的として、細胞培養の足場となる材料に要求される特性としては、以下の3点が挙げられる。

①材料と細胞との接着性が良好であること
②細胞が増殖していくための空間が確保されていること
③材料全体の力学強度が保たれていること

基材と細胞の接着性はとくに重要な要因である。そのためには基材の表面状態を制御することが重要である。ポリラクチドやポリグリコール酸などの脂肪族ポリエステルの場合は、必ずしも細胞接着性が十分ではない。コラーゲンやゼラチンなどの細胞外マトリクス成分を用いることで改善することができる。しかしながら細胞接着性の強弱は、細胞の脱分化や代謝活性に影響を与えることがあるため、目的とする組織培養に応じて適度な細胞接着能力を提供することが必要である。

細胞が増殖していくための空間を確保することは、単に細胞の占める体積を増やすだけではなく、細胞に酸素や栄養分を十分に行きわたらせることができ、細胞から排泄される老廃物を取り除くために必要不可欠である。また、組織が形成されたのち、毛細血管網が再生され、組織が生体に生着することが必要である。血流を確保することで健全な組織の再生が達成できるため、材料の立体構造デザイン、とくに空間を確保するための3次元デザインが重要である。

材料の力学強度を高める方法としては、その主成分であるポリマーの結晶構

造促進や芳香族ユニットの導入などの改良方法が考えられるが，体内での分解性や生体適合性が犠牲になりやすい。力学強度を高めて分解性を確保するためには，その原料となるポリマーの組成・構造を見直す必要がある。

　本来，細胞の足場となる細胞外マトリクスは，コラーゲンなどの線維状の構造体が数十 nm のスケールで組み合わされた構造を有している。化学合成された材料を数十 nm のスケールで微細加工できれば，人工細胞外マトリクスとして細胞の正常な分化誘導や組織化を促す材料の構築が期待される。

(3) 生体材料の表面の細胞接着挙動

　実際に細胞の成育に適した材料をデザインするには，材料表面への細胞接着，増殖，分化の過程を考慮する必要がある。とくに重要なのは，材料表面への細胞の接着挙動である。材料が体液や血液などと触れたとき，その表面にはまず液性のタンパク質が吸着する。次に，吸着したタンパク質を細胞が認識して細胞接着が起こる。細胞が材料表面を直接認識せず，材料表面に接着したタンパク質を認識する（図 5.3.1）。

　材料表面へのタンパク質の吸着は，非特異的な物理吸着の場合，ファンデルワールス力，イオン性相互作用，水素結合，疎水性相互作用などのさまざまな分子間力によって起こる。たとえば，コラーゲンをコーティングした表面はタンパク質を吸着しやすく，細胞接着にすぐれた表面であるといえる。また，ゼラチンもコラーゲンと同様に細胞接着性がよい。コラーゲンやゼラチンのコーティングは，水素結合によってタンパク質が吸着する。材料表面にタンパク質が吸着すると，その上にインテグリン（integrin）やラミニン（laminin）などの細胞接着性タンパク質がさらに結合する。これを細胞が特異的に認識することによって細胞接着が起こる。細胞はやがて接着部位をどんどん広げていき，

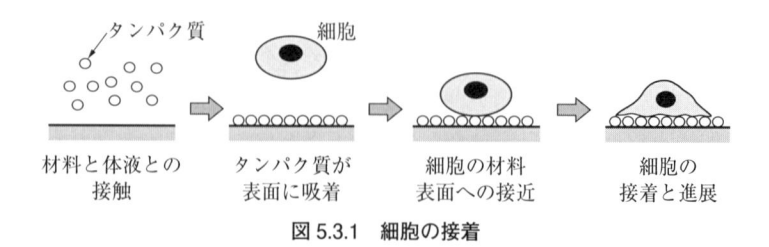

図 5.3.1　細胞の接着

材料と体液との接触　→　タンパク質が表面に吸着　→　細胞の材料表面への接近　→　細胞の接着と進展

やがて材料表面に広がるように浸潤し，最終的には強固に接着する。

また，特定のタンパク質や分子を固定化することで特異的な細胞接着を高めようとする材料設計も試みられる。特定の抗原を認識できる抗体や糖鎖を有する分子などを材料表面に固定化することにより，その分子を認識できるタンパク質の特異的な吸着が起こり，これを特定の細胞が認識することで選択的な細胞吸着を行なう試みも行なわれている。

(4) 材料の表面加工

材料の表面加工は，細胞の接着性に大きな影響を与える。材料表面の特性を変化させタンパク質の接着を制御させることにより，細胞接着を制御する方法が行なわれている。

従来の細胞培養は，凹凸のない平面状の材料上で細胞を培養し，コーティングによる表面改質が細胞接着性の制御に用いられてきた。この方法に加え，親水性と疎水性，それぞれ表面特性が異なるパターンや模様を作成し，細胞を特定の模様に培養する制御方法が開発された。パターニングを作成する技術としては，リソグラフィー，マイクロコンタクトプリント，ナノインプリント，インクジェット，自己組織化分子による単分子膜の活用などが挙げられる。

近年，ナノテクノロジーが盛んになるにつれ，細胞よりも小さいスケールでの表面加工が可能になり，細胞接着は数 μm から数十 nm の立体構造（凹凸構造）によっても影響を受けることが明らかになってきた。材料表面の微細加工によって，立体構造（凹凸構造）の制御，突起状構造物の形成，特定エリアの物性改質，機能改質，パターニング，ナノドメインの形成，特定部位に細胞接着因子を固定化することが可能となり，さらにこれらの技術を組み合わせることで多様な材料表面デザインや加工が可能となる。

微細加工として円柱状のパターンが形成された材料表面で細胞を培養した状態を図 5.3.2 に示す。微細加工された材料表面では細胞接着性が制御され，細胞と細胞の相互作用が強まる傾向にある。細胞間の相互作用が高いと生体内部の状態に近い傾向にあるため，これらの培養組織を利用した薬物動態評価や，化学物質の安全性の評価へ応用しようとする研究が進められている。

また，材料の表面が温度応答性の高分子で覆われた容器を用いることにより，細胞シート（細胞がシート状につながった培養組織）を作製することができる。

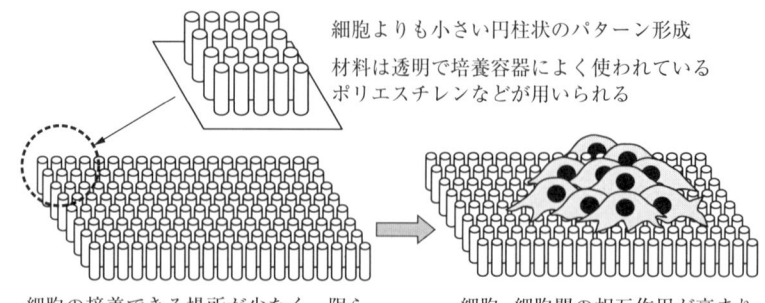

細胞よりも小さい円柱状のパターン形成
材料は透明で培養容器によく使われている
ポリエスチレンなどが用いられる

細胞の接着できる場所が少なく，限られた足場に手を伸ばすように接着する

細胞−細胞間の相互作用が高まり，しだいに細胞塊を形成する

図 5.3.2　ナノパターン上での細胞培養

ポリ（N-イソプロピルアクリルアミド）を基本骨格とする温度応答性高分子は，培養温度（37℃）付近では疎水性であるため細胞が表面に接着し，コンフルエント（増殖した細胞が容器表面を覆う状態）にすることができる。これを冷やすと，温度応答性高分子表面が親水性になり，細胞がはがれる状態になるため，細胞シートを回収することができる。この培養技術は先駆的に日本で実用化を達成した再生医療技術であり，心筋の再生，角膜の再生などに実用化されている。

5.3.3　材料の立体的な加工技術

これら平面状の材料加工に加え，とくに立体的な組織の再生への応用が期待される立体的な足場材料の加工方法に注目してみよう。立体的な足場材料を得る方法には大きく分けて，多孔体を作製する方法，繊維状の構造物を得る方法，ラピッドプロトタイプがある。

(1)　多孔体の作製

再生医療の足場材料として用いられる材料は，細胞が入り込む空間の多い立体的な造形物（多孔体）が多い。多孔体のポア（孔，空間）は，連続的な細胞への栄養供給と，細胞からの老廃物を取り出すために孔がつながっている構造，すなわち連通孔であるものがよい。

連続した空間構造を有する多孔体を作成する方法として，ソルトリーチング

法，凍結乾燥法がある。

①ソルトリーチング法（salt-leaching method）

塩（ソルト）を取り除く（リーチング）方法で，有機溶媒に溶けたポリマー溶液に塩化ナトリウムなどの塩を大量に入れて固め，あとで水中に浸して塩を取り除く。ソルトリーチング法の概略を図5.3.3に示す。

操作は簡便であり，塩粒の大きさがそのまま多孔体の孔の大きさになるため，ポアサイズの均一な多孔体が簡単にできるという長所がある。一方，ソルトリーチング法の問題点として，孔と孔の連続性が途切れやすく連通孔が必ずしも均一ではないこと，細胞を多孔体内部にまで行きわたらせるには物質移動に制限を受ける構造となりやすいことがある。

この方法は，塩だけでなく，砂糖（sugar-leaching）など，ポリマーを固める段階で溶媒に溶けず，あとで水で取り除ける化合物であればさまざまな化合物が利用できる。空隙率（ポロシティ）は任意に調節でき，80～90％前後のものが多く用いられる。

②凍結乾燥法

凍結乾燥法は，立体的な構造体を得る方法のなかで最も簡便で使いやすい方法のひとつである。凍結乾燥はポリマーが溶解した溶液を凍結させ，これを高真空下に保存することにより溶媒を昇華させることで乾燥させる。水を溶媒とする高分子に適用しやすく，市販の装置も多い。タンパク質製剤などの医薬品でも凍結乾燥は活用されており，インスタントラーメンや保存食などの食品分野での工業化が進んでいる。凍結乾燥法の概略を図5.3.4に示す。

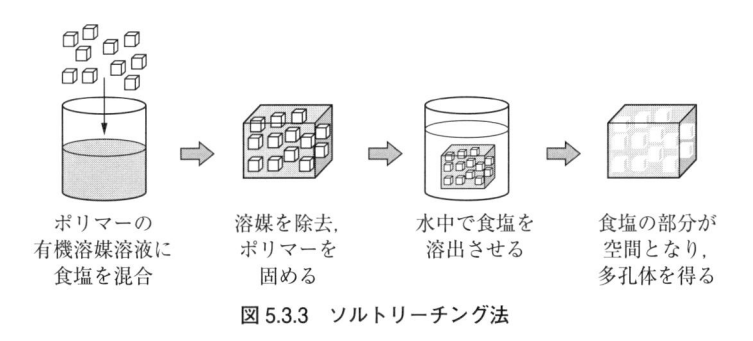

図5.3.3　ソルトリーチング法

ポリマーの有機溶媒溶液に食塩を混合 → 溶媒を除去，ポリマーを固める → 水中で食塩を溶出させる → 食塩の部分が空間となり，多孔体を得る

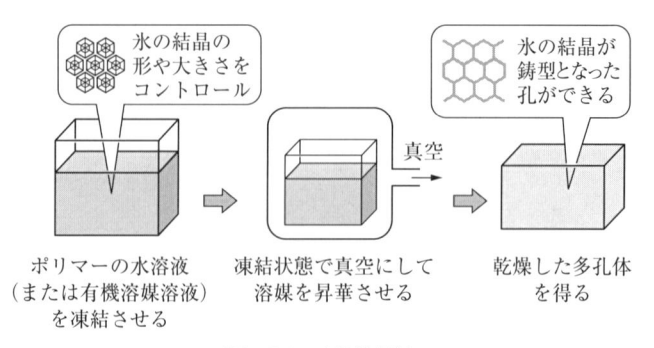

図5.3.4　凍結乾燥法

　凍結乾燥によって形成される多孔体構造は，溶媒の凍結過程を制御することで多孔体の構造を制御することができる。たとえば，水をゆっくり凍結させると水の結晶粒が大きくなり，これを凍結乾燥することで穴の大きい構造体が得られる。また，特殊な冷却台を用いて下からのみ温度を下げていくと，氷の結晶は垂直方向へ（下から上へ）伸びるように成長し，これを凍結乾燥することで縦方向に溶媒の結晶粒をそろえた多孔体も作製することが可能である。

　凍結乾燥に用いる溶媒は水がほとんどであるが，有機溶媒を用いることもできる。ジメチルスルホキシドやテトラヒドロフランなどを用いた多孔体も報告されている。凍結乾燥の課題は，内部に形成される空隙が独立に形成されやすく，穴どうしの連通孔が小さい。そのため，細胞を培養すると物質移動に支障をきたしやすく，内部にまで細胞を育てるには困難な構造となりやすい。これを改良するために，相分離を活用した孔の形成が試みられている。

　また，凍結乾燥品は外部からの圧縮や引っ張りに弱くて，やわらかい多孔体であることが多い。この力学強度を補うために，繊維構造体や硬いポリマーの成型品と組み合わせる方法などが検討されている。

　ゼラチンを凍結乾燥した多孔体は，止血用ゼラチンスポンジとして実用化されている。血液が染み出ている場所に凍結乾燥品を置くと血液を吸収し，ゲル状に膨らむ特性を有している。凍結乾燥品内部の多孔構造が，血液を吸収するのに都合のよい構造を有している。

(2) 繊維を用いた三次元構造体

繊維構造体は繊維と繊維のあいだの空隙が連続しているため，構造体内部への物質透過性にすぐれた構造体であり，細胞培養担体としてみた場合，構造体内部へ酸素や栄養分を供給するのに都合のよい構造であるといえる。

①長繊維，フィラメント

フィラメントとよばれる長繊維は，ミシン糸のように一定の太さの長い糸のことをいう。手術用の縫合糸が最もシンプルな製品であるが，フィラメントを編み機にかけて得られる布製品は，ガーゼや包帯，手術着，手術用シーツに用いられている。

人工臓器としてのフィラメントの応用例としては，ポリエチレンテレフタレートをチューブ状に編み込んだ人工血管や，高強度のポリエチレンの糸を編み込んだ人工靱帯が挙げられる。現状の人工血管は，太さが 15～20 mm の太い血管の置換術，バイパス手術，動脈瘤の治療などに用いられているが，5 mm よりも細い人工血管は実用化されていない。人工血管が細くなると内部に血栓ができやすくなり，やがて血管が詰まってしまう現象が起こる。これを克服するために，血液が固まりにくい表面構造を有する抗血栓材料の活用，糸のつくり方や編込み方法の改良，伸縮性の高い高分子材料を活用した小口径血管への応用研究，人工血管表面に血管内皮細胞を培養することによる血栓形成を抑制する試みなど，再生医療の技術を駆使した血管再生の試みがいまも継続されている。

②短繊維，綿

綿や羊毛，麻など繊維1本の長さが短い繊維であり，ポリエステルなどの合成繊維では紡糸工程にて得られる長繊維を一定の長さに切断することで得ることができる。最も単純な構造は綿である。綿を平面状に並べていき，綿どうしが絡み合うように機械加工して一定の厚みをもつように加工することで，布状の織物（不織布）を得ることができる。フリースやフェルトともよばれる不織布は，細胞培養の担体としてさまざまな検討がされている。

短繊維を経由せず，紡糸工程から一気に不織布を製造する方法がある。スパンボンド法は，ポリマーを熱で溶かして（溶融させて）ノズルから吐き出してこれを平板上にのせて不織布を得る。また，メルトブロー法は，スパンボンド

法のノズルに空気を送り込み，スプレーのように糸を飛ばすことで，繊維をより細くすることができる。

③エレクトロスピニング

工業的な製造方法で紡糸された繊維は，培養の足場材料としてみた場合，繊維径が数〜20 μm 程度のものが多く，細胞が育つ足場としては太いものが多い。これよりも細い糸を得る方法として脚光を浴びているのが，エレクトロスピニング法である（第3章1節参照）。この方法によって作製された繊維を用いた細胞培養の事例を以下に紹介する。

繊維径が太く表面に凹凸を有するエレクトロスピニングナノファイバーと，繊維径が細く表面が比較的平滑なエレクトロスピニングナノファイバーの細胞培養特性について比較した例を図 5.3.5 に示す。

図 5.3.5　エレクトロスピニング繊維構造体を用いた線維芽細胞培養
ポリ乳酸のエレクトロスピニング繊維構造体上での線維芽細胞（NIH 3T3）の培養線維表面（上段）と細胞培養後（下段）の電子顕微鏡写真．（左)繊維径が太く，細胞がつきにくい．（右)繊維径が細く，細胞がつきやすい．

同じポリ乳酸で作製された上記2種類の繊維の上に線維芽細胞（NIH 3T3細胞）を培養したところ，繊維径の細いほうに細胞はより接着し，高い増殖性を示した。繊維径や表面構造は細胞の接着性や増殖性に影響するため，目的に応じた繊維径や表面形状などを駆使することにより，細胞の足場として用いるための繊維構造体の精密なデザインが求められるようになるだろう。

5.3.4　ラピッドプロトタイプ

　ラピッドプロトタイプとは「迅速に（rapid）」，「試作する（prototyping）」ことを意味し，コンピュータに取り込んだ3次元構造データに忠実な試作品を作製する方法である。たとえば，携帯電話の試作品として外側のボディパーツを得たいとき，金型をつくる前にラピッドプロトタイプで試作品をつくることによって，一部のデザイン変更などの微調整に対応でき，金型を作製する費用負担が軽減できる。

　患者のX線画像などから得られるデータをもとにそれぞれの患者の体形に応じた画像をコンピュータに取り込み，これを一定方向の断面図に分割したマルチスライス画像へと変換し，得られたデータを光造形法，粉体焼結法，FDM（押し出し）法，インクジェット法などにより，3次元構造体を得ることができる。患者固有の形状に合わせた造形物を得ることができるので，特定の形状に応じた構造体の作製（テーラーメイド）が可能となる。また，従来の方法ではつくることができなかった複雑な3次元構造の作製が可能であり，力学強度設計がデザインされた構造体を得ることができる。

(1)　光造形

　紫外線やレーザーを照射することで硬化する液状樹脂を固めていく方法であり，精度の高い3次元構造体を得ることができる。液状樹脂のなかには光重合触媒とモノマーが含まれており，光照射された部分のみが硬化する。光によって反応する触媒や官能基をもつ化合物を用いることができるが，用いる材料が制限を受けやすい（図5.3.6）。

(2)　粉体焼結法

　ポリマーの微粉末を敷き詰めたところに，高出力のレーザーを照射することにより，粉末が融着する原理を用いた造形法である。粉末造影法ともよばれる。

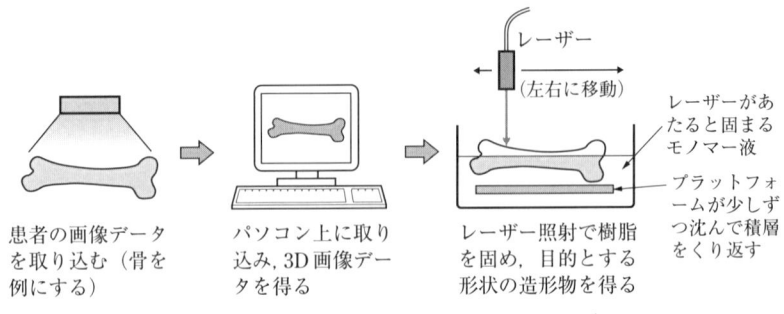

図 5.3.6　ラピッドプロトタイプ（光造形の例）

光造形法と比べて材料選択の制限が少なく，いろいろな材料を用いることができるという特徴がある。粉体を用いて固めているので，得られた造形物が多孔質である場合が多い。ポリ乳酸など熱可塑性のプラスチックを活用することができる。

(3)　FDM（fused deposition modeling）法

FDMとは溶融樹脂積層造形のことで，プラスチックを溶かして押し出しながら平面状に造形し，これを積層していく方法である。

(4)　インクジェット法

インクジェットのインクとしてポリマー溶液を用いることで，ポリマーによる3次元形状の立体造形物をつくる技術が検討されている。医療分野，再生医療分野におけるインクジェット方式の応用は，インクの代わりに細胞懸濁液を用いることで所望の位置に細胞を配置することができ，インクのなかにタンパク質や抗体を混ぜることでタンパク質のパターンを形成することも可能である。細胞やタンパク質をインクとして飛ばす場合は，圧電方式のインクジェットが採用される。これらのラピッドプロトタイプ法は，造形精度の向上や装置の小型化が進めば，ますます身近なプロセスになると予想される。医療材料としての応用，再生医療への展開も検討されている。

5.3.5　医療への応用と課題
(1)　細胞培養を利用した再生医療：現状と課題

　これまで述べてきた，構造が精密に制御された生体適合性材料の多孔体を用いて培養組織を作製し，これを人体に移植する再生医療は，まだ医療現場で自由に用いることができるわけでなく，治療できる病気や患者は限られている。再生医療が広く普及していくためには，解決していかなければならない課題がまだ多い。

①培養組織の安全性

　体外で培養された培養組織は，生物由来製品に位置づけられる。用いる細胞が患者自身の細胞であれば拒絶反応の心配は低いが，他人の細胞（同種細胞）の場合は免疫拒絶を含めて安全性を十分に確保したものを用いる必要がある。また，細胞培養に用いる血清がウシ由来であったり，細胞培養基材のコラーゲンがブタ由来であったりする場合も生物由来製品として位置づけられ，原料の獲得手段から製造方法，品質検査の隅々にまで安全を確保する管理体制とその実践が要求される。

②治療の有効性

　体外で培養された培養組織を体内に移植したのち，これが有効に機能することを証明する必要がある。とりわけ，既存治療法（たとえば薬を投与する治療）がある場合，細胞治療のほうが薬を投与するよりも効果が高いことをデータで証明するのは思いのほか難しいときがある。また，実際の患者に移植を試みる臨床治験を行なううえで，不具合（何かしらの理由でうまくいかないケース）事例が多く見られると，その治療法の承認は難しくなる。

③高コスト構造の是正

　培養組織を作製する環境は，高度に管理されたクリーンルーム内で行なわれ，原料の入荷，製品の出荷には多くの品質検査項目がある。結果として，培養組織は高価なものになる。企業努力によるコスト低減は不可欠だが，健康保険以外にも任意保険による保険適応など幅広い資金補助のしくみが待たれる。

(2)　材料の機能化：ドラッグデリバリーシステムの応用

　培養細胞を用いずに組織や臓器の再生を加速させる方法として，材料の内部や表面に成長因子や活性成分を複合化させることで積極的な組織化を誘導する

試みが検討されている。

　たとえば，ゼラチンゲルの内部に塩基性線維芽細胞増殖因子（bFGF）を含んだゲルは，生体内に埋め込まれると bFGF を徐放する特性を有する。徐放された bFGF は血管新生を誘導し，心筋梗塞の改善や神経機能回復，軟骨や軟組織の再生に効果があることが報告されている。この徐放性機能は，ドラッグデリバリーシステム（drug delivery system；DDS）とよばれる。DDS 機能を用いた組織再生は，培養細胞を使うことなく生体内の組織修復機能や生体内の細胞を積極的に活用する方法として新たな治療法を提案するものであり，組織再生誘導あるいは再生誘導治療（inductive tissue engineering）とよばれる。

　徐放性機能の発現には，高分子材料の設計が重要な役割を果たす。ポリマーマトリクス中に成長因子が含まれる場合，成長因子はマトリクス中を移動して徐々に放出されるが，マトリクスがさらに酵素などで分解されることで徐放速度をコントロールすることができる。生体内で組織の修復にかかる時間は組織や状態によって異なるが，少なくとも数日から数週間は必要である。成長因子が有効に作用するには，組織の修復過程に応じた徐放速度の制御が必要である。成長因子のみならず，医薬品として用いられている低分子化合物との組合せ，核酸化合物を用いた遺伝子導入の試みなど，さまざまな DDS 技術を駆使した取り組みが行なわれている。

[参考文献]
1) 赤池敏宏：『生体機能材料科学―人工臓器・組織工学・再生医療の基礎』, コロナ社（2005）
2) 筏義人：『バイオマテリアルの開発』, シーエムシー（2001）
3) 田畑泰彦：『ますます重要になる細胞周辺環境（細胞ニッチ）の最新科学技術』, メディカルドゥ（2009）
4) 石原一彦：『ポリマーバイオマテリアル―先端医療のための分子設計』, コロナ社（2009）
5) 岩田博夫：『バイオマテリアル』, 共立出版（2005）
6) 本宮達也：『図解よくわかるナノファイバー』, 日刊工業新聞社（2006）
7) 相澤益男・大野典也『再生医学―ティッシュエンジニアリングの基礎から最先端技術まで』, エヌティーエス（2002）
8) Anthony Atala, Robert P. Lanza：Methods of Tissue Engineering, Academic Press（2002）

第6章

化学工学の活用

6.1 化学工学基礎

6.1.1 化学工学の歴史と使命

　化学工学は，もともとは石油産業に端を発している。産業革命後に石油から得られた灯油がランプの燃料として利用され，米国で徐々に石油の採掘・精製が拡大していった。1903年にフォード社が自動車を開発し大量生産を開始すると，自動車用燃料の需要が高まり，石油を精製して得られるガソリンが大量に必要になった。当初は石油を蒸留することによりガソリンを得ていたが，それでは得られるガソリンの量が少ないため，石油の熱分解，次いで分留という方法が発明された。このとき，最初は1回1回，原料を仕込む方式（バッチ式）で生産量の確保に制約があったが，連続精製プロセスが開発されて大量生産が可能となった。

　また，石油の熱分解生成物のなかにはエチレンなどの炭化水素類の副産物が含まれており，これらを利用するプロセスに関する研究が行なわれ，各種の石油化学製品が発明された。こうして，扱う製品が増えるにつれプロセスが複雑化し，反応装置の高度な制御が必要になり，そのため複数のプロセスを合理的に処理する必要が生じてきた。

　19世紀末はハーバー・ボッシュによる大気中窒素からのアンモニア合成に代表される化学製品の開発およびそれを製造するための化学装置の開発が活発化し，化学工業がおおいに発展した時代でもあった。

　このように，石油産業，石油化学産業，さらには広範囲の製品を対象とする化学産業が発展するなかにあって，製品の大量生産，工業化においてはそれま

での経験と勘に頼った製造プロセスや処理法では対応できず，工業化にかかわる諸問題に対応できる合理的な学問体系が必要になった。そのような学問に対する要請を受けて，マサチューセッツ工科大学（MIT）に化学工学を教える初めての教室が創設された。

　第二次世界大戦までの最初の化学工学は，さまざまな化学プロセスのなかから抽出された「単位操作」の概念の確立と体系化がおもな内容であった。単位操作（unit operation）とは，物質に状態，組成，エネルギーなどの変化を与える諸操作のことであり，化学製品の製造工程はそれらの組合せで構成されるとする考え方である。蒸留，ガス吸収，吸着，抽出，乾燥，晶析，粉砕，分級，撹拌などがその例である。戦後から1950年代には，化学反応とそれを行なう反応装置を工学的に扱う学問として，反応工学が誕生した。続いて1960年代には，単位操作に共通な基礎理論として移動現象（輸送現象）が体系化された。さらにその後，化学プロセスの制御とその合理的・経済的な解析を行なうために，プロセスシステム工学が誕生した。これをもって化学工学の学問的体系は確立された。

　最近では，化学工学の適用範囲は化学工業にとどまらず，エネルギー，環境，医療，農業，バイオ，食品，海洋，宇宙にまで及んでいる。ひとつの製品やその生産方法だけでなく，その利用方法，それを含む社会のあり方にまで領域を拡大している。

6.1.2　ものづくりにおける基礎知識

　さて，それでは私たちが実際に「もの」をつくり，それを工業化するにはどのようなことを考える必要があるだろうか。ここでは，物質収支・エネルギー収支，化学平衡，反応速度，移動速度，プロセス設計，経済収支，環境負荷の7つを取り上げる。

①物質収支・エネルギー収支

　典型的な化学プロセスは，エネルギーの出入りを伴いながら，原料となる物質が製品となる物質に変換されていく過程である。したがって，プロセスにおける物質とエネルギーの出入りを定量的に把握する必要がある。その計算を物質収支またはエネルギー収支とよぶ。

② 化学平衡（熱力学）

典型的な化学プロセスでは化学反応を用いることがしばしばであるが，考えている反応などの化学現象が進む可能性があるかどうかを判断する必要がある。その判断の根拠を与えるのが熱力学である。一定温度で反応を行なうためには，反応が吸熱反応であれば外部から熱の供給が必要であるし，発熱反応であれば熱を除去することが必要となる。さらに，化学平衡は反応がどこまで進みうるか理想的な到達点を与えるため，製品の収率や純度の最大値を与える。物質収支・エネルギー収支の計算において必要となる化学量論，反応熱，物性定数などのデータも熱力学によって決定される。

③ 反応速度

一般的に，化学平衡に達するには長い時間がかかる。現実の世界では非平衡の状態であることがほとんどであり，その場合，実際のプロセスが操作時間内に到達する到達点を知る必要がある。そのためには，化学反応が進行する速度，つまり反応速度を知る必要がある。単純な反応式で書ける反応でも，実際には複数の反応がかかわっていたり，複雑な経路をたどったりする場合が多い。そのような反応過程を解析し，反応速度を定量的に予測するための反応速度式を定式化することが重要である。反応速度は，次の移動速度とあわせて反応装置の種類や大きさ，操作に関する情報を与える。

④ 移動速度

化学反応を進行させるためには，まず反応装置内へ原料を投入する必要がある。原料物質が反応場まで到達し，反応し，生成物へと変換されたあとは，生成物は速やかに反応場から取り除かれる必要がある。そのためには，どのような速度で物質が移動するかを知る必要がある。また，熱の出入りを伴う場合は，どのように熱が供給されるか，あるいは反応装置から熱が取り除かれるか，反応装置内外の熱移動に関する情報が必要となる。さらに，反応が気体や液体（場合によっては固体）の流れを伴う場合には，装置内外のそれらの動きについても知らなくてはならない。物質，熱，流れは相互に関連しあっているのが普通で，その関連を考慮しながら移動速度を定量化する必要があり，反応速度とともに反応装置の設計・操作において重要な情報を与える。

⑤プロセス設計

　最終的に原料から製品を連続的に製造するためには，反応操作や分離操作およびその間をつなぐ物質の輸送操作を含めて，適切な操作を適切な順序でつなぐ必要がある。そのように工程の流れをまとめたものをプロセスフローシートとよび，その作成がプロセス設計の中心となる。各種装置の仕様や操作条件を決め，これに基づいて物質収支，エネルギー収支を把握する。プロセスシミュレーターとよばれるソフトウェアを用いてコンピュータ上でシミュレーションを行なうことにより，効率的に各操作を行なう装置の仕様や操作条件を最適化し確定する。ときには，プロセス内で進行する現象をできるだけ正確に予測するためのシミュレーションを用いる必要がある。また，プロセスを計画どおり進行させるためのプロセス制御に関する知識も必要となる。

⑥経済収支

　プロセス設計において最適化の基準は，多くの場合，コストである。製造プロセスの経済性を評価するためには，原料費，設備費，運転費，人件費，環境対策費など製造にかかわるあらゆるコストを計上し明らかにする必要がある。それらの経費に利潤を考慮して製品の価格は設定されるが，経費を最小化するためのプロセスおよびその組合せが選択されるべきである。

⑦環境負荷

　製品の製造過程ではさまざまな環境影響物質が発生する。少し前では公害の原因となった汚染物質の排出が問題となり，近年では地球温暖化の原因物質と考えられている二酸化炭素や，酸性雨の原因物質であるSO_xやNO_x，およびフロンなどのオゾン層破壊物質など環境影響物質の削減が求められている。環境影響物質の発生量を把握し，処理対策を講じる必要がある。また，廃棄物の減量と再資源化，製品のリサイクル性を考慮した製造プロセスの探索が必要になる。

6.1.3　化学工学基礎

　学問としての化学工学は，いくつかの個別の学問として体系的にまとめられており，移動速度論，反応工学，分離工学，プロセスシステム工学がその中心となっている。また，その基礎学問として化学（無機化学，有機化学，物理化

学) だけでなく，物理学，生物学，数学などの基礎学問に礎を置いていることはいうまでもない。

化学工学のそれぞれの個別学問の詳細については成書に譲るが，ここでは基礎的な知識として，ものづくりの中核である反応を扱う反応工学のなかから，反応速度と反応装置の種類および特徴について解説する。また，反応操作は物質，熱および運動量（流体）の移動を伴うため，移動現象の基礎を解説する。最後に，スケールアップにおいて有用な物理現象を支配する無次元数の考え方について簡単に紹介する。

(1) 反応速度と反応装置

一般的に，化学工業プロセスは化学反応を利用して原料を製品に変換する反応工程と，そこで得られた粗製品から目的製品と副製品を分離し純度を高めていく分離精製工程とからなる。このうち，反応工程は化学工業プロセスの中心をなし，多種多様な反応プロセス，そしてそれらを実現するための数多くの反応装置が開発され利用されている。反応装置を設計するためには，反応の種類とその反応速度に関する情報が必要であり，また各種の反応装置の特性を把握する必要がある。

①反応の分類

化学反応はいくつかの方法で分類される。反応装置の設計・操作の観点からは，反応が1つの量論式で記述できる単一反応と，2つ以上の複数の量論式が必要になる複合反応に分類できる。複合反応の基本的な形式は，並列反応，逐次反応ならびにそれらを組み合わせた逐次・並列反応である（**図 6.1.1**）。これらの3種類の反応式で多くの反応を表わすことができるが，もっと複雑な反応もこれらの組合せで取り扱うことができる。

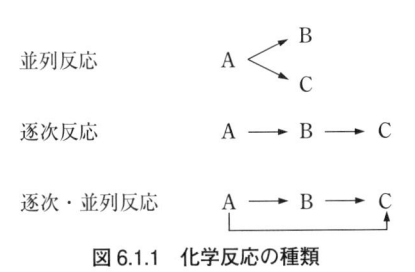

並列反応　　　A $\begin{array}{c} \nearrow B \\ \searrow C \end{array}$

逐次反応　　　A $\longrightarrow$ B $\longrightarrow$ C

逐次・並列反応　A $\longrightarrow$ B $\longrightarrow$ C

図 6.1.1　化学反応の種類

表 6.1.1　化学反応の反応工学的分類

反応の分類		反応例
均一反応	気相反応	ナフサの熱分解反応，塩化水素の合成
	液相反応	エステル化反応，塊状重合反応
不均一反応	気固触媒反応	アンモニア合成反応，エチレンの酸化反応，石油の接触分解，アクリロニトリル合成反応
	気固反応	石炭の燃焼とガス化反応，鉄鉱石の還元反応，活性炭の製造反応，石灰石の熱分解反応
	気液反応	炭化水素の塩素化と酸化反応，反応吸収
	気液固触媒反応	油脂の水素添加反応，重油の脱硫反応
	液液反応	スルホン化反応，乳化重合反応
	液固反応	イオン交換反応，固定化酵素反応
	固固反応	セメント製造反応，セラミックの製造反応

さらに，反応に関与する物質の相の状態に着目して，反応が均質な単一の相で起こっている場合を均一反応，複数の相が関係する場合を不均一反応とよんでいる。表 6.1.1 に相の形態による分類と，それぞれの代表的な工業反応の例を示す。

② 反応速度式

このような化学反応を利用した工業プロセスにおいて，反応装置の大きさを決定するためには反応速度に関するデータが必要であり，それを予測するための反応速度式が必要となる。一般的に多くの化学反応の場合，原料分子の濃度が高ければ反応は速く進む。反応速度が濃度に比例する場合を一次反応とよび，その反応速度 r (mol/m^3·s) は以下の式で表わされる。

$$r = k_r C \tag{1}$$

ここで，C は原料分子の濃度 (mol/m^3) であり，k_r は反応速度定数 (1/s) とよばれている。濃度に対する依存性を反応次数 n を用いて表わした次の式が，より一般化されたかたちである。

$$r = k_r C^n \tag{2}$$

$n = 1$ は一次反応，$n = 0$ はゼロ次反応，つまり反応速度が濃度によらないことを意味する。n が 1 よりも大きいこともあれば，必ずしも整数とならないこともある。

一方，反応速度定数 k は温度に大きく依存し，その関係はよく知られた次のアレニウスの式（Arrhenius' equation）で表わされる。

$$k_r = k_{r0} \exp\left(-\frac{E}{RT}\right) \tag{3}$$

ここで，T は温度（K），R は気体定数（J/mol·K）である。k_{r0} は頻度因子とよばれ，濃度や圧力の依存性をこれに含めて表わす場合もある。E は反応の活性化エネルギー（J/mol）とよばれる量であり，反応分子が反応を起こすために必要なエネルギーの大きさの目安であり，反応速度の温度依存性を決める。温度が高くなるほど反応速度は増加する。

③反応率と選択率

工業プロセスでは，目的とする製品を効率よく得る必要がある。効率とは，どれだけ原料が反応したか，そして反応した原料がどれだけ目的とする生成物に転化されているかを意味する。前者を反応率，後者を選択率とよび，次のように定義される。

$$反応率 = \frac{反応した原料分子のモル数}{供給された原料分子のモル数}$$

$$選択率 = \frac{目的とする生成物に転化した原料分子のモル数}{反応した原料分子のモル数}$$

ここで，前述した並列反応，逐次反応における反応率と選択率の関係について考えてみる。反応はすべて一次反応を仮定する。

並列反応の場合，原料 A の生成速度は，

$$\frac{dC_A}{dt} = -k_{AB}C_A - k_{AC}C_A \tag{4}$$

と表わされる。A から B への反応の反応速度定数を k_{AB}，A から C への反応の反応速度定数を k_{AC} とする。また，C_i は成分 i の濃度を表わす。実際には A は反応により消費されるので，右辺は負号をつけて表わされている。同様に，生成物 B と C の生成速度はそれぞれ，

$$\frac{dC_B}{dt} = k_{AB}C_A, \quad \frac{dC_C}{dt} = k_{AC}C_A \tag{5}$$

と表わされる。上の 3 つの式をそれぞれ足すと右辺は 0 になる。また，ある時刻での各成分の濃度の和は A の初期濃度 C_{A0} と等しくなる。

$$C_A + C_B + C_C = C_{A0} \tag{6}$$

これらの式を解くと，

$$\frac{C_A}{C_{A0}} = \exp(-kt), \quad \frac{C_B}{C_{A0}} = \frac{k_{AB}}{k}\{1-\exp(-kt)\},$$

$$\frac{C_C}{C_{A0}} = \frac{k_{AC}}{k}\{1-\exp(-kt)\} \tag{7}$$

となる。ただし，$k = k_{AB} + k_{AC}$ である。また，前述の定義に従って，反応率と選択率（ここではBを目的生成物とする）は以下のように求められる。

$$反応率 = \frac{C_{A0} - C_A}{C_{A0}} = 1 - \frac{C_A}{C_{A0}} = 1 - \exp(-kt) \tag{8}$$

$$選択率 = \frac{C_B}{C_{A0} - C_A} = \frac{C_B}{C_{A0}} \frac{1}{1 - C_A/C_{A0}}$$

$$= \frac{k_{AB}}{k}\{1-\exp(-kt)\} \frac{1}{1-\exp(-kt)} = \frac{k_{AB}}{k} \tag{9}$$

各成分の濃度の時間変化および反応率と選択率の関係を図 6.1.2 に示す。成分 A が減少したぶんだけ，成分 B と C が増加する。一方，反応率は時間とともに増大するが，選択率は時間によらず一定値となる。つまり，並列反応ではどんなに反応が進行しても成分 B が得られる割合は変化せず，反応速度定数の比で決定される。

逐次反応の場合，原料 A の生成速度は，

$$\frac{dC_A}{dt} = -k_{AB} C_A \tag{10}$$

(a) 各成分濃度の時間変化　　(b) 反応率

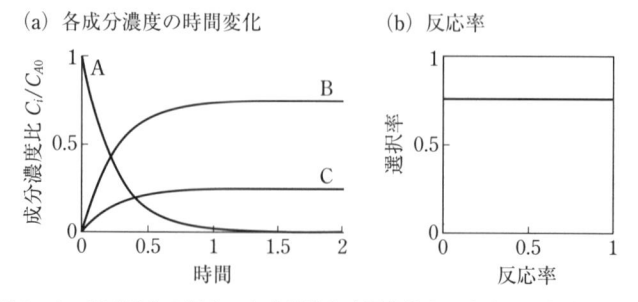

図 6.1.2　並列反応の場合の各成分濃度時間変化と反応率と選択率の関係

と表わされる。中間生成物 B，最終生成物 C の生成速度はそれぞれ，

$$\frac{dC_B}{dt}=k_{AB}C_A-k_{BC}C_B, \quad \frac{dC_C}{dt}=k_{BC}C_B \tag{11}$$

と表わされる。ここで，B から C への反応の速度定数を k_{BC} としている。A が反応したぶんは B か C になるという点は並列反応と同様である。これを解くと，

$$\frac{C_A}{C_{A0}}=\exp(-k_{AB}t), \quad \frac{C_B}{C_{A0}}=\frac{s}{s-1}\{\exp(-k_{BC}t)-\exp(-k_{AB}t)\} \tag{12}$$

$$\frac{C_C}{C_{A0}}=1+\frac{1}{s-1}\exp(-k_{AB}t)-\frac{s}{s-1}\exp(-k_{BC}t) \tag{13}$$

ただし，$s=k_{AB}/k_{BC}$ である。

原料成分 A の濃度変化は並列反応のときと同様，単調に減少するが，成分 B と C の濃度の変化は並列反応に比べて複雑である。図 6.1.3(a) から，最終生成物 C の濃度は時間とともに増加し，その挙動は S 字の曲線を描いている。中間生成物 B の挙動は特徴的であり，原料の反応により B は増加するが，B の濃度が増加すると C への反応が起こるようになるため，結果として B の濃度はある時刻で極大値をとることになる。C が目的生成物ならば，とにかく反応を進行させれば選択率が上がる。一方，B を目的生成物とした場合の選択率と反応率の関係は同図 (b) のようになるが，反応率を上げると B の選択率は低下する。このような場合は適当なところで反応を停止させ，原料と生成物を分

(a) 各成分濃度の時間変化　　(b) 反応率と選択率の関係

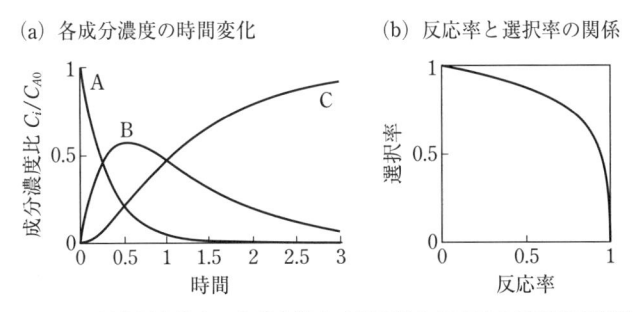

図 6.1.3　逐次反応場合の各成分濃度時間変化と反応率と選択率の関係

離して原料をリサイクルし，原料の利用率を上げることが必要になる。

④反応装置の分類と特徴

実際に工業的に使用されている反応装置の構造は複雑であるため，それらを統一的に処理することは難しい。ここでは，反応装置をまずその形状から，槽型（tank）と管型（tubular）に分類し，また操作法の観点から，回分式（batch operation），半回分式（semi-batch operation），連続式（continuous operation）に分類してみる。それぞれの特徴を表 6.1.2 および表 6.1.3 にまとめた。

表 6.1.2 反応装置：形状による分類

反応器	特徴
槽型反応器 図 6.1.4(i)	均一液相反応のほか，気液反応，気液固触媒反応，液液反応などの不均一反応にも用いられる。槽型反応器では，反応装置内の温度分布，濃度分布を均一にするように撹拌操作が用いられる。また，撹拌は物質や熱移動の促進を目的としても行なわれる。粘度が低い均一液相反応の場合はとくに問題ないが，重合反応のように粘度が高くなると撹拌の効果が上がらず，均一性が低下する。そのため，撹拌翼の種類や大きさ，位置については十分な検討を要する。
管型反応器 図 6.1.4(ii)	一般的に，連続的操作を行なう反応器であり，管の中に触媒などを充填し，一方の入口から原料を流体として供給し，管の中を移動するあいだに反応を進行させ，所定の反応率で他端より排出し，製品として取り出す。したがって，原料および製品の濃度は管の入口から出口へと変化している。

表 6.1.3 反応装置：操作方法による分類

操作方法	特徴
回分式 図 6.1.4(i)-(a)	原料を一度に反応器内に仕込んでから反応を開始させ，ある時間が経過したあとに反応器内の混合物を取り出す方式である。一般的に回分式には槽型反応器が用いられる。
半回分式 図 6.1.4(i)-(b)	あらかじめ仕込んだ原料 A に対して，それと反応する別な原料 B を連続的あるいは間欠的に加えることにより反応を進行させる。ある時間が経過したあとに反応器内の混合物をすべて取り出す場合に用いられる方式であり，原料 A については回分式であるが，原料 B については連続式となる。
連続式または流通式 図 6.1.4(i)-(c), (ii)	原料の供給と混合物の取り出しを連続的に行なう。管型反応器は連続式の反応器の一種である。

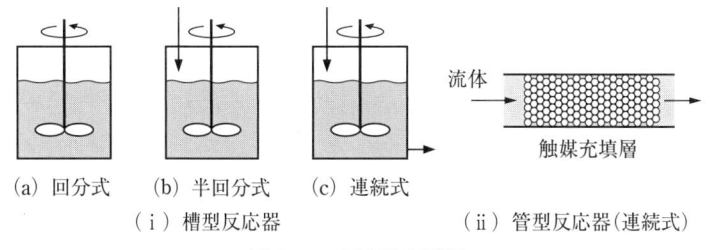

(a) 回分式　　(b) 半回分式　　(c) 連続式　　　　　　流体　　触媒充填層

(ⅰ) 槽型反応器　　　　　　　　　　　　　(ⅱ) 管型反応器（連続式）

図 6.1.4　反応器の種類

　連続式で操作される槽型反応装置は，連続槽型反応器（continuous stirred tank reactor；CSTR）とよばれる。槽型反応器に供給された原料は，理想的には投入後速やかに反応器内に広がって一様に反応し，槽内では均一な組成分布が達成される。このように，迅速に濃度が均一化される流れの状態を完全混合流れ（perfectly mixed flow あるいは単に mixed flow）とよぶ。一方，管型反応器では，原料濃度は管の入口から出口に向けて連続的に減少する分布となる。原料を含む流体が入口から送入され，ピストンで押し出されるように流れる。このような流れの状態を押し出し流れ（piston flow あるいは plug flow）とよび，管型反応器は押し出し流れ反応器（piston flow reactor；PFR）ともよばれている。

　このように，連続式の操作において槽型反応器と管型反応器は，流れの状態として完全混合流れと押し出し流れの両極限を与える。実際の反応装置内の流れは，両者のあいだにある場合が多いが，完全混合流れと押し出し流れの反応装置の特性を十分に理解することにより，その中間の状態にある反応装置の特性を予測することが可能である。

　大量生産が要求される化学工業では，原料の仕込みと製品の取り出しのために反応を停止しなければならない回分式や半回分式よりも，連続的に原料の供給と製品の取り出しができる連続式（流通式）のほうが有利である。そのため，大量生産が要請される時代にあっては，連続式の反応装置が研究・開発され利用されてきた。しかし近年，製品の多様化が顕著になり，製薬工業などでは多品種少量生産が求められるようになってきており，回分式あるいは半回分式が再び注目されるようになっている。

6.1　化学工学基礎

⑤滞留時間分布

　反応装置に要求される性能としては，いかに効率よく目的製品を得るか以外に，得られた製品の均質さも必須の条件である。たとえば，ポリマー粒子を懸濁重合法で製造する場合，水の中にモノマー液を滴下・分散させ，その液滴が時間の経過とともに重合度を増し，ポリマーとなっていく。これを回分式の反応器で行なう場合，一斉にモノマーを滴下し，同じ経過時間で反応を停止させれば，各ポリマー粒子は同じ時間だけ反応しているので，反応率は等しく均一性が高い粒子が得られると期待される。次に，これを大量生産するために連続式にすることを考えてみる。

　そこで，同図(c)に示した連続槽型反応器を用いると，これは完全混合流れの反応器であるので，投入されたモノマー液滴は瞬時に反応槽内に広がり，反応を開始する。反応槽内の各場所にはすでに前の時間に投入され反応が進行したポリマーが存在しているが，投入された時刻が異なる，つまり，滞留時間が異なり，反応率が異なるポリマーが混在している。完全混合流れでは反応槽内の組成が均一化されているが，これはどの場所をとっても同じ滞留時間分布・反応率分布のポリマーが得られることを意味し，その結果，出口から取り出される製品には滞留時間 0 のモノマーから，滞留時間の長い高重合度のポリマーまで，幅広い滞留時間・反応率のポリマーが含まれることになる（図 6.1.5）。

　図 6.1.6 に，完全混合流れの場合の滞留時間分布を示すが，図からわかるように，実際には滞留時間 0 で排出される割合が最も大きい。このことは，完全混合流れ型の反応装置では，100％近い反応率を得ることが困難であることも意味している。

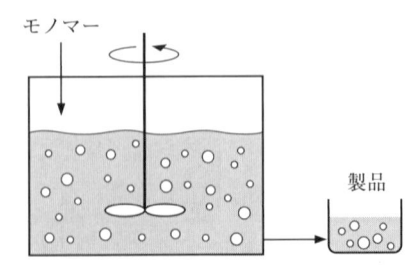

図 6.1.5　連続槽型反応器によるポリマーの合成

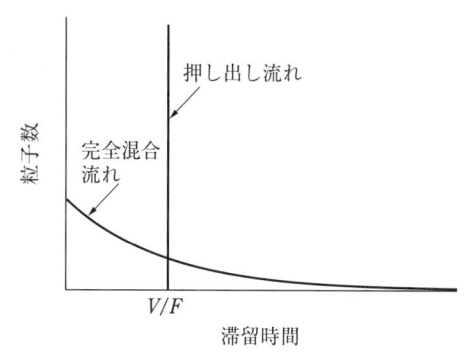

図 6.1.6 完全混合流れと押し出し流れの滞留時間分布

　図には，押し出し流れの場合の滞留時間分布も示した。この場合，装置の体積を V，原料を含む流体の供給速度（体積流量）を F とすると，出口での滞留時間は流体が装置を通過する時間 V/F に等しく，一様な滞留時間となる。反応率を高めたければ滞留時間を長くすればよく，そのためには反応装置の体積（長さ）を大きくするか，流量を減らす必要がある。ただし，反応装置の体積はどこまでも大きくできるものではないし，できれば小さくしたい。また，流量を減らすことについては押し出し流れの状態が保たれる範囲で低下させる必要がある。流量を減らしすぎると拡散の影響が大きくなり，出口での滞留時間分布の幅が広がってしまうことになる。

　完全混合流れ型の連続槽反応器で反応率を上げるための工夫が多段化である。**図 6.1.7** に示すように連続槽型反応器を複数個直列に接続し，前の反応器から取り出された製品を次の反応器の原料として反応を進行させる方法である。

　いま，反応装置の全体積は V で一定とし，これを n 段に分割すると1つの

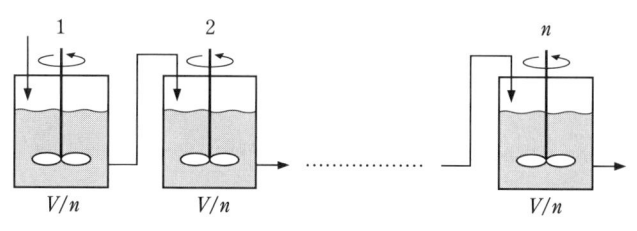

図 6.1.7 直列連続槽型反応器

6.1 化学工学基礎

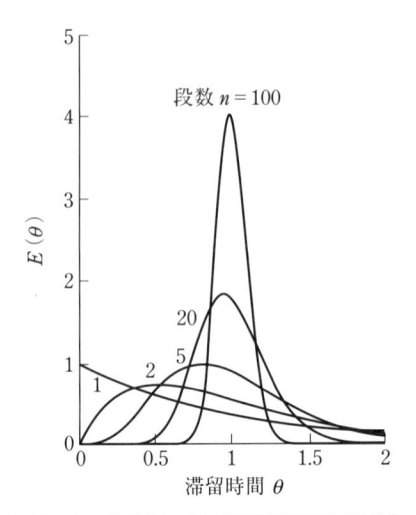

図 6.1.8　多段化による滞留時間分布の変化

装置の体積は V/n となる。n 個の完全混合流れ反応器を直列に接続したときの最終段から出てくる製品の滞留時間分布は，次の式で表わされる。

$$E(\theta) = \frac{n(n\theta)^{n-1}}{(n-1)!} \exp(-n\theta) \tag{14}$$

ただし，θ は全体積 V と体積流量 F で規格化された滞留時間で，$\theta = Ft/V$ である。

段数 n を変化させた場合の滞留時間分布を図 6.1.8 に示す。段数が 1 のときは滞留時間 0 の割合が最大であったが，段数を増やしていくと 0 よりも大きい滞留時間で極大値をもつようになり，その位置が $\theta = 1$ に近づき，分布もせまくなっていく。$\theta = 1$ はつまり $t = V/F$ で，押し出し流れの場合の滞留時間である。段数を増やしていくと滞留時間分布は押し出し流れに近づいていき，段数が無限大になると一致する。また，多段化することにより反応率も増大する。段数を無限大にすることは現実的には不可能であり，滞留時間を一様にし，反応率を 100 % にすることはできないが，多段化することにより改善することは可能である。

実験室で，試験管あるいはビーカーを用いてものをつくっていたときは，容

器の中の組成分布や温度分布は一様と取り扱ってもよかったが，大量生産のために大型化された反応器や連続式の反応器では，組成分布や滞留時間分布，そして温度分布を一様にして均質な製品を得ることは容易なことではない。ここでは，基本的な反応器の構造と特徴について述べたが，それらを理解しておくことは，より複雑で多様な反応装置を設計する場合においても有用であると思われる。

(2) 移動現象

①輸送形態

移動現象で取り扱う物理量は，物質，熱，運動量である。それぞれの輸送形態は大きく，分子運動による輸送，対流（流れ）による輸送，その他の輸送に分けられる。対流による輸送では，流れに渦が発生し乱流になると輸送速度が著しく高くなるので，これを特別に分けて取り扱うこともある。運動量，熱，物質は，実際の現象ではそれぞれが単独で輸送されることはまれで，とくに化学工業プロセスにおいてはそのうちの２つあるいはすべてが同時に輸送される場合が多く，その取り扱いは複雑である。

②分子運動による輸送

分子運動による輸送では，輸送される物理量はある物理量の空間的な勾配を駆動力とし輸送される。つまり，運動量の場合は速度勾配，熱の場合は温度勾配，物質の場合は濃度勾配が駆動力となる。それぞれの物理量の輸送流束（流速ではない，単位時間・単位面積あたりを通過する物理量；flux）については，その提案者の名前をとって次の３つの法則が一般的に知られている。

運動量流束（Newton の粘性法則）：

$$\tau_{yx} = -\mu \frac{dv_x}{dy} \quad (N/m^2) \text{ または (Pa)}$$

熱流束（Fourier の熱伝導法則）：

$$q = -k \frac{dT}{dy} \quad (J/m^2 \cdot s) \text{ または } (W/m^2)$$

物質流束（Fick の拡散法則）：

$$J = -D \frac{dC}{dy} \quad (mol/m^2 \cdot s)$$

右辺の微分項は駆動力となる勾配を表わし，流束は勾配に比例することを表わしている。その比例定数は，運動量流束では粘度 μ (Pa·s)，熱流束では熱伝導率 k (W/m·K)，物質流束では拡散係数 D (m^2/s) とよばれ，物質に固有の値をとる。

ここで，運動量流束と熱流束の上記の法則において，右辺の勾配をそれぞれ輸送される物理量の勾配として書き直してみると次のようになる。

運動量流束（Newton の粘性法則）：

$$\tau_{yx} = -\mu \frac{dv_x}{dy} = -\frac{\mu}{\rho}\frac{d(\rho v_x)}{dy} = -\nu \frac{d(\rho v_x)}{dy}$$

熱流束（Fourier の熱伝導法則）：

$$q = -k\frac{dT}{dy} = -\frac{k}{\rho C_p}\frac{d(\rho C_p T)}{dy} = -\alpha \frac{d(\rho C_p T)}{dy}$$

ρv_x は x 方向の運動量，$\rho C_p T$（C_p は比熱を表わす）は単位体積あたりの内部エネルギーである。このように，右辺を輸送される物理量としたときの比例定数もそれぞれ名前が定義されている。ν（$=\mu/\rho$）は動粘度とよばれ，その単位は m^2/s となる。一方，熱の場合，α（$=k/\rho C_p$）は熱拡散率または温度伝導率とよばれ，単位は m^2/s となる。これらの比例定数の単位は，物質流束の拡散係数 D の単位とすべて等しくなる。

③流れによる物質と熱の移動：物質移動係数と伝熱係数

多くの場合，物質と熱の移動は流体運動を利用して行なわれる。ここではとくに，異相界面（固-液，気-固，気-液）における流れによる物質と熱の移動について解説する。

図 6.1.9 のように，水に溶解する固体物質について考える。異相界面における流れによる物質移動の速度 Q（mol/s）は，経験的に次のような式で表わすことができる。

$$Q = Ak_L(C_s - C_\infty)$$

ここで，A は固体の表面積（m^2），C_s は固体表面での水中の物質濃度（mol/m^3）であり，飽和濃度と考えてもよい。C_∞ は固体表面から十分に離れた水中の物質濃度（mol/m^3）である。k_L は物質移動係数（mass transfer coefficient）とよばれ，単位は m/s である。

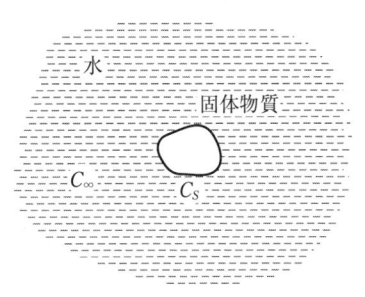

図 6.1.9　固-液界面の物質移動

このような単純な式からでも，固体物質を速く溶解するためには，水中の物質濃度 C_∞ を下げる，溶解度 C_s を上げる，物質を砕いて表面積 A を増大する，などの方法の有効性を定量的に検討できる。また，撹拌操作は物質移動係数 k_L の増大に寄与する。

熱移動についても同様に考えることができ，熱移動の場合は物質移動係数 k_L の代わりに，伝熱係数 h（熱伝達係数，heat transfer coefficient；単位は $W/m^2 \cdot K$）を用いる。

ここで「境膜」という概念を紹介する。工業的なプロセスでは，流体の状態は乱流であることが一般的であるが，乱流の場合，流体本体中では濃度と温度は一様であると考えてよく，界面近くのある範囲で濃度と温度が大きく変化する。そこで，この範囲内で濃度と温度が直線的に変化すると仮定し，この範囲のことを境膜とよんでいる。境膜の厚さ δ を用いると，前述の物質移動速度の式は次のように書き換えられる。

$$Q = Ak_L(C_s - C_\infty) = AD\frac{C_s - C_\infty}{\delta} \tag{15}$$

ただし，$k_L = D/\delta$ である。境膜の厚さ，それを含む物質移動係数と伝熱係数は流れの状態に大きく依存する。乱流状態では，流れの状態と物質移動係数や伝熱係数との関係は理論的に求められず，経験的に求めるしかない。たとえば，円管内の流れ，球や円管のまわりの流れ，平面に垂直に衝突する流れ，槽型反応器内の撹拌によりひき起こされる流れなど，物質移動係数や伝熱係数と流れの状態の関係がすでに過去の実験により得られており，それを利用して物

質や熱の移動を予測することができる。

(3) 無次元数の利用

大量生産に伴う反応器やその他の装置のスケールアップにおいて，あるいは近年，マイクロリアクターとよばれる微小な反応器を用いた物質の創成が注目を浴びているが，そのような微小な装置へのスケールダウンにおいて，ある物理量や物性値の比に基づく無次元数が大きな役割を果たしている。無次元数を一定にするよう物性値や実験条件を変化させることにより，異なるスケールでも同一の状況を再現することができる。

表6.1.4 無次元数

無次元数	記号	内容	物理的意味
フルード数 Froude number	Fr	u^2/gL	慣性力／重力
クヌッセン数 Knudsen number	Kn	λ/L	平均自由行程／細孔半径
ヌッセルト数 Nusselt number	Nu	hL/k	全熱流束／熱伝導流束
ペクレ数 Peclet number	Pe	uL/D uL/α	対流による物質流束／拡散流束 対流による熱流束／熱伝導流束
プラントル数 Prandtl number	Pr	$C_p\mu/k$	運動量輸送と熱輸送のしやすさの比
レイノルズ数 Reynolds number	Re	$\rho uL/\mu$	慣性力／粘性力
シュミット数 Schmidt number	Sc	$\mu/\rho D$	運動量輸送と物質輸送のしやすさの比
シャーウッド数 Sherwood number	Sh	$k_L L/D$	全物質流束／拡散流束
ウェーバー数 Weber number	We	$\rho u^2 L/\sigma$	慣性力／表面張力
グラスホフ数 Grashof number	Gr	$L^3 g\beta\Delta T/\nu^2$	浮力×慣性力／粘性力^2

P：圧力 (Pa)，ρ：密度 (kg/m^3)，u：平均流速 (m/s)，g：重力加速度 (m/s^2)，L：代表長さ (m)，λ：平均自由行程 (m)，h：伝熱係数 (W/m^2·K)，k：熱伝導率 (W/m·K)，D：拡散係数 (m^2/s)，α：熱拡散率 (m^2/s)，C_p：比熱 (J/mol·K)，μ：粘度 (Pa s)，k_L：物質移動係数 (m/s)，σ：表面張力 (N/m)，β：体膨張係数 (1/K)，ΔT：温度差 (K)，ν：動粘度 (m^2/s)。

表6.1.4におもに移動現象でよく利用される無次元数を示した。たとえば、慣性力と粘性力の比に基づく無次元数はレイノルズ数（Reynolds number；Re）とよばれており、流れの状態を規定する無次元数として広く利用されている。円管内流れにおけるレイノルズ数は次の式で定義される。

$$Re = \frac{\rho u d}{\mu} \tag{16}$$

ここで、d は円管の内径、u は流体の平均流速、ρ および μ はそれぞれ流体の密度と粘度である。層流から乱流へと遷移する臨界レイノルズ数は文献によりいくつかの値が報告されているが、円管内流れの場合、おおむね $Re<2000$ では層流、$Re>4000$ では乱流、その間は遷移領域であると考えられている。また、レイノルズ数が同じであれば流れの状態は同じとみなせるため、円管の内径が10倍の装置を用いる場合は、平均流速を10分の1にすることにより同じ流れの状態を再現することができる。

円管内流れに限らず、物体の周囲の流れについても適用され、物体の形状が相似で、かつレイノルズ数が等しい状態を力学的相似とよび、実際の航空機に働く抵抗を模型を使った風洞実験により検討することも可能になる。その他にも、プラントル数（Prandtl number；Pr；$=\nu/\alpha$）、シュミット数（Schmidt number；Sc；$=\nu/D$）は、伝熱における境膜厚さに関するヌッセルト数（Nusselt number；Nu）、物質移動における境膜厚さに関するシャーウッド数（Sherwood number；Sh）などとともに、流れを伴う熱または物質の移動の解析においてよく利用されている。

[参考文献]
1) 橋本健治編，化学工学会監修：『ケミカルエンジニアリング—夢を実現する工学』，培風館（1995）
2) 化学工学会編：『基礎化学工学』，培風館（2004）
3) 橋本健治：『反応工学』，培風館（2005）
4) 化学工学会監修：『試験管からプラントまで』，『反応工学—反応装置から地球まで』，『分離』，『拡散と移動現象』，培風館（1995～1996）
5) 小宮山宏：『速度論』，朝倉書店（2004）
6) 水科篤郎・荻野文丸：『輸送現象』，産業図書（2002）
7) 谷口尚司・八木順一郎：『材料工学のための移動現象論』，東北大学出版会（2003）

8) R. B. Bird, W. E. Stewart, E. N. Lightfoot : Transport Phenomena, John Wiley & Suns (2002)

6.2 ケミカルトナー

6.2.1 電子写真とは

　複写機やパソコンのデータ出力機としてよく知られているレーザープリンタには，電子写真方式のプリント技術が使用されている。このプリント方式では，トナー（toner）とよばれる着色微小粒子を画像定着材料として用いている。以下，トナーにかかわる技術について説明しよう。

　電子写真（electrophotography）の原理は1938年にカールソン（C. F. Carlson）により発明された。その原理は，静電気を利用して画像を形成するものである。実用化のために，1944年からバッテル研究所で，さらに1946年からはハロイド社（のちのゼロックス社）の支援を受けて研究開発が行なわれ，1948年10月22日に米国光学会年会で試作機と技術を発表した。実用化された複写機の第一号は1959年の「Xerox 914」である。それ以降，複写機は欠かせないものとなり，さらにはプリンタで簡便に電子情報を出力できるようになり，近年では複写やプリント出力のみならず，印刷分野や出版分野にも活用されてきている。

6.2.2 電子写真のプロセスとトナー

　電子写真は一般に図 6.2.1 に示すプロセスで画像を形成する。各工程の役割は次のとおりである。

①帯電工程

　光半導体である感光体上にコロナ放電などにより均一に帯電を与える。感光体は光照射にて電荷を発生し，感光体表面に存在する電荷を打ち消す機能を有している。

②露光工程

　帯電工程で均一に帯電された感光体表面に画像に対応した光を照射し，感光体上に電気的画像を形成する工程である。

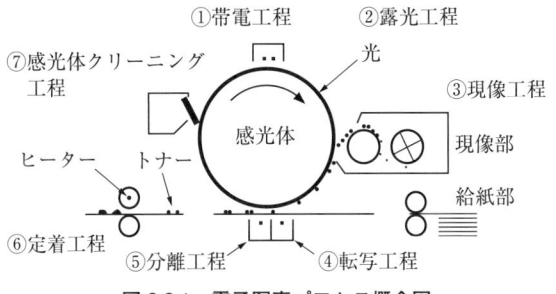

図 6.2.1 電子写真プロセス概念図

③現像工程
　露光工程で形成された感光体表面の電気的画像の可視化を行なう工程である。電気的画像に対応してトナーを付着させ，目に見える画像にする。
④転写工程
　感光体上に形成されたトナーの画像を紙などの画像を支持する媒体に転写する工程である。静電気的に引きつける方式と押しつけて転写する方式とがある。
⑤分離工程
　紙などの画像を支持する媒体を分離する工程である。
⑥定着工程
　紙などの媒体上に形成されたトナー像を紙などの媒体の上に固定化する工程である。トナーを熱でやわらかくしたり，圧力で変形させたりすることで，紙などの媒体に固定化する。一般的には加熱して溶融させ，定着する方式が使用されている。
⑦クリーニング工程
　感光体の上に残留するトナーを除去し，次の画像形成に備える工程である。ブレードやブラシのようなもので感光体の表面を清掃する。

　トナーは着色粒子を主成分とする画像形成材料であり，上記の③現像工程以降で電子写真プロセスにかかわってくる。トナーに要求される機能には，帯電，着色，定着の3つがある。この機能を満足するため，トナーは**表 6.2.1** に示すような成分で構成されている。ここで，荷電制御剤は帯電の機能を与えるため

6.2　ケミカルトナー

表 6.2.1　トナーを構成する成分

構成材料		機能			材料種（例）	比率（重量%）
		帯電	着色	定着		
樹脂		△	×	○	スチレンアクリル樹脂 ポリエステル樹脂 エポキシ樹脂	84%
着色剤	黒用	△	○	×	カーボンブラック 磁性粉	8%
	カラー用	△	○	×	有機染料／有機顔料	
荷電制御剤		○	△	×	アゾ系金属錯体 サリチル酸金属錯体 四級アンモニウム塩	1%
離型剤		△	×	○	ポリプロピレンワックス ポリエチレンワックス エステルワックス	5%
外部添加剤	流動化剤	○	×	×	疎水性シリカ 疎水性チタニア	1%
	研磨剤	△	×	×	疎水性シリカ 疎水性チタニア チタン酸ストロンチウム	1%
	滑剤	△	×	×	ステアリン酸亜鉛	0.1%

○：主たる機能，△：影響する機能，×：影響しない機能．

の素材である．なお，帯電には主成分である樹脂も大きな影響を与える．着色剤として，黒用にはカーボンブラックが，カラー用には三原色を構成するイエロー，マゼンタ，シアンのそれぞれの有機顔料などが使用される．

　トナーを紙の上に定着するとき，一般的には加熱することにより行なう．そこで，スチレンアクリル樹脂やポリエステル樹脂，エポキシ樹脂のような熱可塑性樹脂をトナーのおもな素材として用いる．さらに，熱で定着する際，通常はローラー間に紙を通す．このときローラーにトナーが付着しないように，離型剤としての機能をもつワックスをトナーに添加しておく．トナーは平均粒径 $5〜10\mu m$ の大きさの粒子であり，それぞれの粒子の表面には外部添加剤として疎水性シリカのような数十 nm の極微粒子が付着している．

6.2.3 トナーの製造方法

トナーを製造する方法には大きく分けて2つある。それらについて以下で説明する。

(1) 粉砕方式

粉砕法トナーの製造方法の概念図を図 6.2.2 に示す。樹脂と着色剤などを混合し，加熱しながら混練装置で熔融混練し，着色樹脂の板をつくり，次いで，この樹脂板を細かく粉砕し，必要な大きさのものだけを分級して取り出す。有用な混練装置としては二軸押し出し機がある。この方法では，樹脂と着色剤などとを混練するときおよび粉砕するときに大きなエネルギーが必要であり，生産性の悪さが課題である。さらに，粉砕時に粒子の大きさがそろわず，粒子径分布が広くなる問題がある。また，粉砕時に形状が均一にならず，種々の形状のものが形成されるという問題もある。

このように，粒子径の分布が広くなって形状がそろっていないときは，摩擦帯電の際に帯電が粒子間で均一なものとならず，帯電量分布が広くなってしまう。その結果，現像が不均一になったり転写が不均一になったりするため，画質が低下するという問題をかかえていた。

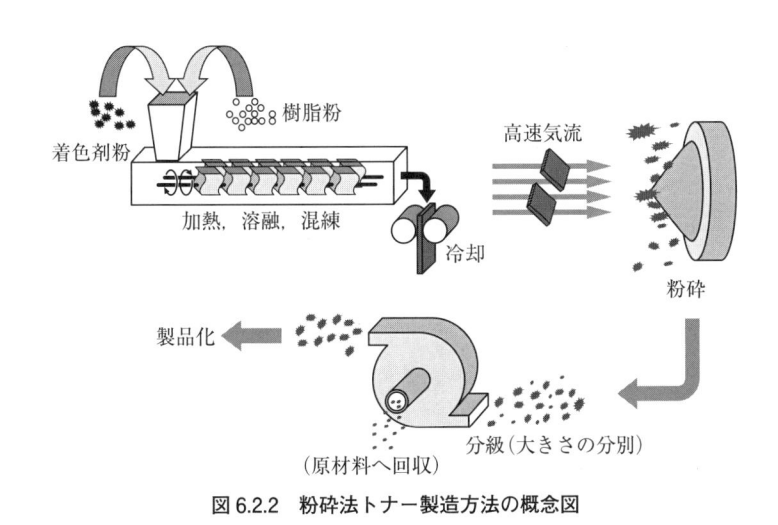

図 6.2.2 粉砕法トナー製造方法の概念図

(2) 化学方式

1978年，懸濁重合法（suspension polymerization）でトナーを製造する技術が提案された（ゼロックス，特開昭53-17735）。着色剤をあらかじめ含有させたモノマーを高速せん断力で，トナーとしての適当な大きさになるまで粒子径が小さくなるように水性媒体中に分散し（モノマー懸濁液），次いでモノマーを重合反応させてトナー粒子を調製するという技術である。この製造方法では，1段階でトナーを形成することができ，さらに粒子の形状が真球状になる利点を有している。製品として最初に上市されたのは1993年であった（日本ゼオン）。

懸濁重合法トナーの製品の電子顕微鏡写真を図6.2.3に示す。懸濁重合法トナーはA社のもののように一般に真球状になる。ただし，この真球状のトナーの場合，感光体に対する付着力が大きくなってしまうため，感光体をクリーニングしにくいという欠点があるので，B社のように製造段階でズリ応力を付与して形状を真球状から若干不定形化させることもなされている。

しかし，この製造方法は基本的にはまだ従来の粉砕法トナーの概念から脱しきれず，着色されたモノマーの塊を砕いてトナー化する。このため，粒子径の分布は広く形状も不均一になる。その結果，帯電量の分布などが広く高品質の画像を形成することができず，また収率も低いという問題があった。

一方，1990年代の半ばから，化学方式のなかで大きく概念の異なる製造方法の提案がなされた。これがいわゆる，乳化重合会合法（emulsion polymerization and coagulation method）トナーとよばれる新規な概念を用いた製造方

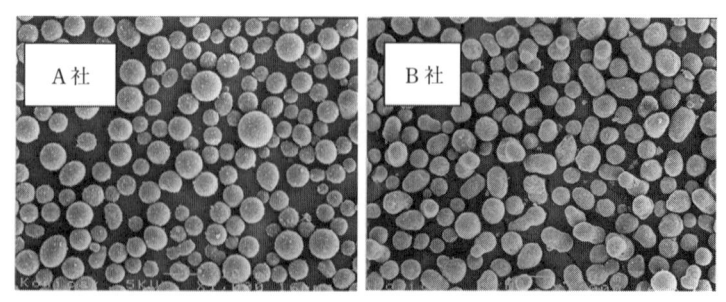

図6.2.3　懸濁重合法トナーの走査型電子顕微鏡写真

法である．

6.2.4　乳化重合会合法トナー

　従来の粉砕法トナーや懸濁重合法トナーでは，砕く際に粒子径分布がどうしても広がってしまう．表面の電荷密度が粒子によらず一定であれば，現像電荷の吸引力は粒子径に比例して小さくなっていく．粒子径がそろっていない場合，現像電界に対する移動力や感光体に対する付着力に粒子間でのばらつきが大きく，現像不足や転写不足などの問題が発生する．このために，粉砕法トナーでは分級（particle size separation）という工程を付加し，必要な大きさのトナーのみを選択的に取り出している．その結果，直行収率が60～70％程度と低い．懸濁重合法でも同様であり，分級工程が必要となっている．粒子径分布の広がりを抑える方法のひとつとして，懸濁重合法の派生技術であるシード重合法（seed polymerization）も提案されてきた．しかし，この方法で粒子を成長させるとき時間がかかり効率が悪く，真球の粒子しか形成できないという欠点があった．

　これらの欠点を解消する技術として乳化重合会合法が検討された．この方法は，樹脂粒子と着色剤粒子などを水系媒体中で凝集させ，形状を制御しながら粒子を成長させることを基本とするものである．分級工程を必要としないので，図6.2.4に見られるように期待どおり粒子径分布の広がりは抑えられた．

(1)　乳化重合会合法トナーに必要な基本技術

　乳化重合会合法トナーに必要な技術は，①乳化重合法で樹脂粒子を調製する技術，②材料を水中に分散する技術，③会合（凝集／融着）させる技術，④粒子の分離／乾燥技術，の4種に大きく分けることができる．ここでは，乳化重合法および会合（凝集／融着）技術についてくわしく説明する．

①乳化重合

　乳化重合（emulsion polymerization）とは，疎水性モノマーを水中に乳化重合して樹脂微粒子分散液をつくる方法である．一般的にサブミクロンの樹脂粒子を得ることができる．乳化重合の反応系は，疎水性モノマー，水，界面活性剤から構成され，水中に重合開始剤が添加され，乳化重合が開始される．この概念図を図6.2.5に示す．

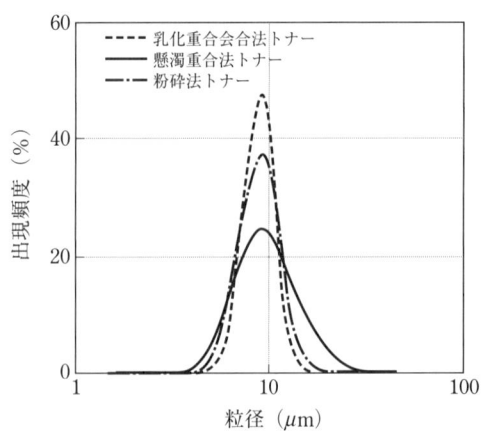

図 6.2.4　乳化重合会合法トナーと懸濁重合法トナーおよび粉砕法トナーの粒径分布の比較

モノマー油滴が界面活性剤により水中に乳化され，ミセル（直径が 5～10 nm 程度の粒子）を形成する。このモノマーが乳化された水中に，重合開始剤たとえば過硫酸カリウムや過硫酸アンモニウムのような水溶性ラジカル重合開

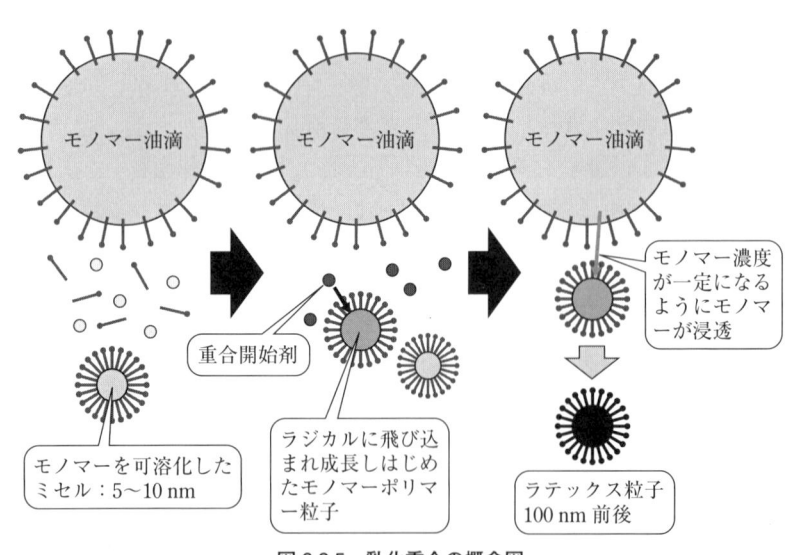

図 6.2.5　乳化重合の概念図

始剤を加えて加熱する。

　この過程で水中に形成されたラジカルがミセル内に移行し，ミセル内で重合反応が開始される。ミセル内のモノマーが消費されるに従い，ミセル内と水相とモノマー油滴とのあいだでモノマー濃度の平衡を維持するように，モノマーが油滴からミセル内に補給される。モノマーの補給を受けてミセルは成長し，直径が100〜200 nm程度の樹脂粒子にまで成長していく。モノマーの補給がなくなった時点で重合反応は減速し，モノマーを消費した段階で乳化重合は終了する。

　この乳化重合の段階で，トナーの定着性を決定づける樹脂の分子量が決まる。トナーは定着するために，ある温度で軟化しなくてはならない。

　一方，定着時に加熱するためのローラーに軟化した段階で付着しにくいよう，弾性率を高くしなくてはならない。その両方のバランスをとる必要がある。図6.2.6は，望ましい粘弾性特性を表わし，モノマーの組成や分子量で調整する。

②会合（凝集／融着）

　乳化重合会合法トナーは，樹脂粒子と着色剤粒子を使用し凝集させていく製造方法である。これら2種の粒子を凝集させるには，水系媒体中でこの2種の粒子が安定に存在できることが必要である。安定に存在している粒子のあいだには電気的反発力が十分に作用している。この電気的反発力を低下させると粒子間での凝集が始まる。たとえば，コロイド粒子に無機塩を加えると凝集する

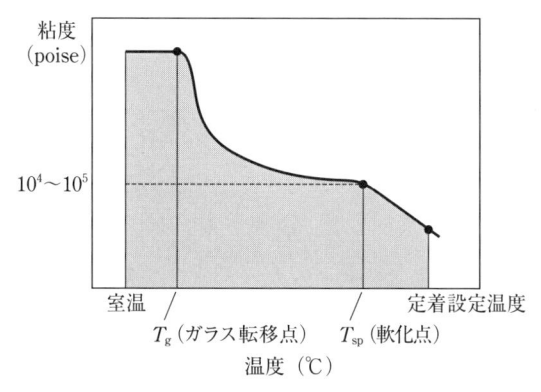

図6.2.6　トナーの樹脂設計概念図

ことが古くから知られており，Schultz-Hardy の法則としてまとめられている。この法則によると，コロイドに対して無機塩を添加していくと，ある添加量以上で凝集が発生する。これを「臨界凝集濃度」という。この凝集をひき起こす濃度以上に無機塩を添加すれば，粒子の凝集と成長が起こる。

　また，イオン価数との関係があり，1価，2価，3価のそれぞれの臨界凝集濃度における最低イオン対濃度を C_1, C_2, C_3 とすると，最低濃度の逆数で $1/C_1 : 1/C_2 : 1/C_3 = 100 : 1.6 : 0.13$ になることが知られている。このことは対イオン価の6乗に反比例し，イオン価数の大きい無機塩ほど少量の添加で凝集が起こることを意味する。したがって，イオン濃度を低下させることにより凝集の発生を抑制し，粒子成長をコントロールすることができる。この方法を緩慢凝集法（slow coagulation method）とよぶ。

　また，粒子間の吸引力を利用して凝集させることも可能である。たとえば，樹脂粒子をアニオン性界面活性剤で分散させ，着色剤をカチオン性界面活性剤で分散させる。この両者の分散液を混合すると，プラスとマイナスのイオンが吸引しあい，粒子の凝集が発生する。この方法を急凝集法（rapid coagulation method）とよぶ。

　図 6.2.7 に，乳化重合会合法トナーの製造模式図を示す。着色剤を界面活性剤で分散させ，分散液を調製する。別途，樹脂粒子を乳化重合法で調製する。この両者を混合し，粒子間の吸引力を利用して凝集させる。その後，加熱することで，樹脂粒子を融着させるとともに粒子の形状を制御していく。粒子成長および形状を制御したあとに，濾過，乾燥してトナーを製造する方法である。

(2) 乳化重合会合法の工程

①粒子分散液調製工程

　凝集させる粒子，たとえば樹脂粒子，着色剤粒子，およびワックス粒子などのトナーに必要な材料の分散液を調製する工程である。

- 樹脂粒子分散液は，スチレン，n-ブチルアクリレート，アクリル酸などのモノマーを使用し，過硫酸カリウムのような水溶性ラジカル重合開始剤により乳化重合させる。樹脂粒子の粒子径は，数平均一次粒子径で約 100〜200 nm 程度である。
- 着色剤粒子分散液は，着色剤を界面活性剤の存在下，高速せん断の付与に

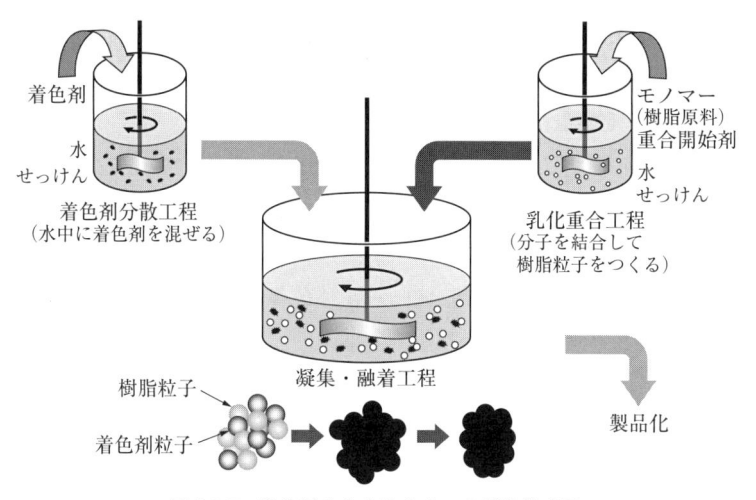

図6.2.7　乳化重合会合法トナーの製造模式図

て分散させて調製する。粒子径は，数平均一次粒子径で約100〜200 nm程度である。
・ワックス粒子分散液は，着色剤と同様に界面活性剤の存在下，同様に高速せん断により分散させて調製する。粒子径は，数平均一次粒子径で約100〜200 nm程度である。

②凝集工程

　第一の工程で調製した各種分散液を凝集する工程である。急凝集の場合，たとえば樹脂粒子分散液をアニオン性界面活性剤を利用した乳化重合法で調製し，着色剤粒子分散液およびワックス粒子分散液をそれぞれカチオン性界面活性剤を用いた分散で調製する。一方，緩慢凝集法では，たとえば樹脂粒子分散液，着色剤粒子分散液およびワックス粒子分散液のいずれもアニオン性界面活性剤を用いて分散させ，次いで多価の金属塩（たとえば塩化マグネシウム）を臨界凝集濃度以上になるように添加する。その後，粒子成長を停止させる場合は，この多価金属塩のイオン濃度を臨界凝集濃度以下に下げればよい。このために，塩化ナトリウムや水を多量に添加すればよい。

③粒子融着工程

　凝集させた粒子どうしを融着させ，所望の形状に制御する工程である。樹脂

粒子を構成する樹脂のガラス転移温度以上に加熱することで，粒子形状を種々に制御することができる．

④ろ過／洗浄／乾燥工程

最終的にトナー粒子とするために水系媒体から粒子を分離する．ろ過については遠心分離器やフィルタープレスが利用される．粒子の洗浄は界面活性剤を除去することが主眼になるため，温水を利用する洗浄が有効である．乾燥工程では，高速気流乾燥，減圧乾燥，流動層乾燥などの方法を利用する．

(3) スケールアップ

ここでは乳化重合会合法トナーを製造するためにスケールアップを行なう際に必要とされる技術のうち，撹拌と乾燥に焦点をしぼって説明する．

①撹拌プロセス

この工程では，撹拌槽内の流体を撹拌翼で流動させ混合する．撹拌の目的としては，均一な混合，均一な分散，安定した物質移動，均一な反応，速い伝熱が挙げられる．一般的には，これらの目的の複数を同時に行なうことが求められる．

乳化重合会合法トナーでは，乳化重合における反応制御（温度とモノマー供給），凝集および融着段階での凝集粒子の破砕や過度な粒子間合一の防止が必要である．このために，装置内の物質の濃度や温度分布の均一化，撹拌に基づくせん断力による油滴の分裂，粒子の凝集による粒径変化の制御も重要な役割のひとつである．また，生成した粒子が反応装置の底部に沈積するのを防ぐことも必要である．目的の粒子を得るためには，撹拌翼の形状，サイズ，翼数，撹拌位置，液深を最適化することが必要となる．

流体の粘度によって流動状態が異なる．高粘度流体では層流状態，一方，低粘度流体では乱流状態が主である．撹拌槽において流動状態はレイノルズ数 Re によって判別することができる．一般に $Re<50$ では層流状態，$Re>1000$ では乱流状態，その間は遷移状態にあると判断される．図 6.2.8 に，レイノルズ数と流動状態の関係を示す．

Re が小さい条件下では撹拌翼のまわりの流体のみが流動し，離れた位置の流体には流動が及ばない．徐々に Re を大きくする条件に移行すると流動が槽全体に広がり，上下循環流が発生する．過渡状態では撹拌翼の周囲は乱流状態

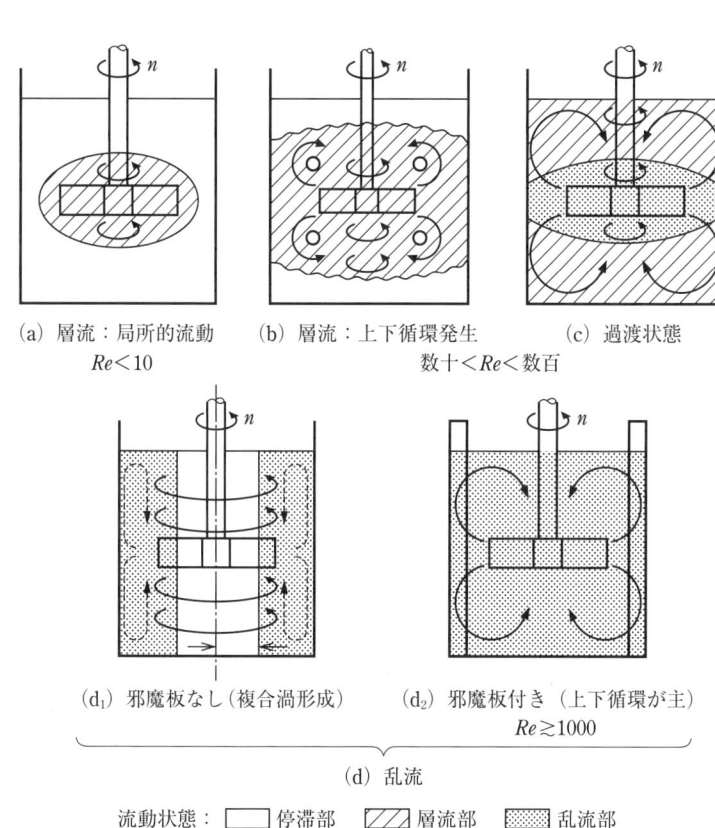

(a) 層流：局所的流動　　(b) 層流：上下循環発生　　(c) 過渡状態
　　$Re<10$　　　　　　　　数十$<Re<$数百

(d₁) 邪魔板なし（複合渦形成）　　(d₂) 邪魔板付き（上下循環が主）
　　　　　　　　　　　　$Re\gtrsim 1000$
　　　　　　　　　　　　(d) 乱流

流動状態：☐ 停滞部　▨ 層流部　▨ 乱流部

図6.2.8　レイノルズ数と流動状態の関係模式図

になるが，離れた位置ではまだ層流状態のままとなる。これらの流動状態では混合はよくない。

さらにReが大きくなる条件下に移行すると乱流状態になるが，邪魔板がない場合には液の自由表面にくぼみが生じ，渦流れが形成される。この状態でも混合は良好ではないので，槽内の数カ所に邪魔板を挿入する。こうすることにより渦流れが消滅し，撹拌翼を中心として上下に二分した循環流が発生する。このとき，循環流は槽全体に及び，良好な撹拌状態となる。

②乾燥プロセス

　トナー粒子は熱で定着できるように，熱可塑性の材料から構成されている。

このため，水洗浄後の高含水率の状態から水分を除去するためには，粒子の熱による凝集をひき起こさない乾燥方法と乾燥装置を選択する必要がある。乾燥工程での熱の輸送形態には，対流，伝導，放射の3種類があり，それぞれの輸送形態に対応して，①高温の流体を直接材料と接触させる熱風乾燥（対流乾燥），②加熱された高温の壁や棚，撹拌翼などの物体を材料と接触させて間接的に加熱する伝導乾燥，③赤外線などを材料に照射して加熱する輻射乾燥，に大別される。

トナー粒子は熱可塑性であり，絶縁性かつ帯電しやすいので粒子間の凝集性が高く，乾燥後に強固な凝集体を形成することが多い。凝集を抑えるため，事前の脱水操作を十分に行なったうえで，粒子を分散させながら乾燥させなければならない。

次に挙げる2点は，乳化重合会合法トナーに特有な乾燥における要求項目である。

・トナーは軟化点が低いほど定着時の温度を下げることができて省エネルギーとして有用であるが，ガラス転移温度も低くなり，低温で融着を起こしやすくなる。通常，ガラス転移温度は50〜60℃程度になるように設計してあるが，乾燥時に融着をひき起こさないためには，それ以下の温度で乾燥を行なう必要がある。

・含水率はトナーの抵抗に大きく影響を与える。一般的に含水率を0.3%（湿り基準）以下まで下げないと，水分の影響によって帯電量低下（帯電リーク）が発生するため，現像性が低下してしまう。そのため，それ以下の低含水率まで乾燥しなければならない。

以上のように，トナーの乾燥には非常に高い要求が課せられており，実際には図6.2.9に示す3種の乾燥装置が用いられている。

a) 流動層乾燥器

粒子層に下方から気流を送り，粒子層の重量よりも大きい抵抗力を与えて粒子層を浮遊させ，流動化するための装置であり，伝熱装置や反応装置として多く利用されている。気流を与えて浮遊させることにより粒子の分散性がよく，凝集性が抑えられ，一般的にトナーの乾燥装置として広く使用されている。

b) 旋回流型気流乾燥器

```
    流動層乾燥器              旋回流型気流乾燥器              環状型気流乾燥器
```

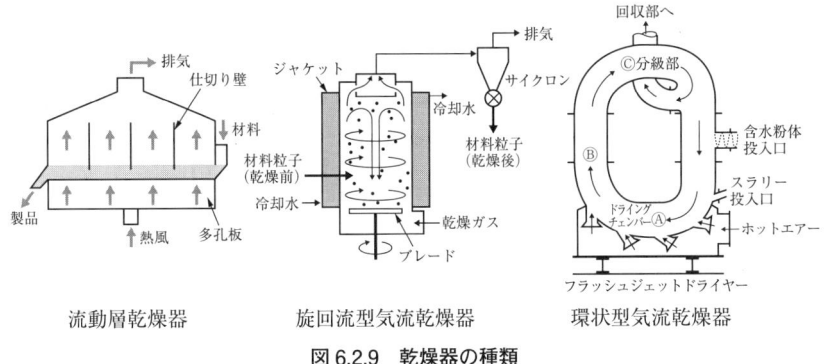

図 6.2.9 乾燥器の種類

　高温の気流中にトナー粒子を投入し，気流中で分散浮遊させ，出口まで輸送される間に急速乾燥させる装置である。粒子の分散性を上げるために，装置の下部に設置された回転ブレードにより旋回流を発生させる。乾燥された粒子はサイクロンやバグフィルターなどで回収される。乾燥が不十分な粒子は比重が大きいので，中心部を下方に移動して再び旋回流に戻る。また，壁面で乾燥した粒子の融着を防ぐために，装置外側に取り付けられたジャケットで冷却を行なう。

c）環状型気流乾燥器

　この乾燥器の本体は環状のパイプからなる。この中に高温の気流を高速で流入させて，気流中にトナー粒子を浮遊分散させて乾燥する。特徴は高温の気体が高速で装置内に吐き出されることであり，短時間で乾燥させることができる。乾燥した粒子は環状管内側の管から気流とともに排出される。

(3) 乳化重合会合法トナーの調製例

　乳化重合会合法でトナーを製造するときは，以上で述べたさまざまな技術を取り入れて，複雑な工程を経て行なう。特許出願の明細書（公開特許2007-148461）に記載されている実施例に基づいて，具体的な調製例を以下に紹介する。

　撹拌装置，温度センサー，冷却管，窒素導入装置をつけた5リットルのセパラブルフラスコに，あらかじめアニオン系界面活性剤（ドデシルベンゼンスルホン酸ナトリウム；SDS）7.08 gをイオン交換水（2760 g）に溶解させた溶液

を添加する。窒素気流下 230 rpm の撹拌速度で撹拌しつつ，内温を 80℃ に昇温させる。一方で，ペンタエリスリトールテトラベヘン酸エステル 72.0 g をスチレン 115.1 g，n-ブチルアクリレート 42.1 g，メタクリル酸 10.9 g からなるモノマーに加え，80℃ に加温して溶解させ，モノマー溶液を作製する。界面活性剤溶液にモノマー溶液を添加し，循環経路を有する機械式高速撹拌分散機（クレアミックス）を使用し，80℃ に加温した状態で高速撹拌混合にてモノマー溶液を界面活性剤溶液中に混合分散させ，均一な分散粒子径を有する乳化粒子を作製する。

次いで，重合開始剤（過硫酸カリウム；KPS）0.90 g をイオン交換水 200 g に溶解させた溶液をゆっくり添加し，80℃ にて 3 時間加熱・撹拌することでモノマーを乳化重合反応させて，ラテックス粒子分散液を作製する。ひき続いて，さらに重合開始剤（KPS）8.00 g をイオン交換水 240 ml に溶解させた溶液を添加し，15 分後，80℃ でスチレン 383.6 g，n-ブチルアクリレート 140.0 g，メタクリル酸 36.4 g，t-ドデシルメルカプタン 13.7 g の混合液を 120 分かけて滴下する。滴下終了後 60 分間，加熱撹拌したのち 40℃ まで冷却し，樹脂粒子分散液を得る。

別途，n-ドデシル硫酸ナトリウム 10 g をイオン交換水 160 ml に撹拌溶解させた界面活性剤溶液に，撹拌しながら C.I. Pigment Red 48:3 = 20 g を徐々に加える。クレアミックスを用いて，電気泳動光散乱光度計による測定で 120 nm の重量平均粒子径になるように分散し，着色剤分散液を調製する。

前述の樹脂粒子分散液 1250 g，イオン交換水 2000 ml，着色剤分散液を，温度センサー，冷却管，窒素導入装置，撹拌装置をつけた 5 リットルの四つ口フラスコに入れて撹拌する。30℃ に設定したのち，この溶液に 5 mol/L の水酸化ナトリウム水溶液を加え，pH を 10.0 に調整する。次いで，塩化マグネシウム 6 水和物 52.6 g をイオン交換水 72 ml に溶解した水溶液を撹拌下，30℃ にて 5 分間で添加する。その後，1 分間放置したあとに昇温を開始し，液温度 90℃ まで 6 分で昇温する（昇温速度：10℃/分）。

その状態で粒径をコールターカウンター TA-II にて測定し，体積平均粒径が 6.5 μm になった時点で塩化ナトリウム 115 g をイオン交換水 700 ml に溶解した水溶液を添加し粒子成長を停止させ，さらに継続して液温度 90℃ ±2℃ に

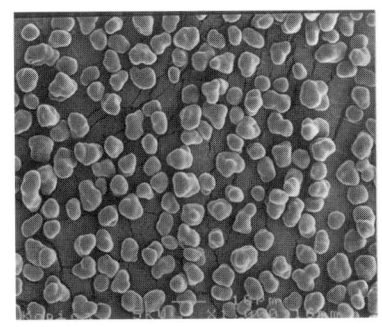

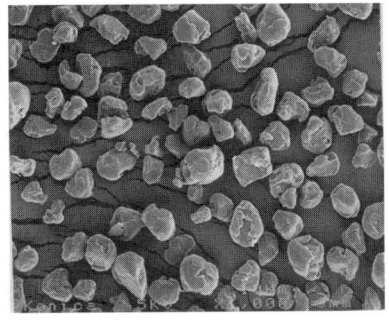

乳化重合会合法トナー　　　　　　　粉砕法トナー
図 6.2.10　乳化重合会合法トナーと粉砕法トナーの形状比較

て6時間加熱撹拌し，塩析／融着させる．その後，6℃/分の条件で30℃まで冷却し，塩酸を添加し，pHを2.0に調整して撹拌を停止する．生成した着色粒子を濾過し，イオン交換水でくり返し洗浄し，その後，40℃の温風で乾燥し，着色粒子を得る．

　この着色粒子に，疎水性シリカ（数平均一次粒子径12 nm，疎水化度68）を1質量％および疎水性酸化チタン（数平均一次粒子径20 nm，疎水化度63）を添加し，ヘンシェルミキサーにより混合してトナーとする．

　この方法で得られた乳化重合会合法トナーの形状を図6.2.10に示す．ここでは比較のため，粉砕法トナーの写真も併記した．この図から比較できるように，乳化重合会合法トナーは粉砕法トナーに比較して形状や粒子径がそろっていることがわかる．

6.2.5　ケミカルトナーの電子写真特性

　ケミカルトナーの電子写真特性上の特長点をまとめると，下記の2点にしぼることができる．

- 粒子の表面組成が均一で，平滑な表面を有するトナーを得ることができる
- 従来の粉砕法トナーに比較して，微粉が存在せず，粒子径分布のせまいトナーを得ることができる

これらのことは，プリントした画像の品質に優位点として直接反映する．図

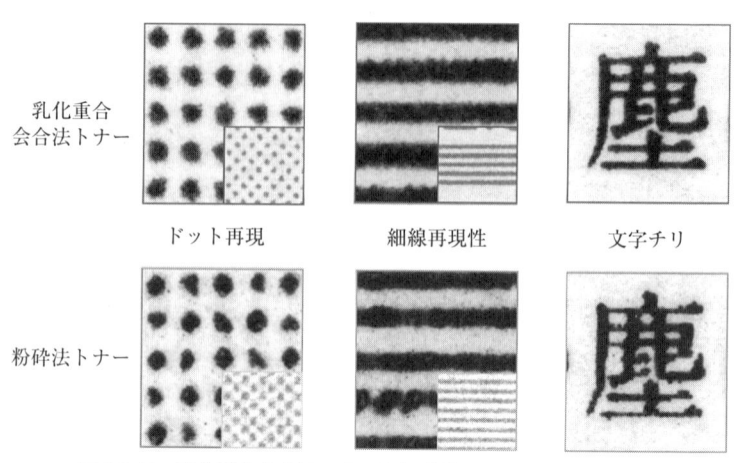

図 6.2.11　乳化重合会合法トナーと粉砕法とトナーの画質の比較

6.2.11 に，乳化重合会合法トナーと粉砕法トナーを用いたときのプリント画像について，ドット再現性，細線再現性，文字周囲のトナーの飛び散り状態の比較を示す．いずれについても乳化重合会合法トナーのほうがすぐれており，高品質の画像が形成されている．

環境に対する影響をみるために，乳化重合会合法トナーと粉砕法トナーの製

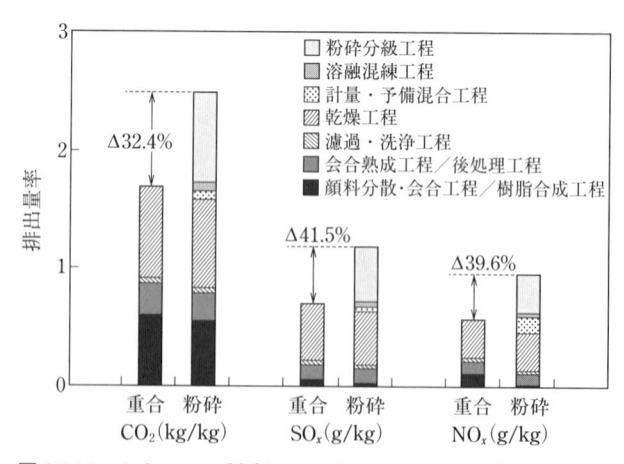

図 6.2.12　トナー 1 kg 製造における $CO_2/SO_x/NO_x$ 排出量の比較

造時におけるライフサイクルアセスメント（LCA）による比較を行なった。その結果を図 6.2.12 に示す。粉砕法トナーと乳化重合会合法トナーとでは大きく製造時のエネルギーに違いが見られる。これは，粉砕法で必須の粉砕工程と分級工程が乳化重合会合法トナーでは不要であるため，この製造工程のエネルギーぶん，削減ができているためである。その結果，炭酸ガス換算で約 2/3 までエネルギーを削減できる製造方法となっている。

[参考文献]
1) C. F. Carlson : USP-2,297,691
2) 岸本琢治：懸濁重合法カプセルトナー，日本画像学会誌，**43**（1），33-39（2004）
3) 田中眞人：懸濁重合技術，日本画像学会誌，**44**（5），375-380（2005）
4) 内山正喜：懸濁重合法トナーの技術動向，日本画像学会誌，**46**（4），255-260（2007）
5) 神山幹夫：乳化会合型重合トナー コニカミノルタデジタルトナー，日本画像学会誌，**43**（1），40-47（2004）
6) 清野英子：EA-HG トナーの技術開発，日本画像学会誌，**46**（4），261-265（2007）
7) 山之内貴生：コニカミノルタ乳化重合凝集法デジタルトナー HD の開発，日本画像学会誌，**46**（4），266-270（2007）
8) 川口春馬：乳化重合，日本画像学会誌，**44**（5），369-374（2005）
9) 中村正秋ら：重合トナーの乾燥技術，日本画像学会誌，**44**（5），381-387（2005）

第7章

工業化学の発展と生活の向上

7.1 工業化学発展の道程

7.1.1 化学工業の興り

　化学は，自然科学を対象とする代表的な学問のひとつとして体系づけられている。分子，原子，原子核および電子と，物質の成立ちまで踏み込み，その物質の本質を解析的に明らかにする。さらに化学は，物質の反応活性を利用して新たな物質をつくり出すことを可能にする。今日まで積み重ねられてきた研究の成果として，たとえば医薬品やプラスチック製品など日常生活を支えるほとんどのものを，私たちは化学的手法で手に入れることができるようになった。

　よく知られているように，わが国の近代化学工業はヨーロッパからの技術導入によって始まった。ヨーロッパでは，のちに大航海時代とよばれるようになった時期が15世紀から17世紀にかけてあり，海外から多くの物資が船で本国に送られてきた。人々が目を国内から国外まで広く向けるようになったとき，考え方も大きく変化したであろうと思われる。当時の社会情勢の影響を受けて，英国では18世紀から19世紀にかけて機械化を中心とする工業の革新いわゆる産業革命が起こった。さらに，19世紀の後半になると，ドイツ，フランス，米国も交えて，化学，電気，鉄鋼，石油の分野で著しい技術革新が進んだ。

　近代的な化学工業は，おもに私たちの衣・食・住を豊かにするというニーズから発展してきたということができる。衣料素材の代表である木綿を効果的に漂白するためには，塩素や酸，アルカリなどが必要とされる。また，大量に生産されるようになった衣料品を洗濯するためには，石鹸が必要になった。このように，生活に密着したニーズのもとで化学工業の芽が伸びはじめた。

炭酸ナトリウムは，石鹸やガラスを製造するときに大量に必要とされる。アーネスト・ソルベー（Ernest Solvay，ベルギーの化学者）は，アンモニアを用いることにより，石灰石，食塩，水から炭酸ナトリウムを工業的に合成することに成功した（1861年）。ソルベー法またはアンモニアソーダ法とよばれる合成方法であり，近代化学工業の走りとされる代表的な事例のひとつである。

　今日，草木染とよばれる手法で布を染めることは観光地などで行なわれているが，かつてはこのようにして天然素材の色を用いることで繊維を染める以外に方法はなかった。したがって，人手と時間がかかり，大量の衣料品を効率よく，しかもカラフルに染め上げることができないという状態が続いていた。ところが，19世紀半ば過ぎに石炭を原料とする化学工業が発展して，状況は一変した。ウィリアム・パーキン（William Henry Perkin，英国の化学者）は，1856年にアニリン系の化合物から紫色の染料を偶然に合成した。彼はメチルアニリン（トルイジン）を原料として染料を合成する方法で特許を取得して起業し，さらに多くのアニリン系染料の合成法を確立して繊維の染色産業に貢献した。有機合成化学工業の始まりということができる。

　硫酸，塩酸，硝酸，リン酸，水酸化ナトリウム，塩素，アンモニアなどの合成方法については，化学を本格的に学びはじめたころの初等的教科書や理工系雑誌などに記載され，今日では基本的なこととして知られている。これらの化合物は，新しい工業を興すことにつながり，化学肥料の合成を可能にして食糧生産の増加を呼び起こし，人々の暮らし向きを向上させた。さらに，有機材料を中心とする化学工業は，19世紀からいわゆる石炭化学に足場を置いて本格化した。そして20世紀に入ってから，まず米国，次いで中東において石油採掘が工業的規模で行なわれるようになったことから，石炭化学に代わって石油化学が台頭し，化学合成の原材料が石油へと移行した。とくに，石油化学の隆盛においては触媒が重要な役割を演じたが，触媒をとりまく学問体系は，今日の「触媒化学」というひとつの学問領域を構成するほどに育っている。

　私たちが書物などで学ぶ基礎化学や工業化学の内容の大部分，とくに種々の材料の研究開発と製造に関することは，産業革命のころから発展してきた化学工業に端を発しているといえよう。

7.1.2　今日の身近な化学工業製品

　本書では前章までにおいて，エネルギー・環境と化学〔電池〕，生活と化学〔繊維，化粧品〕，情報と化学〔有機 EL，プリンタ材料，メモリ材料〕，医療（バイオ）と化学〔生物科学，遺伝子，医用材料〕，化学工学の活用〔プリンタ用ケミカルトナー〕などについて説明してきたが，化学をベースにした研究開発による成果物はこのほかにも膨大な数があり，挙げきれるものではない。生活の向上を求める私たちの要望には限界がなく，それに対応して科学技術は挑戦を続けている。

　今日，ソフトウェアがリードする IT 産業は全盛状態にあるが，その技術基盤としてハードウェアを挙げる必要がある。電子回路を構成する各種の部材は，半導体であれ金属であれ，すべて化学的な処理なしでつくることはできない。また，電子回路の基板にはしばしば耐熱性のポリマーが使われる。たとえば，身近にあるパソコンや携帯電話のディスプレイを見てみよう。これらの機器では多くの場合，ディスプレイに液晶のパネルが使われている。カラー表示にするために，レッド，グリーン，ブルーのカラーフィルターが必要であるが，ここには有機系の色素が用いられている。偏光フィルムには石油由来のポリマーが用いられている。偏光性のフィルムは，たとえばポリビニルアルコールのフィルム上にヨウ素を塗布し，そのフィルムを 2〜3 倍程度，一方向に延伸することによりつくることができる。実用的な系では，三酢酸セルロース（TAC）フィルムで上記の偏光フィルムを両面からはさんで強度を得ている。ディスプレイ部分が化学的な研究開発の成果物の集積体からなっていることがわかるであろう。

　金属のかたまりのように見える自動車にしても，車体構成部材のエンジニアリングプラスチック材料から始まって，窓の強化ガラス，ワイパー，脱臭剤，椅子のカバー，タイヤのゴムと，化学工業製品にあふれている。現代の社会では，便利なものにはほとんどのような場合でも化学工業製品が満載されているということができる。

7.1.3　産業の盛衰と化学工業

　私たちのニーズを満たす技術手段がひとつだけであるとは限らない。むしろ

複数の手段があることが普通である。たとえば，コンピュータのデータを保存したいというニーズに対して複数のメモリ材料がある。磁性材料からなる磁気メモリ，ここに光を組み合わせた光磁気メモリ，光学的に反射率に変化を起こす光メモリ，そして半導体メモリ材料からなるフラッシュメモリである。これらはある時期，メモリ事業の主役の座を占め，また，あるときは脇役に転じながら併用されてきている。

　技術は永遠に継続するものではない。例として，写真化学の技術を挙げることができる。写真化学の体系は，ハロゲン化銀写真感光材料（銀塩写真）に関するものであって，20世紀に全盛を極めていた。しかし，デジタルカメラが登場した20世紀末期からはその技術の必要性が減じ，今日では写真化学という言葉さえもほとんど消えかかっている。どんなにすぐれた技術で体系化されていたとしても，ニーズがなくなればその技術は消えていく運命にある。ただし，すべての技術が消滅するわけではなく，一部の技術は新しい製品の開発に応用され，新しい技術の領域（または学問領域）を形成することがある。以下に，かつて写真化学という形で体系づけられていたものがどのようなものであったか，ごく簡単に紹介し，そこで用いられていた技術の一部が今日開発中の技術分野で再び応用されている事例を述べてみよう。

　銀塩写真の感光性の主体は，臭化銀（AgBr），塩化銀（AgCl），ヨウ化銀（AgI）の微結晶である。通常，これらの成分を混合して直径 0.1〜数 μm 程度の混晶をつくり，感光性を高めるためにごく微量のイオウや金を添加して結晶の表面につけておく。これらの異原子は，感光時に電子または正孔のトラップとして機能すると考えられている。

　このハロゲン化銀の微結晶はゼラチン中に分散され，TACやポリエチレンテレフタレート（PET）のフィルム上に塗布されている。一般によく知られているカラーフィルムでは，臭化銀の中に微量のヨウ化銀が混ざった結晶が使用されている。ヨウ素イオンは臭素イオンよりも半径が大きい（$I^-:0.206\,nm$, $Br^-:0.182\,nm$）ので，ヨウ素イオンが微量混ざることにより臭化銀の結晶の一部に歪みが生じる。この歪みは感光感度の向上につながる。

　さて，ここには大きな課題がある。そもそもハロゲン化銀の結晶は，青色領域から紫外領域の光を吸収するが，緑色や赤色の光には感じない。それなのに，

なぜカラー写真が撮影できるのであろうか。この課題を解決するために，増感色素をハロゲン化銀結晶の表面に吸着させておいて，ハロゲン化銀に代わってこの色素が光を吸収し，励起した電子をハロゲン化銀へわたすという現象，すなわち色素増感の現象を利用しているのである。

色素増感のプロセスの概念を図 7.1.1 に示しておくが，この増感法は今日，色素増感太陽電池（graetzel cell）に応用されている。写真で増感色素として用いられている代表的なものはシアニン系統の色素であるが，色素増感太陽電池では感光性の主体がハロゲン化銀ではなく酸化チタンなどであるので，一般に別の系統の色素が使用される。

写真の現像には，ヒドロキノン，アスコルビン酸，メチルアミノフェノール，1-フェニル-3-ピラゾリドン（以上，白黒写真の現像主薬），p-フェニレンジアミン誘導体（代表的なカラー現像主薬）などが用いられる。現像のプロセスは，第 2 章で述べた電気化学と密接な関係をもっている。

白黒写真では現像後に残った金属銀で画像を形成しているが，カラー写真では現像反応で生成した現像主薬の酸化体が，カプラーとよばれる色素前駆体とアルカリ条件下で結合し，画像形成用の色素を生成する。現像で生じた金属銀は再びハロゲン化銀に戻され，最終的にチオ硫酸ナトリウム（$Na_2S_2O_3$）の水

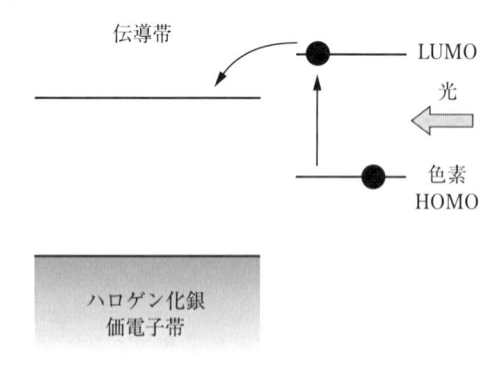

図 7.1.1　色素増感のプロセス

ハロゲン化銀の結晶は色素が吸収する可視光を吸収することができない。色素が可視光を吸収し，その結果生じた励起電子がハロゲン化銀の伝導帯へ移行する。この電子は，あたかもハロゲン化銀結晶自体が生成した電子のように振る舞い，潜像形成に関与する。

溶液で溶出除去される。

　カラー写真では，イエロー，マゼンタ，シアンの3色の色素が生成して画像を形成する。このとき，画像の色を良好にする目的で，部分的に現像を遅らせて色濁りを減少させる化合物や発色量を制御するための化合物が，写真感光層中にあらかじめ添加されている。銀塩写真工業ではさまざまな機能をもつ素材が開発され，その利用方法が検討されてきたが，そこで培われた化学合成および試薬混合法などの技術は，今日ではさまざまな新化合物の創製や製品開発に活用されている（第3章の化粧品など）。

　1981年にCCD（charge coupled device）というイメージセンサー（電子の目）をもったカメラが市場に出現し，今日のデジタルカメラ時代の幕明けとなった。デジタルカメラは，従来の化学技術を用いることなく，カラー写真を私たちの眼前に瞬時に提示することができる。こうして，それまでの中心技術は新しい技術の台頭によって駆逐されようとしている。写真の技術はイノベーションにより技術が置き換わる典型的な事例であった。

7.2　化学の研究者・技術者の責任

7.2.1　公害問題

　化合物を取り扱う者は，環境に対して何らかの影響を与える可能性をもつ立場にあるので，専門の研究者・技術者として責任をもって行動するように努めなければならない。しかし，今日までに数多くの問題が実際に起こり，水，土壌，大気の汚染がしばしば顕在化してきた。大気への問題では，私たちが生活する生活圏だけでなく，はるか上層のオゾン層にまで及んでいることはよく知られている。

　1983年，国連の支持のもとに「環境と開発に関する世界委員会」（World Commission on Environment and Development；WCED）が発足し，環境と開発に対して「持続可能な開発」（sustainable development）という概念が提唱された。この概念は，二律背反と考えられていた環境保全と開発を積極的に結びつけて，環境に配慮した開発を考えるべきというものである。持続可能な開発の概念はその後，1992年にリオデジャネイロで開催されたいわゆる地球サ

ミット，「環境と開発に関する国連会議」(United Nations Conference on Environment and Development ; UNCED) で採択された。

今日，環境へ配慮しないで開発をつづけるということは，少なくとも先進的な経済大国には存在しないと思いたいが，意識が完全に高くなっているとは言い難いことも残念ながら存在する。以下に，これまで発生した環境問題の事例を少し挙げておくので，化学に関する高度の知識と技能を身につけようとしている読者の皆さんは，それぞれの環境問題をひき起こす原因となったことの本質について改めて深く考えてみてほしい。

(1) 石油コンビナートによる大気汚染の事例

紡績の町として発展してきた三重県四日市市に 1960 年，石油コンビナートが建設された。下降基調に転じてきた紡績に代わる新しい大きな工業を興すことは，経済的発展の目的のもとで大きな意味があった。昼夜を問わず煙突から排出される黒煙には，イオウ酸化物や窒素酸化物をはじめ種々の汚染物質が含まれており，悪臭が絶えなかった。コンビナートの周辺では煤煙などの問題が発生し，伊勢湾で獲れる魚も汚染されていた。人々のあいだには喘息の症状が見られるようになり，1965 年に四日市市は，公害病と認定した市民に対して市費で治療費を補償する制度を始めた。しかし，1967 年になってついに 15 歳の女子中学生が喘息で絶命するという事件が起きてしまった。

この大気汚染問題はその後，脱硫装置を設置すること，イオウ含有量の少ない原油を使用することという対策がとられ，大きく改善することができた。今日では，イオウ酸化物などの種々の化合物が私たちの健康に影響を与えることは周知されているが，当時はまだその問題点の大きさの程度が十分に認識されていなかったのである。経済的な発展をねらい新しい工場を建てるときなどは，排出物や副生成物の特定を確実に行なっておかなければならない。

(2) 土壌汚染の事例

わが国の土壌汚染問題では，鉱山から出される排水で農地が汚染されるという事件が顕在化したのが始まりであった。足尾銅山の鉱毒事件は明治時代に起きた。イタイイタイ病として知られる神通川流域のカドミウム汚染は 1960 年代に発生した。その後，工場に起因して市街地でも土壌汚染の問題が明らかとなった。1973 年に行なわれた調査では，東京都交通局が都営地下鉄の用地と

して買収した土地から大量の六価クロムの鉱滓が発見された。この用地は，元は化学系工場の跡地であった。六価クロムは印刷業やメッキ業でいまも使われているので，注意が必要である。

ICを製造するとき，基板などの洗浄に揮発性の有機溶剤が使用されるが，この溶剤が土壌や水の汚染源となる可能性がある。かつては環境保全に対する意識があまり高くなかったので，以前の半導体工場跡地を再利用するときにしばしば問題が発覚し，土壌の入れ替え作業を行なっている。土壌汚染に対する措置は，2003年に施行された土壌汚染対策法に基づいて行なわれる。なお，2010年4月1日から改正土壌汚染対策法が施行された。

(3) 水汚染の事例

工場廃液に含まれるメチル水銀化合物が海水を汚染し，その海域で獲れた魚を食べた人たちが中毒を起こした事件は，あまりにも有名である。1956年に熊本県水俣市で確認された事件で水俣病と名づけられた。最初のうちは原因物質がわからず，マンガン，セレン，タリウムなどの金属が疑われていたが，1968年になってメチル水銀による中毒であると断定された。この事件ののち，新潟県の阿賀野川流域でも同様の中毒事件が発生した。

化学薬品が河川を汚染すると，その影響は広範囲に及ぶ。水俣病のように，食料を介して人の体内に入る場合や，飲み水から直接体内に入る場合があり，とくにその化学物質が人体に蓄積する性質をもつとき，健康への悪影響が顕著となる。

7.2.2 化学物質の管理

新規に開発合成された化合物は，毒性，体内蓄積性，分解性などについてのデータ収集が十分でないことが多く，事故防止のためのリスク管理の観点から，製品への添加使用については十分に注意を払う必要がある。企業によっては，公的な法規制を守るだけでなく，厳しい社内規定と遵守手続きを設けて問題発生の防止に努めているところもある。このような行動は，顧客から高信頼を得るために必須であり，結果として企業の収益向上に寄与することになる。

化学物質の法規制については，政府の管理のもとで非常に多岐にわたっており，種々の法律，規則，基準などが定められている。書類などでよく目にする

法律を以下に示しておく。

①毒物及び劇物取締法（毒劇法）

　この法律の目的は，第1条に「この法律は，毒物及び劇物について，保健衛生上の見地から必要な取締を行うことを目的とする」とある。急性の毒性による事故を防止し，健康への影響に対する危険防止に重点を置いている。

②化学物質の審査及び製造等の規制に関する法律（化審法）

　この法律の目的は，第1条に「この法律は，人の健康を損なうおそれ又は動植物の生息若しくは生育に支障を及ぼすおそれがある化学物質による環境の汚染を防止するため，新規の化学物質の製造又は輸入に際し事前にその化学物質の性状に関して審査する制度を設けるとともに，その有する性状等に応じ，化学物質の製造，輸入，使用について必要な規制を行うことを目的とする」とある。この法律は，とくに難分解性の化合物の性状に注目して，その審査制度の設置をうたっている。

③化学物質把握管理促進法（化管法）

　この法律の目的は，第1条に「この法律は，環境の保全に係る化学物質の管理に関する国際的協調の動向に配慮しつつ，化学物質に関する科学的知見及び化学物質の製造，使用その他の取扱いに関する状況を踏まえ，事業者及び国民の理解の下に，特定の化学物質の環境への排出量等の把握に関する措置並びに事業者による特定の化学物質の性状及び取扱いに関する情報の提供に関する措置等を講ずることにより，事業者による化学物質の自主的な管理の改善を促進し，環境の保全上の支障を未然に防止することを目的とする」とある。この法律のもとで，化学物質に関する届け出制度が整備され実施されている。とくに重要な2つの届け出制度を以下にあげておく。

　・PRTR（Pollutant Release and Transfer Register）制度

　　化学物質排出移動量届出制度。この制度は，有害性のある多種多様な化学物質について，発生源，外への排出量，廃棄物に含まれた状態で外部に出た量を定量的に把握集計して公表するというものである。対象としてリストアップされた化学物質を製造したり使用したりしている事業者は，データをまとめて行政機関に年に1回届け出る。行政機関はそのデータを整理・集計すると同時に，対象化合物について家庭や農地などの他からどれだけの排出量

があるのかについても推計したうえで，両者のデータをいっしょにあわせて公表する。

・MSDS（Material Safety Data Sheet）制度

第一種指定化学物質，第二種指定化学物質，およびそれらを含有する製品（指定化学物質など）を他所へ譲渡や提供するときに，その性状と取扱いに関する情報（MSDS）の提供を義務づける制度のことである。

このほか，消防法と労働安全衛生法にも，危険物や有機溶剤による中毒防止などに関する重要な条文が定められている。また，PCB特措法，フロン回収破壊法，ダイオキシン対策法などは，とくに人や地球環境への影響が大きいと考えられる化学物質に関して個別に定められた法律であり，これらの法律についても化学系の業務に携わる人は知っておかなければならない。

現在，化学工業製品は，自国だけにとどまることはなく海外市場に出て行っている。そこで，化学物質に関して海外の届け出制度について調べておく必要がある。米国にはTSCA（Toxic Substances Control Act；有害物質規制法）がある。この法律は，EPA（Environmental Protection Agency；環境保護庁）の監督のもとで運用され，新規化学物質についてその製造開始前にEPAがその情報を審査することにより規制するというものである。既存化学物質であっても，使用するときにまったく新しい方法である場合は，届け出が必要である。

日本から輸出する化学製品については，TSCA適合を証明する書類の提出が求められる。

TSCAは，新規化学物質と既存化学物質を区分して既成の枠をつくっているが，2007年6月から施行された欧州のREACH（Registration Evaluation Authorization and Restriction of Chemicals）規則では，その区分がなくなっている。新規化学物質か既存化学物質かを問わず，年間の製造量および輸入量が1トンを超えている化学物質が対象であって，製造・輸入事業者は登録のためECHA（European Chemicals Agency；欧州物質化学庁。本拠地はフィンランドのヘルシンキ）にその化学物質の情報を提出しなければならない。欧州の行政庁は，事業者から提出された化学物質安全性報告書（Chemical Safety Report；CSR）の内容を評価し，必要に応じて追加試験の実施または追加情報の提出を事業者に要求する。高懸念物質（substances of very high concern；

SVHC）を使用するには，事業者は行政庁に申請して認可を得る必要がある。高懸念物質とは，発がん性，変異原性あるいは生殖毒性のある物質，難分解性，生体蓄積性および有毒性のある物質などであり，千数百種類の具体的な化学物質が指定されている。

7.2.3　化学物質廃棄の管理

大学の実験室で用いた化合物の残りやゴミなどを家庭ゴミといっしょに捨てることは許されない。企業の研究所や工場から出るゴミも同様である。事業活動に伴って出る産業廃棄物は，「廃棄物の処理及び清掃に関する法律（廃棄物処理法）」および同法施行令で定められている。そのなかで，爆発性，毒性，感染性を有し，人の健康や生活環境に被害を生ずるおそれがあるものとして政令で定めるものを「特別管理産業廃棄物」という。

さらに，とくに危険性の高いものとして，ポリ塩化ビフェニル（PCB）の廃材や汚染物，廃石綿，一定濃度以上の重金属やダイオキシン類を含有する煤塵などを「特定有害産業廃棄物」と分類し，とくに厳しい規制のもとで管理している。特定有害産業廃棄物には，水銀，鉛，四塩化炭素，ベンゼンなど実験室でよく使用しているものが含まれるので，化学物質を取り扱う研究者・技術者は処理方法についてよく知っておく必要がある。

特別管理産業廃棄物を処理するとき，事業者は政令で定めた収集・運搬・処分に関する基準に従って行なわなければならない。これらの一連の作業を所定の資格を有する処理専門業者に委託することができる。化学物質の産業廃棄物については，大学をはじめ多くの事業者は専門処理業者に委託することが多い。この場合，みずからの責任のもとで，「事業者は，（中略），当該特別管理産業廃棄物について発生から最終処分が終了するまでの一連の処理の行程における処理が適正に行われるために必要な措置を講ずるように努めなければならない」（廃棄物処理法第12条の2第7項）。

7.3　化学工業の将来展望

7.1.1項に記したように，化学は物質の反応活性を利用して新たな物質をつ

くり出すことを可能にする学問である。新規の物質の出現は種々の場面でイノベーションにつながり，生活の利便性や安全性の向上をもたらす。ときには新規材料の発明により，以前は到達不可能と考えられていた水準を超えて高い性能をひき出すことがある。化学を基本とする工学に寄せられる期待は，今後ますます大きくなっていくことであろう。

技術や産業の将来動向について考察することは，これからの研究開発の方向を見極め，具体的な開発指針を明確にするために必要である。第2章で取り上げた太陽光発電の技術開発を例に挙げて考えてみよう。太陽電池の性能は，それを構成する素材と構造に強く依存する。素材の開発に対する化学の果たす役割は限りなく大きい。また，太陽電池を構成するとき，システム構成のプロセスはきわめて重要である。

わが国で太陽電池にかかわる技術は，単結晶シリコン，多結晶シリコン，または非晶質（アモルファス）シリコンを基本材料として進展し，大幅な性能の向上と低コスト化を果たしてきた。世界規模で見たときの太陽電池の発電量は，1990年に50 MW程度であったものが，2003年には700 MW（このうち日本は約50％）を超えた。しかし，化石燃料の有限問題，各国の技術力向上に基づく競争激化，世界的に見た人口増加に基づくエネルギー必要量の増加などを考慮すると，今後に備えて太陽電池に関する技術力のなお一層の発展が望まれる。そこで，シリコン系の太陽電池だけでなく，化合物系（GaAs系，CIS系など）や色素増感型の太陽電池の開発も精力的に行なわれている。

一般に，背景となる社会情勢や基盤技術の動きを把握しながら，検討対象の技術開発の動向を時系列的にとらえ，今後の進むべき方向性を整理してまとめた表やガイドはロードマップとよばれる。太陽電池の技術に関するロードマップは，わが国の経済産業省の傘下団体などから報告されている。NEDO技術開発機構がまとめた太陽電池に関するロードマップでは，新材料・新構造の太陽電池をつくり，2030年には今日の汎用電力並みのコスト，すなわち50円/Wの達成をめざすという進むべき方向が示されている。

産業革命直後には，酸やアルカリの製造，それらを用いた塩の製造，衣料繊維染色用の染料の製造などが，化学工業の中心であった。しかし今日では，このような大規模製造方法の開発は化学工業の中心的役割ではなくなっている。

先に太陽光発電技術を例に挙げて説明したように，複合的に構成された新しい材料の開発とその利用方法に主眼が移っている。

かつては金属でしか得られなかった強度が，今日では有機高分子材料で達成されるようになり，金属のかたまりのような自動車や航空機にもエンジニアリングプラスチック材料が多く用いられている。また，欠損した人体の一部分を化学的生産物で補うということも今日では可能になっている。化学に基礎を置く技術の将来は限りなく広く，同時に奥が深い。基盤的な科学的事実をもとに，新しい材料や効率的な製造方法をつくり出し，その技術開発の過程においてさらに新しい基礎的な知見を得て，次のステップに応用するというプロセスをくり返し，技術は絶えることなく発展していくことであろう。

7.4 本書のまとめ

真理の探究といえば，非常に高尚な意味合いを感じ，サイエンスに携わる人間であれば少なからず魅力を感じる。実際に，科学的な事実を明らかにすることが世間で重要視されていることは，ノーベル賞をはじめとして種々の賞がすぐれた業績に対して授与されるという状況からみても，間違いのない事実である。一方，製品開発は，科学的知見というよりも技術の応用に力点が置かれるものである。そこでは，人々に利便性を供与すること，経済的価値を与えることなど，私たちの生活に直結した目に見えるモノを取り扱う。したがって，人々の評価は製品の普及状況に反映し，直接的である。自分が開発に携わった製品が市場に出て，人々に使われているようすを直接目にするとき，何とも言えないほどの喜びを感じるものである。

真理の探究も技術をベースにする製品開発も，それぞれ大いに価値のあることである。本書では，後者に重きを置き，科学的な事実をもとにして技術を開発しながら人々の生活に役立つ製品を開発していくプロセスに視点を置いて，各章で具体的事例を紹介しながら述べてきた。

工業化学とは，私たちをどれほどにワクワクさせるものであろうか。読者の皆さんは，本書から少なからずそのようなことを感じ取ることができたのではないだろうか。本書が皆さんの将来設計に役立てたら幸いと願うものである。

索　引

【あ】

足場材料	252, 256, 257
アゾ染料	199
アデニン	217, 236
アニリン系染料	307
アフィン変形	137
アモルファスシリコン	39
アラミド繊維	125
アルコール還元法	74, 83
アルマイト磁性膜	86
アンモニアソーダ法	307

【い】

イオン化エネルギー	186
イオン交換膜	7
イオン伝導体	17
異形断面繊維	95
一塩基多型	234
遺伝子解析	233, 245
遺伝子組換え	226
移動速度	271
糸状ドメイン配列構造	140
インデューサー	223
インドアニリン系色素	203-204

【う】

宇宙エレベーター	91
ウラシル	217

【え】

液晶紡糸法	126
エネルギー密度	53
エマルション	142
エレクトロスピニング	264
延伸	97, 128, 135
延性破壊	103
塩基配列	226

【お】

オクテット則	78
押し出し流れ	279
オストワルド熟成	150, 153
オペロン説	222
オリゴDNA	236

【か】

会合体	144
回転ディスク電極	36
界面活性剤	143, 293
界面張力	143
化学繊維	93, 123
化学平衡	271
拡散係数	284
角層	154
撹拌プロセス	298
化合物系太陽電池	40
仮想状態	211
活性酸素	158, 205
価電子帯	32

ガラス繊維強化プラスチック	122		蛍光標識	229, 241
ガルバニ電池	20		形質転換	215
管型反応器	279		結合性 σ 結合	166
環境負荷	272		結合性 MO（分子軌道）	169, 174, 181
含金属アゾ系色素	208		ゲノム	229, 233
還元的脱離	178		ゲル紡糸法	126, 128
幹細胞	232, 256		捲縮	97
環状型気流乾燥器	301		懸濁重合	109
完全混合流れ	279		——法	292

【き】 【こ】

緩慢凝集法	296			
間葉系幹細胞	256		コイル-ストレッチ転移	138
緩和過程	184		高圧乳化装置	148
			項間交差	179

【き】

気相成長法炭素繊維	61		高強度繊維	91, 126, 129
機能性色素	200		合成繊維	94
ギブズエネルギー	22		極細繊維	90, 95
逆合成解析	176		固体高分子型燃料電池	68
求核体	174		コドン	221
急凝集法	296			

【さ】

求電子体	174		再生医療	252
凝集	150, 295, 297		再生繊維	93
境膜	285		最高被占軌道	169, 183
共鳴エネルギー	168		最低空軌道	183
共鳴効果	168		細胞間脂質	154, 159
キレート染料	204		サーモトロピック液晶紡糸法	126
禁制帯	32		酸化還元電位	59
金属交換	178			
均等開裂	176			

【く】 【し】

グアニン	217, 236		シアニン色素	208
クリーミング	150, 152		紫外線	156, 265
クロスカップリング	178		色素	198
クローン化技術	232		色素増感	310
			——太陽電池	40, 310

【け】

			シシケバブ構造	134, 138
			持続可能な開発	311
蛍光過程	184		ジデオキシ法	227

シトシン	217, 236
シャーウッド数	287
写真化学	309
修飾酵素	224
集電体	63, 67
シュミット数	287
ショットキー接合	33
ショットキー放出	186
昇華感熱転写記録方式	202
硝酸セルロース繊維	123
触媒電極	31
触媒毒	71
徐放	268
シリコン系太陽電池	39
人工腎臓透析膜	5

【す】

水系電解液	53
水素結合	172
スケールアップ	286, 298
スピンコート	46

【せ】

脆性破壊	103
生体適合性	253
成長因子	252, 256, 267
静電紡糸	99
生分解性	254
接着性	257, 265
セラミド	154, 159
繊維強化プラスチック	87
繊維構造体	263
旋回流型気流乾燥器	300
セントラルドグマ	220, 233

【そ】

双極子-双極子相互作用	171
双極子モーメント	167

ソルトリーチング法	261

【た】

耐炎化繊維	111
滞留時間分布	280
対流ボルタンメトリー	36
ターゲットDNA	241
多孔体	260
多相エマルション	163
槽型反応器	279
単位操作	270
短繊維	98, 263
炭素繊維	105

【ち】

中空糸膜	93
柱状構造配列体	248
超高分子量ポリエチレン繊維	129, 138
直接メタノール型燃料電池	68
チミン	217, 236
沈殿重合	109

【て】

デオキシリボ核酸	214, 233
電解液	29, 65
電解質	17
——膜	68
電気陰性度	176
電気自動車	51
電気二重層	23
電子写真	288
電子注入層	195
電子輸送層	195
転相乳化法	147
伝導帯	32
デンドライト	57
天然繊維	93

【と】

凍結乾燥法	261
特異吸着	24
特別管理産業廃棄物	316
トナー	42, 288
塗布変換型有機薄膜太陽電池	41
ドラッグデリバリーシステム	163, 268
トランスファー RNA	220

【な】

ナノエマルション	162
ナノファイバー	88, 95
難黒鉛性カーボン	63

【に】

二光子吸収色素	205, 210
二重らせん構造	218
乳化重合	293
——会合法	292

【ぬ】

ヌッセルト数	287

【ね】

熱電子放出	186
燃料電池	68

【は】

バイオプラスチック	214
バイオベース繊維	94
ハイブリダイゼーション	241, 247
バイファンクショナル機構	72
白金触媒	70
白金ルテニウム触媒	70
発光輝度	188
発光層	195
バトラー・フォルマー式	27

パラアラミド繊維	127
バルクヘテロ型接合	43
ハロゲン化銀写真感光材料	40, 309
反結合性 σ^* 結合	166
反結合性 MO（分子軌道）	169, 174, 181
半導体レーザー	206
反応性染料	199
反応速度	271, 273

【ひ】

光酸化還元反応	41
光増感電解酸化	35
光ディスク用色素	205
比強度	91, 113
非水系有機電解液	53
微多孔膜系セパレーター	66
ピッチ系炭素繊維	107, 117
ヒートモード記録	205
N-ヒドロキシアクリロニトリル	110
非溶剤誘起相分離技術	4
標準電極電位	21
表面成長法	129

【ふ】

ファンデルワールス	150, 199
——力	126, 172
フィードバック抑制	231
フィブリル化	103
フィラメント	95, 98, 263
フェルミ準位	33
フォトンモード記録	205
不均等開裂	176
不織布	87, 263
フタロシアニン	43
——色素	209
物質移動過程	29
物質収支	270
プラスミド	214, 226

──ベクター	226
フラーレン	43
プラントル数	287
プールベイダイヤグラム	31
プロセス設計	272
プローブDNA	236
フロンティア軌道	169, 176
粉砕法トナー	291
分子間力	143, 258
分子機能材料	164, 177
分子シャペロン	231

【へ】

ヘテロ環アゾ系色素	203

【ほ】

芳香族性	170
放電容量	58
ポリアクリロニトリル系炭素繊維	105
ポリアセチレン	59, 182
ポリドメイン構造	127
ポリベンザゾール繊維	127
ポリメラーゼ伸長反応	228
ポリメラーゼ連鎖反応	234

【ま】

マイクロRNA	234
マイクロアレイ	229

【み】

ミクロフィブリル	102
ミセル	144, 294

【め】

メタノール酸化活性	71, 85
メチン系色素	203
免疫応答	255

【も】

モルフォロジー	47

【ゆ】

誘起効果	167
誘起双極子	171
有機薄膜太陽電池	40
有機半導体	42, 44

【よ】

溶液紡糸	98
溶融紡糸	99, 108

【ら】

ライフサイクルアセスメント	305
ラメラ結晶	133

【り】

リオトロピック液晶紡糸法	126
リガンドモデル	73
リチウムイオン含有金属酸化物	51, 60
リチウムイオン二次電池	51
立体効果	151, 171
立体反発	171
リプレッサー	222
リボ核酸	215, 233
流動層乾燥器	300
流動誘起相分離現象	139
臨界凝集濃度	296
リン光過程	185

【れ】

励起一重項状態	179
励起三重項状態	179, 185
励起子	42, 190
レイノルズ数	287, 298
レドックス開始剤	109

レーヨン系炭素繊維	106
連続槽型反応器	279

【A】

Affine deformation	137
aggregation	150
amorphous silicon	39
anode	19
aromaticity	170
Avogadro constant	20

【B】

basic fibroblast growth factor；bFGF	257
bi-functional mechanism	72
bio-base fiber	94
binder migration	64
Butler-Volmer equation	27

【C】

carbon fiber reinforced plastics；CFRP	
	106
catalyst electrode	31
cathode	19
central dogma	233
conduction band	32
continuous stirred tank reactor；CSTR	
	279
creaming	150

【D】

dendrite	57
deoxyribonucleic acid；DNA	233
dipole-dipole interaction	171
direct methanol fuel cell；DMFC	68
DNA 制限修飾酵素	224

【E】

electrocatalysis	31

electrolyte	17
electromotive force；emf	21
electrophile	174
electrospinning	99
embryonic stem cell	256
emulsion polymerization	293
—— and coagulation method	292
epidermal growth factor；EGF	257
ES 細胞	256
extended-chain crystal	104

【F】

Faraday constant	20
Fermi level	33
fiber reinforced plastics；FRP	87
filament winding	118
forbidden band	32
fused deposition modeling；FDM	266

【G】

galvanic cell	20
gel-spinning	126
GFRP	122
Gibbs energy	22
graetzel cell	310

【H】

Haemophilus influenzae	229
Hard and Soft Acids and Bases principle	
	175-176
HEN	110
hepatocyte growth factor；HGF	257
heterolytic cleavage	176
highest occupied MO；HOMO	169, 183
HLB 値	146
homolytic cleavage	176
HSAB 原理	175
hydrodynamic voltammetry	36

hydrophile-lipophile balance	146

【I】

induced dipole	171
injection molding	119
integrin	258
ionic conductor	17
iPS 細胞	257

【L】

lamellar crystal	133
laminin	258
life cycle assessment；LCA	120, 305
ligand model	73
liquid-crystalline spinning	126
lithium ion battery；LIB	51
lowest unoccupied MO；LUMO	169, 183
lyotropic liquid-crystalline spinning	126

【M】

mass transport process	29
Material Safety Data Sheet；MSDS	315
melt spinning	99
mesenchymal stem cell；MSC	256
microfibril	102
monofilament	89
multiple emulsion	163

【N】

nanofiber	88
nucleophile	174
Nusselt number	287

【O】

Octet rule	78
Ostwald ripening	150

【P】

PAN	105
photosensitized electrolytic oxidation	35
piston flow reactor；PFR	279
Pollutant Release and Transfer Register；PRTR	314
polybenzazole fiber	127
polymer electrolyte fuel cell；PEFC	68
polymerase chain reaction；PCR	228, 234
Pourbaix diagram	31
Prandtl number	287
pultrusion	118

【R】

reductive elimination	178
regenerated fiber	93
resin transfer molding	118
resonance effect	168
retrosynthetic analysis	176
Reynolds number	287
ribonucleic acid；RNA	215, 233
rotating disk electrode	36

【S】

salt-leaching method	261
scaffold	256
Schmidt number	287
Schottky junction	33
Sherwood number	287
shish-kebab structure	134
single nucleotide polymorphism；SNPs	234
solution spinning	99
space elevator	91
specific adsorption	24
SPF 値	157

standard electrode potential	21
steric repulsion	171
steric stabilization	151
strand	218
string-like domain assembly	140
surface growth method	129
suspension polymerization	292
sustainable development	311
synthetic fiber	94

[T]

Toxic Substances Control Act；TSCA	315
thermotropic liquid-crystalline spinning	126

[U]

unit operation	270

[V]

valence band	32
van der Waals	171
vascular endothelial growth factor； VEGF	257
VGCF	61

[X]

X-ray diffractometry；XRD	80
X線回折法	80

【監修者・執筆者一覧】

監修者
　　阿部　隆夫（信州大学）

執筆者（執筆順）
　　府川伊三郎（福井工業大学）　　　　　　1章
　　高須　芳雄（信州大学名誉教授）　　　　2章2.1節
　　山岡　弘明（三菱化学株式会社）　　　　2章2.2節
　　吉野　　彰（旭化成株式会社）　　　　　2章2.3節
　　大門　英夫（同志社大学）　　　　　　　2章2.4節
　　大越　　豊（信州大学）　　　　　　　　3章3.1節
　　樋口　徹憲（東京大学）　　　　　　　　3章3.2節
　　北野　彰彦（東レ株式会社）　　　　　　3章3.2節
　　村瀬　浩貴（東洋紡績株式会社）　　　　3章3.3節
　　荒河　　純（富士フイルム株式会社）　　3章3.4節
　　藤本　哲也（信州大学）　　　　　　　　4章4.1節
　　大西　敏博（住友化学株式会社）　　　　4章4.2節
　　前田　修一（三菱化学株式会社）　　　　4章4.3節
　　関口　順一（信州大学）　　　　　　　　5章5.1節
　　信正　　均（東レ株式会社）　　　　　　5章5.2節
　　兼子　博章（帝人株式会社）　　　　　　5章5.3節
　　高橋　伸英（信州大学）　　　　　　　　6章6.1節
　　山﨑　　弘（コニカミノルタビジネス　　6章6.2節
　　　　　　　　テクノロジーズ株式会社）
　　阿部　隆夫（信州大学）　　　　　　　　7章

原稿編集
　　深瀬　康司（信州大学）

最新 工業化学　革新技術の創出と製品化

2012 年 3 月 10 日　第 1 版 1 刷発行　　　　ISBN 978-4-501-62730-0 C3050

監修者　阿部隆夫
　　　　© Abe Takao 2012

発行所　学校法人 東京電機大学　〒101-8457　東京都千代田区神田錦町 2-2
　　　　東京電機大学出版局　Tel. 03-5280-3433(営業)　03-5280-3422(編集)
　　　　　　　　　　　　　　　Fax. 03-5280-3563　振替口座 00160-5-71715
　　　　　　　　　　　　　　　http://www.tdupress.jp/

JCOPY　＜(株)出版者著作権管理機構　委託出版物＞
本書の全部または一部を無断で複写複製(コピーおよび電子化を含む)することは，著作権法上での例外を除いて禁じられています。本書からの複写を希望される場合は，そのつど事前に，(社)出版者著作権管理機構の許諾を得てください。また，本書を代行業者等の第三者に依頼してスキャンやデジタル化をすることはたとえ個人や家庭内での利用であっても，いっさい認められておりません。
[連絡先] Tel. 03-3513-6969, Fax. 03-3513-6979, E-mail : info@jcopy.or.jp

印刷：三美印刷(株)　　製本：渡辺製本(株)　　装丁：鎌田正志
落丁・乱丁本はお取り替えいたします。　　　　　　　　　Printed in Japan